本書共有十五單元，選用超過十五部影片，跨越時間與地點的距離，從《奶爸安親班》到《KANO》，部部經典、片片是商機。單元一「行銷管理」爲行銷戰略；單元二「推銷實務」爲行銷戰術；單元三至單元六的紅海策略，是身在如戰場的商場上的戰略運用；單元七至單元十一的藍海策略，將介紹多種的技法進行創新行銷；單元十二至單元十四行銷未來；單元十五則爲行銷的整合，從營業開始、也從營業結束。

莊銘國、陳益世、蔡侑君 謹誌

目　錄

Contents

單元一

執行差異化行銷管理，《奶爸安親班》經營有成

日常生活中，時常會聽到「行銷管理」、「行銷企劃」、「國際行銷」等字眼，行銷的概念非常廣泛，各專家學者所給予的定義不盡相同。其實行銷不單單只是銷售物品，而是銷售理念，行銷是創造客戶需求，為企業或組織達成其目的或創造利潤。許多人會問行銷很難嗎？其實行銷的規劃是有跡可循的，就用電影《奶爸安親班》的案例，來介紹行銷管理。

何謂行銷管理

一個有計畫的行銷管理程序，可以幫助企業在進行行銷時事半功倍。行銷管理的程序共有五步驟，分別是確認企業目標與經營宗旨、進行SWOT分析、目標市場分析、行銷組合，並於執行後進行目標評估。

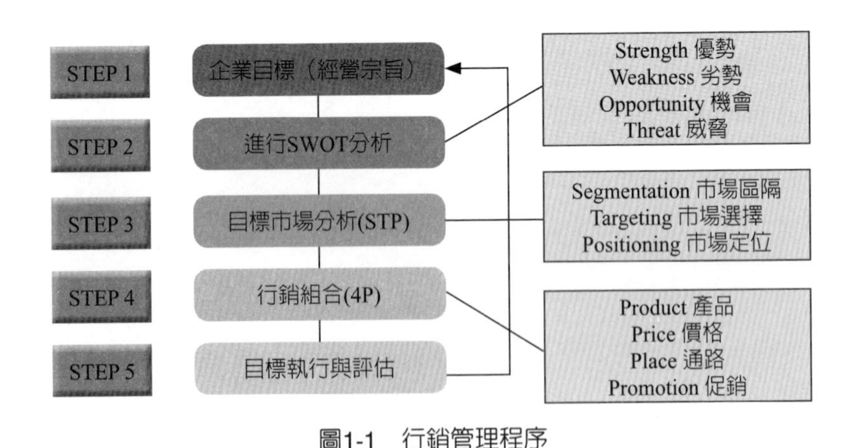

圖1-1　行銷管理程序

第一步驟　確認企業目標與經營宗旨

「企業目標」與「經營宗旨」為企業進行行銷活動時，最

基本的問題，也是存在的最根本目的。若想達成目標，企業必須依照時間順序編列短期、中期、長期的經營目標，以便讓整個企業可以依循其軌道前進。

確認企業目標與經營宗旨是非常重要的，企業的運作方式與決策方式是無法被複製貼上的，就如同每個人都是獨立的個體無法被抄襲。此外，在不同的人生階段，我們對於自己的人生期許都不一樣，仍可以藉由學習與合作讓自己成長，朝向自己的理想邁進。

第二步驟　進行SWOT分析

「企業目標」與「經營宗旨」確立後，企業要進行的第二個步驟爲企業本身與市場環境，而「SWOT分析」爲我們此時最常使用的分析工具。企業本身的內部分析是由產、銷、人、發、財進行組織分析，得出企業的優勢（Strengths）與劣勢（Weaknesses）。市場環境的外部分析則是來自波特的五力分析，分析消費者行爲，了解企業的機會（Opportunities）與威脅（Threats）。SWOT分析有助於企業的策略擬定。運用矩陣SWOT分析，兵來將擋、水來土淹。400公尺接力賽中，有位選手的跑速相對其他選手較慢，短時間內無法追上其他選手的跑速，此爲團隊中的劣勢，如果要獲得勝利，則必須要改變策略。接力賽有10公尺的接棒區，讓跑速較快的二位跑者，比賽的過程跑110公尺，跑速較慢者跑80公尺，運用改變每位選手的平均路程，克服劣勢，否則若中規中矩的對平均路程守舊，將會失去勝利機會。

短時間內無法將威脅解除時，則運用USED技法，創造機會、扭轉乾坤找出可行的行銷策略。USED技法由擅用

（Use）優勢、終止（Stop）劣勢、成就（Exploit）機會、抵禦（Defend）威脅四個字的首字字母所組成。日本名酒三得利威士忌，某一天被消費者發現舊瓶中有一支鐵釘，在日本社會當產品內有異物時，經媒體渲染的公司極有可能會面臨倒閉。事發後，這一間威士忌公司在晚報中刊登鄭重道歉啓事：「本公司一向很注重品質，在百密一疏之下，被消費者發現產品內有鐵釘，這是我們的不是，我們深感抱歉，故在此鄭重道歉。但經我們的化驗人員化驗，那不是一支鐵釘，而是一隻蚯蚓，我們的化驗人員非常納悶也感到非常好奇，爲什麼軟趴趴的蚯蚓泡在我們生產的威士忌中，卻變成硬梆梆的鐵釘？鐵釘也罷、蚯蚓也罷，都是我們的錯！我們再一次深深道歉！」但說也奇怪，此牌的威士忌被家庭主婦一掃而空，買回去給先生喝，因爲裡面那一句「軟趴趴的蚯蚓泡在我們生產的威士忌中，卻變成硬梆梆的鐵釘！」博君一笑，將原來極度的威脅化爲機會。

不同產業其內外部環境分析有所不同，例如：經營的企業爲女鞋的銷售，那所屬的產業即爲鞋業，在這個產業當中，企業本身與所關心的競爭對手相互比較之下，企業本身有哪些與眾不同的特點？分別對應到SWOT表格中（表1-1），逐項填入1、2、3的空格，並進行矩陣分析。

表1-1　SWOT矩陣分析

			內部環境	
			優勢 （Strengths）	劣勢 （Weaknesses）
			1. 2. 3.	1. 2. 3.
外部環境	機會 （Opportunities）	1. 2. 3.	A：進攻策略	B：多角化策略
	威脅 （Threats）	1. 2. 3.	C：轉折策略	D：防禦策略

在進行以上的分析時，我們時常會將自己的優勢與機會搞混，或將自己的劣勢誤以爲威脅。機會與威脅是屬外部環境，因此是整個大環境的變化，不只是自己企業的機會，也是別的企業的機會，同時當我們感受到威脅時，其他企業也會感受到環境中威脅感的存在。然而優勢與劣勢是屬於自己企業內部的特質，與其他企業不同。

表1-1中，A、B、C、D的策略區塊是企業進行內外部SWOT分析後，針對不同市場將採取不同的策略。策略區塊A是優勢結合機會之時，此階段企業應採取全面進攻策略，強化自己的優勢並把握住機會。策略區塊B企業運用劣勢與機會，此時企業應改以多角化策略經營。策略區塊C爲優勢防範威脅同時發生，企業要採取轉折策略，運用大環境來補強自己的劣勢。策略區塊D此時正好與策略區塊A相反，劣勢與威脅發生時是企業面臨最大挑戰，要採取防禦策略守住自己的資源並保留實力，等待大環境的改變。

第三步驟　目標市場分析（STP）

SWOT分析讓企業可以了解其內外部環境，找到企業的市場。接下來第三步驟爲目標市場的選定，即所謂的STP分析，目的是讓企業找到銷售的目標。STP分析包含市場區隔（Segmentation）、市場選擇（Targeting）及市場定位（Positioning）。

人口變數、地理變數、心理變數……這些都屬於市場區隔（Segmentation）中分類消費者的因素，市場區隔可以讓企業更能清楚定義市場、反映市場上的需求變化，讓行銷策略規劃更有效，透過這樣的方法來研究消費者存在的獨立性與共同特質，面對不同需求族群的消費者時，可以提供更合適的銷售或服務。

企業如何在有限的資源下，找到最有利企業的市場？企業透過市場選擇（Targeting），以現有的核心資源爲主，進行選擇最符合的市場區隔作爲目標市場，例如：製鞋的鞋業，分爲女鞋、兒童鞋、運動鞋等許多不一樣的製鞋工廠。

市場定位（Positioning）就如同人有自己的品味與個性一般，企業在經由市場區隔與市場選擇後，會逐漸塑造成企業特有的風格，此時在消費者的心中已經發展成獨特性且有價值。當消費者需要該產品時，便會直接聯想到我可以買某某企業出產的產品。

第四步驟　行銷組合（4P）

經過了SWOT分析與STP分析後，要進行「行銷組合」展開商品組合，即俗稱的4P（產品、價格、通路、促銷），其爲行銷經營的基礎。而在國際行銷上，必須再加上公權力

（Power）及公共關係（Public Relations）。

產品（Product）包含了有形的商品與無形的服務，隨著時代的變化，生產技術提升及科技發達，商品的差異愈來愈小，無形的服務愈來愈重要。對於消費者而言，買到的不再只是商品而是服務。

在有形的商品上，企業應該以商品的「廣度」、「長度」、「深度」來探討。商品的「廣度」，指的是商品的品類數目或產品線的數目。舉例來說，便利商店販賣飲料、報章雜誌、生活用品等，必須清楚知道種類的數目之有形商品。「長度」指同一類商品中，品項數目的多寡。例如：光泉牛奶公司除了鮮奶外，也提供麥芽口味、巧克力口味、水果等多種口味的牛奶。「深度」是指同一類商品中，不同型態的商品組合。例如：行動電源有不同顏色、不同伏特數、不同品牌專用的連接線。

價格（Price）的訂定，是最具挑戰性，也是行銷組合中能夠有實質營收的。想要訂定出一個具有吸引力的價格，需根據企業所定的顧客訴求，以迎合消費者。

通路（Place）是企業讓消費者與自己接觸最直接的管道，企業可以藉由多種方式達到通路的鋪設。例如：直銷、網路購物、零售店等，讓消費者在最短的時間感受到服務或取得商品。

促銷（Promotion）即指大多數的人，對促銷的第一個聯想就是廣告。無可厚非，廣告的確是促銷中很重要的一環，然而除了廣告，還有策展、週年慶、試用活動等都是促銷的方法，什麼樣的促銷方法才能吸引顧客，提高消費者對產品或服務的渴望，進而達到購買，是企業必須思考的。

第五步驟　目標執行與評估

以上的分析都屬於PDCA，由計畫（Plan）階段起頭，但即使有再好的計畫，若沒有落實執行（Do），都只是紙上談兵。雖然可見執行計畫的重要性，但執行的過程不免會碰到困難與挫折，而且會發現有許多的細節藏在魔鬼裡，此時要根據原先設定好的目標與實際成果作檢討（Check）、修正與回饋（Action），才能將目標達成，讓企業更進步。

行銷管理　電影　《奶爸安親班》

劇情內容

電影的主角查理與好友菲爾兩人，都在經濟不景氣的狀況下被裁員，臉上無光的兩人雖然想趕緊找一份像樣的工作，才能撐住男人的面子，可惜人算不如天算，他們一直無法如願找到合適的工作，只好認命在家裡照顧自己的小孩。在有一天查理帶兒子到公園玩耍，和鄰居朋友聊天時，因為朋友的一句「如果在社區裡開一間托兒所一定很賺錢」，查理靈光乍現，起了開一間托兒所的念頭，並與好友菲爾開始經營。

開幕的第一天面對許多家長的質疑，大多數的人認為照顧幼兒應該由比較細心的女人照顧而非兩個大男人，也面對到每一個來自不同家庭、個性截然不同的小孩所帶來的考驗，此時查理才恍然大悟，原來照顧小孩子的工作並不簡單，並不是跟他們玩遊戲、讓他們吃喜歡吃的零食，就可以照顧好孩子們。

社區裡有一所貴族安親班其收費非常昂貴，它是奶爸安親班的競爭對手，貴族安親班是一間具有高檔裝潢且宣揚菁英文

化的安親班，透過軍事管理的方式來管教小孩。在這個貴族安親班的小孩，每一個看起來都彬彬有禮，但卻少了孩子該有的天眞與笑容。貴族安親班的校長認爲販售快樂是傻子才會做的事情，孩子在那邊得不到應有的童年。

奶爸安親班經過一次次的被質疑、挫折與互相學習後，眼看經營愈來愈有規模，正打算擴大招生，此時天外飛來一筆由公司寄來的復職單，查理與菲爾二話不說便回到公司上班。回到公司後，他們才發現，原來奶爸安親班除了帶給孩子們快樂，同時也帶給自己許多的慰藉，陪伴著這些孩子們一起成長，才是最重要的。因此，他們重新回到奶爸安親班，繼續招生，帶領小孩回到他們的學習天堂，並將競爭對手貴族安親班打得落花流水。

電影內容與行銷管理的融合

從電影中，男主角查理與好友菲爾兩人都在經濟不景氣下失業，查理在照顧自己的小兒子時，發現在社區中經營托兒所爲相當有潛力開發的事業，並向好友提出這一項計畫，準備加入這亟待開發的新天地。從中可以很清楚的看到奶爸安親班經營的宗旨目標就是賺錢，同時讓自己的孩子有較好的成長環境，而其經營動機可以用誤打誤撞四個字來形容。

表1-2 《奶爸安親班》的SWOT分析

優勢（Strengths）	劣勢（Weaknesses）
1.查理發現自己非常有耐心對待頑皮的孩子，並且喜歡與小孩子一起學習。 2.因為工作的關係，自己擁有行銷與經營管理的背景。	1.自己本身沒有照顧小孩的豐富經驗。 2.由男性照顧幼童備受挑戰。

機會（Opportunities）	威脅（Threats）
1.居住社區托兒所的品質相當不理想。 2.整個社區托兒所數量不足。 3.唯一一家照顧品質不錯、可以就讀的托兒所，收費又太過昂貴且對幼兒教學的方式非常制式化。	1.社區民眾對於照顧小孩的刻板印象。 2.社區裡的貴族安親班，時常會以不同方式來打壓。

表1-3　《奶爸安親班》的SWOT交叉分析

	優勢（Strengths）	劣勢（Weaknesses）
機會（Opportunities）	A：進攻策略 整個社區托兒所數量不足，居住社區托兒所的品質相當不理想，自己因為工作的關係，擁有行銷與經營管理的背景，對於托兒所的經營可以得心應手。	B：多角化策略 由男性照顧幼童備受挑戰，因本身沒有照顧小孩的豐富經驗，然而社區托兒所的數量明顯不足，且品質相當不理想，發現與小孩彼此的相互學習、適性的教育是最佳策略。
威脅（Threats）	C：轉折策略 查理發現自己非常有耐心對待頑皮的孩子，並且喜歡與小孩子一起學習，但受限於社區民眾對於照顧小孩的刻板印象。而且社區中的貴族安親班，時常會以不同方式來打壓，所以轉而運用快樂學習與適當的收費，吸引社區中的家長與孩童。	D：防禦策略 社區民眾對於照顧小孩的刻板印象是一大突破點，讓家長相信奶爸帶小孩的能力不輸過去由女性照護的能力，對於對手的打壓，時時防備並做好應戰準備。

表1-4　《奶爸安親班》目標市場（STP）策略

市場區隔（Segmentation）	3-7歲的「學前教育」兒童。
市場選擇（Targeting）	雙薪家庭無法照料孩童的家庭。
市場定位（Positioning）	非菁英化教育，而是適性的快樂學習。

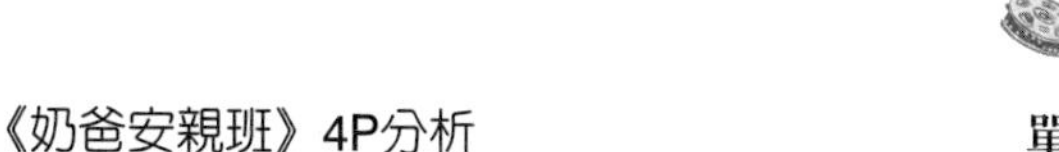

表1-5　《奶爸安親班》4P分析

產品（Product）	「快樂學習」、「人性管理」的托兒服務。
價格（Price）	定價以多數人支付得起的合理價格收費，拋棄貴族安親班的「昂貴」收費。
通路（Place）	一開始是在男主角自己家中，到後來小朋友愈來愈多，奶爸安親班搬到社區中直接面對社區民衆的地方。
促銷（Promotion）	開放式環境、參觀、試讀及社區親子活動等，增加與家長、孩童的互動，藉此得到肯定與認同。

《奶爸安親班》（*Daddy Day Care*）執行與檢討

這是一間非常具有差異化的托兒所，大多數的托兒所都是由女性照顧幼兒，但是奶爸安親班顧名思義就是由男性來照顧幼兒。一開始無法被家長接受，而且錯誤百出，然而藉由在錯誤中學習，彼此互相溝通，漸漸的托兒所裡的每一個小孩愛上了這一個地方，家長也認同查理的快樂學習想法，於是在大家的口耳相傳下，奶爸安親班名氣愈來愈大，也因此被競爭對手視爲眼中釘、肉中刺，利用各種方法刁難奶爸們，不擇手段的方式，讓奶爸們防不勝防，可是他們不放棄，最終克服了這些困難，將托兒所經營的有聲有色，也達到了一開始經營的宗旨。

行銷管理　案例1　某汽車零件公司前進印度行銷

前　言

全球化工廠與全球化市場是國際貿易銳不可當的趨勢，企業爲了追求更低的成本，依不同的資源需求，移往資源產地；又或者將需要大量人力資源的部門，移往勞工工資較便宜的地方，如中國、印度、越南等地，而這些地方因爲豐富的人口資

源，有機會發展成爲日後的市場。

在進行海外投資時，我們需要做許多的評估與了解，其中最重要的是動機，選擇到印度投資的動機有五項：1.印度身爲金磚五國（BRICS）的一員，被世界公認爲「明日富國」。2.印度於2025年後將成爲全球人口最大國家，會成爲「世界工廠」，甚至「世界市場」。3.印度過去受英國殖民的關係，其官方語言爲英語，是現今全球最具共通性的語言。4.印度與美國矽谷的時差剛好12小時，讓矽谷可以構成24小時不間斷的運轉網路。5.印度在電腦軟體及工業上的技術領先全球，素有「製造的中國、服務的印度」稱謂。

清楚動機以後，要進行當地的環境分析，了解當地的環境如地形、人文、氣候、重要都市。印度是當今世上最早的古文明國之一，恆河流域孕育出的印度古文明，是人們眼中的樂土，如今印度經過時間的洗禮，更成爲佛教的聖地、商人眼中的寶地。

國旗上，橘、白、綠的三個色帶爲印度擁有多民族與多樣的地形風貌。民族信仰中的三大宗教，曾經甘地理想的大印度，是希望和睦共處，以綠色表示孟加拉、巴基斯坦地區所信仰的回教、白色表示印度的印度教、橘色表示斯里蘭卡的佛教；地形上北是印度平原與恆河平原的富庶之地，故爲綠色。中間爲高聳的喜馬拉雅山終年冰封，故爲白色。南則由富含豐富鐵礦的德干高原構成，故爲橘色。國旗中央的圓形圖案——法輪，是印度人的精神象徵，法輪中24根軸條代表一天的24小時，象徵國家時時都向前進。法輪是印度孔雀王朝鼎盛時期的阿育王時代，佛教聖地石柱柱頭的獅首圖案之一。被英國殖民時，爲了抵抗英國，印度人執行了非暴力不合作運動，自行紡紗就是這一項不合作運動的一種風氣，紡織器是圓形的、也與法輪相像。

圖1-2　印度國旗

圖1-3　印度紡織器是圓形的與法輪相像，圖為正在紡織的少女。
圖片來源：作者拍攝

印度的氣候有三大季節，分別爲涼季、夏季和雨季。印度的夏季是3月到6月，高溫酷暑又非常乾燥，直到6月底開始進入雨季，氣溫才會下降，到10月的天氣都是如此。涼季爲每年的10月到3月，此時涼爽宜人最適合到印度一遊，因爲受到北方喜馬拉雅山的阻擋，北方冷氣團南下時並不會影響到印度，所以印度的冬天並不寒冷。

進行PEST分析

了解一個國家的地理風情與主要構成民族後，進一步認識當地的人文風俗，首先可利用PEST分析，將要進行行銷地區的政治（Politics）、經濟（Economic）、社會（Society）、科技（Technology）等影響因素，做詳細評估。

政治（Politics）

印度是一個實行社會主義的聯邦共和國，屬於聯邦內閣制，行三權分立，分別是立法、司法及行政。印度的執政黨，來自於選舉制度，而不同政黨對經濟的看法與立場不同。國大黨走的是民主、開放、貿易自由化的經濟社會，而印度人民黨則以中央爲準，多數經濟議題還處於立場不定的狀態。此外，還有另外一黨爲聯合陣線，其採取貿易自由化的原則，但對自己國家內的企業民營與解除農民津貼，保持中立的立場。

經濟（Economic）

印度自1947年脫離英國的殖民獨立建國以來，以自給自足的經濟發展和生活方式爲主，對於外商投資並不歡迎。然而隨著時代的貿易趨勢，印度政府的態度有顯著改變，爲促進經濟成長，必須進口資本財產品，而要有足夠的外匯支付進口所需款項，又必須拓展出口才可。就外商投資的產業來觀察，印度政府所核准的外商總投資中，能源、煉油及其他燃料的比重最

表1-6 印度主要政黨對於經濟議題的主張

政黨 / 經濟議題	國大黨（INC）	印度人民黨（BJP）	聯合陣線
外商投資進一步自由化	贊成	立場不定	贊成
確保自由貿易原則	贊成	立場不定	贊成
開放保險業市場	立場不定	反對	贊成
國營企業民營化	贊成	贊成	立場不定
解除農業補貼	贊成	立場不定	立場不定

高，約為28%，通訊業大概20%，化學、食品、金屬製造、運輸以及電器電子業各占6%，金融、旅館等服務業則有9%的比重。

社會（society）

印度是以農立國，不過有25%的人口居住在都市中。印度都市化的程度，如果與多數開發中國家相比，算是發展比較緩慢的。印度的貧富差距相當大，有錢人住的是豪華房舍，幸運出生在富有人的家裡，不僅能夠接受高等教育，活動更是多到數不清，就連賽馬也是休閒活動之一。然而一般民眾根本沒錢讀書，街上的遊民、無家可歸的小孩，直接睡在馬路旁的情況比比皆是。貧富形成強烈對比，在街上時常可見剃頭師父，擺出一張椅子，便開始做起生意來。

牛是他們眾神的坐騎，所以在印度人的眼裡，牛的地位非常崇高。在街上若是有牛隻擋在路上，他們也不能對牛隻按喇叭，一定要等牛慢慢走過才行，對牛不尊敬代表對神明不尊敬。此外，印度是全世界的麥當勞唯一漢堡不加牛肉的國家，而是用豬肉、羊肉或雞肉替代。

科技（Technology）

印度就工業產值及科技成就來看，可說是一個巨人，印度所擁有的高科技人才數目，可說是全世界最高的。印度人相當聰明，現在我們所用阿拉伯數字0，其實是印度人發明的。此外，在核能發展、人造衛星發射、戰鬥機或是直升機的研發製造、軟體設計、海洋探勘、深海油井開發等領域，印度都擁有領先世界水準的技術。

圖1-4　印度擁有領先世界水準的技術

圖片來源：作者拍攝

PEST分析，讓我們了解進入印度此國家市場，其政治、經濟、社會和科技的發展狀況。接著進行SWOT分析，藉由SWOT分析可知企業所具備的優勢（Strengths）與劣勢（Weaknesses），以及所處環境中的機會（Opportunities）與威脅（Threats）。在經由SWOT分析後，需進行行銷決策分析，才能做企業行銷的定位。

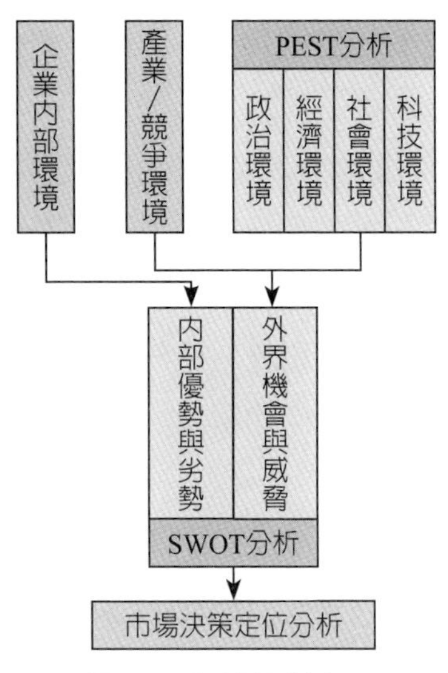

圖1-5　行銷規劃步驟

進行SWOT分析

產品差異化

印度人口有八成處於中低階級，其所需求的產品主要以價廉爲主。在印度擁有車輛，表示其家庭經濟狀況在整個印度人口金字塔的中、上階層。在條條大路上，腳踏車、牛、機車、汽車、攤販、人群，大家互不相讓，印度的交通非常擁擠，特別容易相撞。而汽車最容易被撞到的，不外乎是左右兩邊的後視鏡，因此將原本不能折疊且極易破損的後視鏡，改成可折疊較不會輕易破損的後視鏡，如此一來，可以形成與其他廠商汽車的差異化，更能受到印度開車人士的青睞。

印度因爲受過英國殖民的關係，行駛方向如許多的大英國協國家一樣，採取靠左制，因此在後視鏡、車燈、方向盤等設計，是入境隨俗的可以左右通用。此外，印度駕駛開車上路時通常會猛按喇叭，目的是要讓路上的人知道車子來了，請讓

路，同時也可以達到炫富的效果。因此，喇叭在印度也屬於汰換率相當高的汽車零件。

汽車零件是公司的主產品，公司若想到印度開拓市場，產品就必須要有設計能力及品質的證明。本公司的產品設計能力，例如：可以折疊的後視鏡、可以左右通用的方向盤、車燈等，都是非常適合印度駕駛。此外，本公司曾獲得國家品質獎，也告訴即將與我們合作的廠商，公司的產品沒有問題，可以放心的進口。

行銷通路的擴展

到印度進行行銷，除了以上的產品與品質證明外，也必須要尋找通路。本公司運用GMT（臺灣通用）與GM（全球通運）聯絡，作爲全球採購通路之管道，與GMI（印度通用）進行一連串的B2B貿易。GMT（臺灣通用）協助尋找位在美國的GM（全球通運）到臺灣進行調查，通過各項的檢測後再向GMI（印度通用）銷售。先是由我方公司寄送樣品，並派遣人員到印度進行簡報，此時公司的行銷能力顯得特別重要，簡報結束後，印度公司也會派遣專員到臺灣廠區訪視，確保產品的品質，這當中會有多次的議價，待雙方達成共識後才會開始出貨。

公司到國外行銷，一開始會採取全部行銷的方式，不管體積大小、利潤高低，通通由臺灣進口，但隨著時間的延長，印度政府規定必須有50%自製率限制，表示有50%的產品必須由印度當地生產，面對此項規定，公司的作法是將體積大但價值較小的產品，讓印度的工廠生產。在臺灣留下如自動馬達價值較高，但體積較小的產品。部分的產品於印度製造，另一部分由臺灣製造，如此一來不僅可以達到印度政府規定的自製率，

我方仍保有最好的利潤。

人員的再教育

除此之外，到海外行銷時，技術難免受到海外母廠箝制，並且當地的仿冒猖獗，仿冒者多以技術層次較低但利潤高的產品做模仿，造成本公司的損失與威脅。因此，必須不斷的進行人員訓練，讓產品可以順利生產，也必須不斷的自我提升，創造更具價值的產品。

以下為上文的SWOT分析、行銷決策分析：

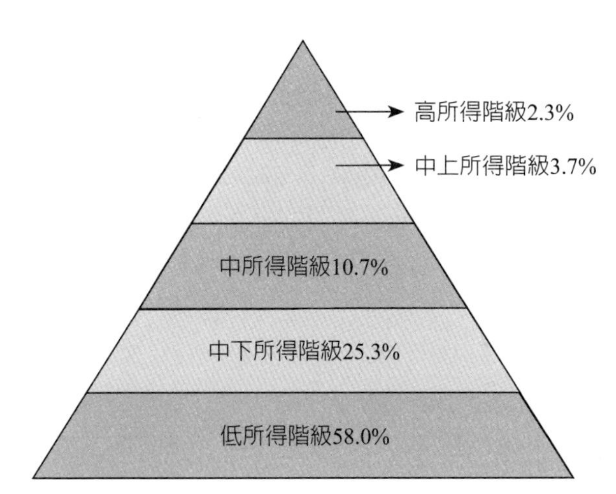

圖1-6　印度人口所得階級金字塔

印度人口有八成處於中低所得階級，在印度汽車是奢侈品，故本公司將目標市場鎖定在人口金字塔中、上階層的買家。

表1-7　汽車零件行銷SWOT分析

優勢（Strengths）	劣勢（Weaknesses）
1.品質已達到國際水準。 2.價格具競爭力。 3.有研發能力改善原廠設計，使能左右行車通用。 4.本公司曾獲國家品質獎。	1.技術受到海外母廠箝制，導致國際化受限。 2.外銷集中於售後服務市場，難以打入國外OBM體系。 3.擴展國外新興市場，如印度、中南美及歐洲等能力弱。 4.市場資訊蒐集能力。
機會（Opportunities）	**威脅（Threats）**
1.以合資、技術轉移等策略聯盟方式，進入新興市場。 2.以少量多樣的彈性生產能力，滿足海外汽車廠少量車輛零件需求。 3.爭取成為海外汽車廠第一及第二零組件供應廠之供應。	1.自製率等，當地政府規定之障礙。 2.當地同業之競爭。

表1-8　汽車零件行銷決策分析

大量行銷	區隔行銷	利基行銷	個體行銷
人口統計	性格分析	消費者行銷	個體化
適當對象	選擇對象	某些適切對象	特定對象
比對手更好	與對手不同	因群組而異	隨個體而異
勝過對手	顧客偏好	為利基特殊化	為顧客個性化
4B	4P	4V	4C
最佳化（Best） 議價式（Bargaining） 緩衝性（Buffer-Stocking） 轟炸式（Bombarding）	產品（Product） 價格（Price） 通路（Place） 促銷（Promotion）	多樣（Variety） 價值（Value） 地點（Venue） 表達（Voice）	顧客（Customer） 成本（Cost） 便利（Convenience） 溝通（Communication）
特色式販賣	效益式販賣	全套式販賣	雙贏式互動
企業在制定市場行銷決策時，共有四種方向可供參考，分別是4B、4P、4V、4C四種。4B大量行銷就如同轉角的7-11，沒有特別針對的購買族群，人愈多愈好。而利潤導向的利基行銷4V，就等於歐洲精品名牌的行銷。4C則是個體行銷，例如：量身訂作的個人西裝或拉法葉艦。			

區隔行銷——4P策略

在印度能夠駕駛汽車者多爲經濟較富裕者，因此汽車進入印度市場，用區隔行銷鎖定該族群。汽車行銷印度模式選擇用4P之行銷策略，此爲在印度行銷最有利之情況。

產品（Product）

印度是一個靠左行的國家，但零件來自於美國原廠設計，而美國是一個靠右行國家，因此後視鏡的焦距必須改良才能銷往印度。且印度馬路上人車充斥，爲減少相互擦撞，遂改良後視鏡爲可折疊式的後視鏡，讓駕駛汽車時可以更順利。

圖1-7　可折疊式的後視鏡

圖片來源：作者拍攝

價格（Price）

10%以下的屬於微薄利潤，10-20%之間屬於適當利潤，20%以上屬於高利潤。印度人仿冒的功力強大，因此一開始便將定價定於適當的利潤區間而非高利潤，此價格具有競爭性，如此一來便不會被印度當地廠商視爲肥羊，進而吞噬。

通路（Place）

1. GM Global Sourcing：GM全球通用（採購系統）
2. GMT：臺灣通用
3. GMI：印度通用

GMT（臺灣通用）透過GM（全球通用）採購系統，與GMI（印度通用）取得聯繫方式，並進行B2B的貿易。GM全球採購系統首先到公司評估產品的品質、交期、研發、成本等基本條件（QCDD：Quality品質、Cost成本、Delivery交期、Development研發），尤其考驗訂單突然倍增時，公司是否可以在短時間內讓產量增加，滿足供應的條件。

促銷（Promotion）

Sent Samples：送樣三次

Price Negotiation：議價數次

Started Shipment：開始出貨

爲了適應印度靠左行、不守交通規則的市場狀況，送樣三次，從買方樣本轉換成相對樣本（Counter Samples）、確立樣本，進行一次又一次的討價還價談判，到最後順利出貨。

小　結

臺灣是個海島型國家，自1980年後期開始，海外投資開始迅速發展，企業因應國際化趨勢到他國投資時，行前的分析與決策顯得特別重要。針對欲行銷地區透過PEST分析，之後進行SWOT分析，SWOT來自企業內部環境，做內部優勢、劣勢考量與外界機會、威脅分析，以利後續決策模式考量。SWOT、STP、4P等行銷決策分析，有助於企業的判決。這些年來印度建築與藝術的神祕色彩，讓許多人前往朝聖，而當地的電腦工業、語言能力、人口更是吸引投資者前往投資的主力原因。身爲BRICS金磚五國中的I，印度具有充分的優勢，然而當地的政府法令、商人的投機與仿冒猖獗等，都是企業進入前必須化解的危機。進行海外投資時應首先考量進入策略，欲找出企業永續生存的契機，開創新氣象，唯有不斷思考未來方向，多蒐集資訊、密切注意產業動向。

行銷管理　案例2　曼斯特鞋業貿易股份有限公司

成立動機

以目前來說，女鞋的高品質、高價格品牌，不外乎像是LOUIS VUITTON、Salvatore Ferragamo、GUCCI等義大利或法國的百年經典品牌。低品質、低價位的女鞋市場，難與中國大陸甚至是東南亞的價格廝殺。但高品質、中價位的女鞋市場，還有許多可以創新及突破的空間，便是我們最大的機會。

主要市場分析

1. 公司的業務成員英文能力相當不錯，因此在經過多次的會議討論後，決定以英語系的國家爲主。目前決定將女鞋銷往加拿大、英國、澳洲爲主，美國地區因幅員太大，較難以掌控，因此將其列爲日後市場。
2. 因女鞋定位在高品質、中價位，因此將女鞋銷往當地的中上價位市場。

女鞋PEST分析

澳洲	
政治（Politics）	經濟（Economic）
澳洲為大英國協的一員，在政治方面是承襲英國的體制，為聯邦制君主立憲國家。國家元首是澳洲君主，澳洲總督為澳洲君主不在澳洲時的代表，在聯邦制下，澳洲君主同時也是各州的君主，在各州直接任命州督。	澳洲主要出口農產品與礦產，且以觀光農場和海灘為第二大收入。澳洲為南半球最發達且經濟狀況最好的國家，在東南岸的地方，更是澳洲的金融經濟命脈。澳洲經濟持續成長，個人收入增加，就業市場表現活絡，目前利率維持在5.5%相對較低水準。
社會文化（Society）	科技（Technology）
由於氣候、地形及經濟發展之影響，其人口多聚集在東南沿海各省，而且都市化程度頗高，自然成為澳洲最主要的消費市場。澳洲整體市場雖不小，但由於幅員廣大，城市間距離太遠，無法兼顧，內陸運輸成本高，因此搭配其他市場以符合少量多樣的要求。	澳洲擁有世界一流的訊息通信技術（ICT）基礎設施，及能夠迅速吸收新技術的市場，此兩項優勢提供商業活動極佳的經營環境。在Google與Ganter的預測報告中，顯示未來澳洲的科技業會大爆發。因此，我們可以與這些科技大廠共同開發性能更好的新鞋款。

加拿大	
政治（Politics）	經濟（Economic）
與澳洲同屬大英國協一員的加拿大，政治體系是根據議會民主以及聯邦體制所設立的框架內運作，具有深厚的民主傳統。加拿大奉行君主立憲制，國家元首亦即君主。加拿大是個多黨制國家，當中不少立法程序源自英國國會定下的先例和不成文慣例。	加拿大是世界上最富裕的國家之一，為世界二十大經濟體。加拿大屬於十大貿易國之一，其經濟高度國際化，其中有3/4的人口以服務業為主，在先進國家中位居前列。製造業則主要集中在東部地區。
社會文化（Society）	科技（Technology）
在歷史上受到英國與法國的統治，因此加拿大人守時、守法，且具有強烈的民主性格。在地理位置上，加拿大人也受自由開放的美國所影響，尤其在娛樂與流行的資訊方面。	加拿大有豐富的礦產資源，其中有許多是可以被科技業加以運用，並創造附加價值的。因此，在加拿大的科技業是非常發達的，可以適度與我們的產業結合。

英國	
政治（Politics）	經濟（Economic）
英國政府是典型的內閣政府，由內閣負責國家的最高決策，但以集體的方式向國會負責，並且經由國會議員的選舉，受到人民的最後控制。	作為一個重要的貿易實體、經濟強國以及金融中心，是世界第四大經濟體系，是全球最富裕、經濟最發達和生活水準最高的國家之一。服務業中，特別是金融業、航運業、保險業以及商業服務業占GDP的比重最大，而且處於世界領導地位。
社會文化（Society）	科技（Technology）
過去的歷史事蹟，讓英國成為強權國家之一。現在的他們支持國際主義政策，然而在許多對外的政策方面，英國人仍屬於保守的態度。英國在建築、藝術和戲劇上，也占有很大的影響力。此外，英國人也喜歡到島嶼的南端，如伯恩茅斯的海邊度假。	英國的科技具有世界科技創新領導的潛力，可以提升我們品質的水準，藉由與其合作，讓我們創造出品質更優良和更有設計感的鞋子。

經過PEST的分析，我們發現第一步可以將公司生產的女鞋銷售至英國、澳洲、加拿大，這些以英國爲首的大英國協國家，同樣都以英語爲主要的溝通工具。

他們具有穩定的政治風氣、經濟發展的潛力、穩定的社會秩序、以及未來科技的突破性。

表1-9　女鞋行銷SWOT分析

優勢（Strengths）	劣勢（Weaknesses）
鞋子布料的柔軟度是我們的重點，打出時尚流行趨勢是我們的第二大特色，因此只要穿過我們鞋子的人，便會愛不釋手。	為了要有舒適的布料，讓消費者穿得安心，花費許多時間及成本在測試上面。而不合格布料的銷毀或將其分子重組，都是非常消耗成本的。
機會（Opportunities）	威脅（Threats）
鞋款跟得上流行的新趨勢，此外，還有多樣化的改良與創新。例如：絨毛高跟鞋是目前市面上還沒有的款式。	鞋價較一般的店家高，但未到國際知名品牌的名氣，因此來店的客人會猶豫是否購買的狀況比較多。

表1-10　女鞋行銷SWOT交叉分析

	優勢（Strengths）	劣勢（Weaknesses）
機會（Opportunities）	公司的機會來自於景氣狀況良好，優勢來自於對於鞋子品質的堅持，因此在優勢和機會的結合下採取進攻策略，大打品牌知名度與市場占有率。	女鞋一直以來都是鞋業中，兵家必爭之地，國內的市場有限，因此更應該放眼國際，從跟隨流行到創造流行，運用外部的機會來克服現在公司的弱點。
威脅（Threats）	公司利用對品質的堅持來克服大環境的威脅，並以公司的資源，開發新的市場領域，以進行多角化策略。	防禦為此時的策略，此防禦措施讓公司採取保守的前進策略，節省成本開支、減少開發、縮短流程等，以防止更多的損失。

行銷4P戰略

目的爲如何進軍目標市場。4P內容包含產品（Product）、價格（Price）、通路（Place）、促銷（Promotion）。4P爲行銷經營的基礎，而在國際行銷上必須再加上公權力（Power）及公共關係（Public Relations）。

產品（Product）

女鞋是主要產品，提供流行又舒適的女鞋是我們的最大特色，也是我們的核心價值，讓消費者穿上我們的鞋子，可以與有榮焉。

兩大創新產品

1. 絨毛高跟鞋：在高跟鞋方面做了一些改進，讓女性上班族在冬天時可以穿著絨毛的高跟鞋上班，不但可以保有專業，還可以穿得溫暖。
2. 改良過的夾腳拖：這一雙夾腳拖，會讓人穿得扎實又舒服，因爲在鞋板與鞋面的交接處做了些許的改良，使交接處不會

與皮膚摩擦，讓休閒不被打擾。

價格（Price）

鞋子的好與壞會影響到腳的健康。我們將價格定位在中高價位，約臺幣1,500~6,000元，且依照不同的鞋款材質、功能性、複雜度，有不一樣的定價，以吸收更多不同的客源。若是進口商向我們購貨，出口量可達到300萬雙時，公司會給予下次訂單多10%的優惠。

通路（Place）

1. 尋找適當的進口商或大盤商，將女鞋帶入當地市場。
2. 透過網路在當地的網站上，設置虛擬商店進行交易，讓客人不用出門就可以買到想要的鞋款，達到電子商務的最大效果。

促銷（Promotion）

網路推廣

1. 設置與維護國際網頁，並在Facebook網站上設置粉絲團。
2. 每季邀請英國、加拿大、澳洲等部落客試穿，讓女鞋可以被寫在各大部落格上。（約15雙價格不同的鞋款，支出金額約爲臺幣10,000~15,000元）
3. 網路關鍵字廣告

當地推廣

1. 每半年與當地民衆發起一場快閃活動，活動地點爲民衆常去的公園、街道、商圈等，所有的活動參與者必須穿著我們的女鞋，並舉牌廣告。提供約300~500雙鞋子，依每次活動人數不同而有不同的支出，活動支出金額最多不超過臺幣50,000元。

2. 每三年爲當地的大型活動或慈善活動贊助，每次花費約臺幣150,000元。
3. 每年提撥5%的營業額，在當地的廣告看板刊登兩到三次的大型廣告，並每季於報章雜誌上廣告當季新品。

國際推廣

參與鞋展活動，由中國大陸的鞋展逐漸拓展到世界三大鞋展。

表1-11　STP策略（目標市場策略）

· 區隔（Segmentation）	· 地理變數：人口主要密集區（如城市）。 · 人口變數：為年輕女性和收入較高族群。 · 心理變數：懂得安排生活者。 · 行為變數：喜歡跟隨流行者。
· 目標（Targeting）	· 產品目標：為了讓追求時尚且收入較高的女性消費者，在任何需要穿著鞋子的時候，都可以穿上舒適的鞋。因此，採取差異性市場行銷。
· 定位（Positioning）	· 利益用途：展現自己的專業及性格。 · 品牌個性：舒適耐穿、引領流行。 · 使用者：懂得穿好鞋的人、懂得愛護自己的女性。

結　語

行銷規劃或者行銷管理，這其中探討的是行銷上最基本的法則，運用這一些法則讓我們鎖定目標市場，進而讓企業有所發揮，使企業能夠持續經營。這些法則的運用，不僅僅是在草創的公司或拓展海外市場時可用，平時在企業就可活用這一些法則，找出目標市場並鎖定客戶群，創造客戶才是行銷的最大目的。

單元二

善用推銷話術，促成《三國演義》聯盟抗曹大計

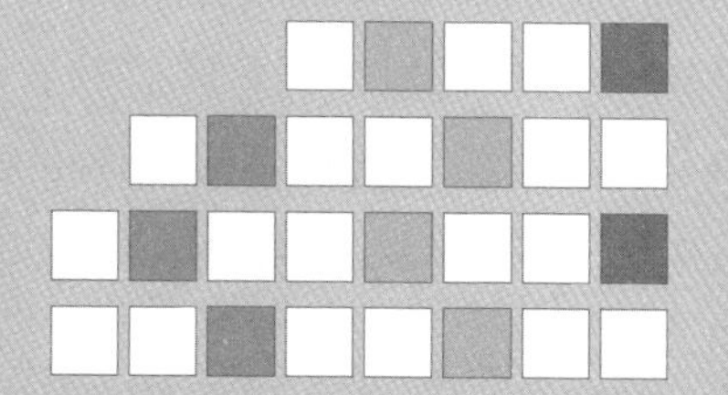

「把我的腦袋注入你的腦袋，從你的口袋放到我的口袋！」如此強而有力的推銷，最終都是爲了要達成交易的一種交換行爲。推銷與我們的生活息息相關，在生活中我們是推銷者與被推銷者，除了在生意上的買賣雙方外，教育家傳授的是學術專業，學生就是學術專業的被傳授者；宗教傳遞的是信仰，信徒成了被傳遞者；候選人推銷的是政見，選民是政見的被推銷者，彼此間相互交換來達成各自的利益便是推銷。

何謂推銷技巧

階段1　克服拒絕的方法

進行買賣生意通常會碰到的第一個問題就是被顧客拒絕，以下我們首先列出被拒絕的原因，再一一列舉出不同的解決辦法。

詢問法

與人交際的過程中，我們常說傾聽的重要性，而在推銷中更顯得其重要性。此外語塞的情況更是在所難免，要化解危機就利用詢問的方式，讓顧客說出自己眞正的涵義，進而了解到顧客在想些什麼，其中的要訣是配合對方的話，不斷的詢問以利交易的進行。

正擊法

對於大部分的人來說，不喜歡馬上被拒絕的感受，因此可以先同意顧客的看法，再以「可是……」來反擊，如此一來不僅避免爭鋒相對的局面，顧客也可以感受到我們對他們的尊重，比較容易且願意接受我們的建議。

回擊法

被顧客拒絕在所難免，但是要讓對方找不到理由拒絕產品，因此必須回擊對方的話，讓顧客沒有反駁的餘地，但同時也必須注意用詞和態度婉轉，否則可能賠了夫人又折兵。

轉換法

有的時候適度的忽略是一個轉換方法，好比面對顧客正面而來的拒絕，可以將話題帶開，轉而探討商品的優點、特色，用優點掩飾缺點，讓對方覺得沒有理由再拒絕。

階段2　去除猶豫的技巧

顧客對於商品感興趣的同時也會產生猶豫，爲了讓顧客轉猶豫爲購買，碰到類似的猶豫狀況時，可以參考以下方法：

資料應用法

資料應用法是將日常生活中所有相關的報導、統計資料、圖片、樣品等，在適當的時間點提出，令對方可以用最有效率的方式了解，並且去除猶豫，感受到眞實且具體的應用。

變換法

轉劣爲優，提出相關理論的根據，而非自導自演或自圓其說。因此，必須具備有豐富的商品知識，才能夠讓人心服口服。

實例法

適當的舉出相關案例，可以增加更深一層的說服力，通常會以經常使用該商品的顧客作爲案例，讓顧客感受到眞實性且安心購買產品。

何謂說服技巧

說服並非一件容易之事，若想要說服顧客購買，就必須將產品的特點及購買後所得利益告訴消費者，並運用實際案例創造更多可以讓顧客了解產品的機會。

階段1　克服拒絕的方法

經濟計算法

站在對方的角度思考，替顧客進行最有利益的經濟計算，告訴消費者其購買產品後的經濟利益價值。

問題點消除法

解除顧客對於產品的疑慮並進行詳細的說明，且提醒消費者購買產品後所得到的更多利益及好處。

階段2　誘導的技巧

打探性詢問

爲了讓顧客無法以「是」或「不是」來回答，可以直接詢問顧客「這一項產品如何？」或「你的想法是什麼？」的詢問方式，讓顧客必須親自回答，藉此得知顧客眞正的想法。

反問性詢問

先從顧客的反應中猜測顧客在思考哪些問題點，再用代答的方式來詢問，進而得知猶豫或者不想購買的原因。

引導性詢問

以站在顧客的角度進行詢問，或從顧客的回答中尋找出對自己最有利益的點，進行擴大形式的詢問，進而了解對方的想法。

何謂成交技巧

階段1　成交的基本態度

主動積極

一般而言在顧客的認知中，推銷員會有主動極積成交的心態，故身爲推銷者必須擁有強烈成交的意志力，因此在適當的時機提出「能訂契約嗎？」便能夠提升對業務的成交率。

階段2　成交的時機

說話內容改變

當對方將說話內容由拒絕轉爲詢問時，例如：詢問產品的價格、送貨方式、哪些公司採用過等，都代表著強烈的購買意願。

態度的變化

當對方從滔滔不絕轉變成突然靜下來思考，有機會代表著購買的暗示。

階段3　成交的技巧

假設成交法

假設對方已有購買的意思時，可以用「什麼時候送貨比較好呢？」、「就送這一項產品吧！」替正在猶豫的顧客做決定。

選擇成交法

不替顧客直接決定，而是採用讓顧客進行選擇的方式協助其決定。例如：顏色是要黑色還是白色，或付款方式是分期還是一次付清，但過程中千萬不能給顧客有強制推銷的感覺。

集中成交法

一般來說顧客最有興趣的，無非是產品購買後的利益，因此可以在這一個關鍵點上進行放大，讓顧客有心動不如馬上行動的衝動。

利益列舉成交法

利益是一顆又一顆的甜糖大家都喜歡，爲了能夠讓顧客都了解到產品的相關利益，必須不時強調購買此產品的好處，讓顧客無法拒絕，但此成交法並不是說服，而是達成交易。

直接請求法

坦率的請求顧客訂購，用「無論如何，拜託您了！」或是「那麼就交給我吧！」讓顧客感受到積極的態度。

以上「話術」承蒙「維基百科」引用。

推銷實務　電影　《三國演義》

電影題材五花八門，跟商業或商務談判有關的電影更是不計其數。我們可從《三國演義》吳、蜀聯盟中，孔明舌戰群儒及撼動孫權共同抗曹的巧妙技法，來探討推銷實務的技巧。

劇情內容

曹軍正步步逼進，劉備軍馬僅有幾千，如何能抵抗曹操的八十三萬大軍呢？面對如此危險之勢，孔明深知唯有聯合孫權，以江東之兵來共同抵抗曹操才能夠扭轉情勢。想運用孫、劉聯盟來反敗爲勝的他，身負重任千里迢迢來到江東，魯肅接待孔明至廳堂時才發現，全都是主張降曹的文武眾臣，因爲他

們認爲曹操來勢凶猛，唯有降曹才是明智之舉，這使得孫吳總在戰與降之間徘徊不定。孔明若想要用孫、劉聯盟來對抗曹操，勢必得經過一關又一關的考驗，先扳倒東吳群臣如子布等人，再用激將法說服孫權，因而展開「舌戰群儒」及「撼動孫權」之計。

推銷產品〈服務行銷〉　孫、劉聯盟抗曹大計

推銷者：孔明

顧　客：東吳群臣、孫權

孔明隨著魯肅來到東吳，準備勸說孫權聯盟抗曹之事，沒想到，東吳的眾文官竟是想要以降曹爲安，因此見到孔明氣宇軒昂的樣子，激起了他們的鬥志，想盡辦法勸說孔明回蜀，別在這裡節外生枝。

第一幕

場景：議事廳

推銷技巧	東吳君臣與孔明的對答
詢問法	子布：孔明先生。
	孔明：子布先生，有何指教？
	子布：昭乃江東微末之士，久聞先生高臥隆中時，曾自比管仲、樂毅。此語果有之乎？
	孔明：是！那不過是亮平生一個尋常的比喻而已！
	子布：聽說劉豫州三顧茅廬幸得先生，以為「如魚得水」，並立誓要席捲荊襄之地，可是，如今這些地方盡皆歸屬曹操，不知先生對此有何見解？

推銷技巧	東吳君臣與孔明的對答
回擊法	孔明：在我看來，奪取荊襄之地易如反掌，我主劉豫州躬行仁義，不忍奪同宗之基業，故力辭之。劉琮年幼聽信佞言棄城投降，致使曹操得逞。今我主屯兵江夏，別有良圖，非等閒之輩可知也。
	子布：這就是先生的言行自相違背了，先生自比管、樂，可知管仲輔佐齊桓公稱霸諸侯，樂毅扶持微弱之燕國，攻下齊國七十餘城，此二人真乃濟世之才也。可劉豫州未得先生之時，尚能縱橫寰宇，割據城池，然而先生自歸了劉豫州之後，曹軍一出則棄甲拋戈望風逃竄，棄新野，走樊城，敗襄陽，奔夏口，幾無容身之地，可見劉豫州得先生之後，反不如其初也。難道，管仲、樂毅果如是乎？在下愚直之言，請先生勿要怪罪！
轉換法	孔明：鴻鵠之志豈燕雀能知？當年我在隆中躬耕時，每當遇到病重命危之人，總是叫他家人先餵之以稀粥，服用些平和之藥物，待至臟腑調和，形體漸漸好轉再用肉食補之，猛藥攻之，則病根盡除，如若不然，不待氣脈和緩，便投之以猛藥厚味，欲求安保，誠為難矣。我主劉皇叔上日兵敗汝南，寄寓劉表城下兵不滿千，將不過關、張、趙雲而已，此正處病危體弱之際，新野小縣，民少糧虧城池不固，如此之少的兵力、如此殘破的城郭，軍事未曾訓練，糧草僅能維持數月，然而，博望之火、白河之水，使曹軍大將夏侯惇、曹仁等輩心驚膽裂，我看，管仲、樂毅用兵未必過此！至於當陽之敗，數十萬百姓扶老攜幼相隨，劉皇叔不忍心棄之，因此日行十里不思進取江陵，甘於同敗，此乃大仁大義也。
回擊法	孔明：寡不敵衆，勝敗乃兵家常事，昔日高祖曾數敗於項羽，而垓下一戰成功，這難道不是韓信的謀略嗎？如此看來，國家大計、社稷安危，必須要靠有主謀的人，而並非那些誇大其辭、無理狡辯之徒，那些以虛榮自欺且欺人者，坐議立談自以為無人能及者，而臨危應變卻百無一能者，此誠為天下恥笑耳。

推銷技巧	東吳君臣與孔明的對答
正擊法	虞翻：曹丞相屯兵百萬，對江夏虎視眈眈，請問孔明先生對自己渺茫的前景，有何展望？
	孔明：曹操招降納叛，收袁紹、劉表等烏合之衆，雖有百萬不足懼也！
	虞翻：軍敗於當陽，計窮於夏口，倉皇逃竄，幾乎無藏身之地，現隻身過江求救於我東吳，竟然說「不懼」，真是大言欺人也。
	孔明：這不是虞翻，虞仲翔嗎？你笑得太早了，試想，劉皇叔以數千仁義之師，怎能抵擋百萬殘暴之衆，然而我全軍上下一致齊心抗敵，雖歷遭慘敗仍浴血拼鬥，而今江東兵精糧足，又有長江天塹，可有人卻勸說其主屈膝投降，不顧天下恥笑，與此相比，劉豫州真不愧為不懼曹賊之人！當年仲翔在會稽太守王郎帳下，就曾勸主投降孫策，不想如今歸東吳後又要勸主降曹，看來是舊病復發也。
詢問法	子山：孔明，欺人太甚了吧！
	孔明：是子山兄，失敬！
	子山：難道先生想效仿蘇秦、張儀，鼓動如簧之舌來遊說我東吳嗎？
	孔明：子山兄以為蘇秦、張儀僅僅是說客嗎？豈不知他二人是真豪傑也。蘇秦佩六國相印，張儀兩次為秦國宰相，二人皆有匡扶國家之大智大勇，非比那欺弱怕強、苟安避禍之人，君等未見曹操一兵一卒，便聞風喪膽，畏懼請降，如此，還敢嘲笑蘇秦、張儀嗎？
	薛敬文：請問，孔明以曹操何如人也？
	孔明：曹操乃漢賊也，又何必問？
	薛敬文：公言差矣！漢祚至今、天數將終，今曹操已有天下三分之二，萬衆歸心，劉玄德不識天時，以卵擊石，安得不敗乎？

推銷技巧	東吳君臣與孔明的對答
回擊法	孔明：薛敬文何出此無父無君之言？夫人生天地之間，以忠孝為立身之本，今曹操祖宗為漢臣、食漢祿，子孫不思報效，反懷篡逆之心，不是漢賊又是什麼？此等國賊，本應天下共討之、天下共誅之，而公等身為漢臣，卻在此為曹賊張目，豈不是無父無君之人！
	陸公紀：曹操雖挾天子以令諸侯，猶為相國曹參之後，劉玄德自稱中山靖王苗裔卻無可稽考，世人只知其為織席販履之徒，何足與曹操抗衡哉。
資料應用法	孔明：曹操既為曹相國之後，則視為漢臣矣，而今曹操乃專權橫行、欺凌君主，不但蔑視皇帝，亦蔑視祖宗，不惟漢室之亂臣，亦為曹氏家族之叛逆，劉皇叔乃堂堂帝胄，當今天子，按宗譜賜爵，並親口稱「皇叔」，何為「無可稽考」。且高祖出身亭長而終得天下，織席販履又有何等恥辱可言？公乃小兒之見，不足與高士共語！
變換法	德樞：孔明所言，皆強詞奪理不是正論，諸公不必與之計較，請問孔明先生，治何經典？
	孔明：我從不做那種尋章摘句、引經據典的學問，那是迂腐書呆子們的事情，與興邦立業毫無關係！自古以來的大賢們，也未必治什麼經典！商湯的宰相伊尹，當初不過是個耕地的奴隸。興周的姜子牙曾作渭水垂釣之漁夫，至於後世張良、陳平之輩，皆有匡扶宇宙之才，也沒聽說他們治什麼經典。
	可嘆如今書生們張口經典、閉口古訓，整日忙碌於筆硯之間，我看這些人恐怕只會數黑論黃、舞文弄墨而已。
	程秉：聽公之言，口氣甚大，未必真有實學，恐為天下儒者所笑耳！

推銷技巧	東吳君臣與孔明的對答
反問性的詢問	孔明：既然說起儒者，可知道儒者有君子、小人之別嗎？君子之儒，忠君愛國，守公正、斥邪惡，既能恩澤於當世，又可流芳於後世；而小人之儒，則不同，專攻筆墨文章只會雕蟲小技，可謂青春作賦，皓首窮經，筆下雖有千言，而胸中實無一策！試看揚雄，才華橫溢，修辭作賦名蓋一時，然而奸賊王莽篡權，他不顧廉恥，屈膝投靠，最後落得個跳樓自殺的下場，此等小人之儒就是日賦萬言，又有什麼可取之處呢？
正擊法	孔明：亮知德樞兄乃汝南大儒，也拜讀過兄長《周易摘抄》之大作，但願兄長能做君子大儒忠君愛國，切莫效仿揚雄等小人之儒，留下千秋萬代之罵名啊！
	黃老將軍：汝等舌戰可以休息矣，孔明先生乃當世奇才，汝等以脣舌圍攻，大非敬客之禮，眼下大敵當前，君等不思退兵之策，卻像小兒鬥嘴，成何體統？ 愚聞多言獲利，不如默而無言，同此輩辯論，有何益處？不如將先生高見說與我家主公，吳蜀兩家聯手，共同抗曹，方為正經大事！

第二幕

場景：內堂

推銷技巧	孫權與孔明的對答
	孫權：常聽子敬談起先生才智，今日幸會，孤想當面請教。

推銷技巧	孫權與孔明的對答
問題點消除法	孔明：亮不才，有辱明問。
	孫權：先生近日輔佐劉豫州與曹操在新野決戰，一定知曉曹軍虛實，但不知曹軍共有多少？
	孔明：馬步水軍，約有一百餘萬。
	孫權：莫非有詐？
	孔明：非詐也，曹操原有青州軍二十萬，平袁紹又得五六十萬，中原招兵三四十萬，荊州降兵二三十萬，以此算來，絕不只一百五十萬，我只說百萬是恐驚嚇江東諸公也！
	孫權：曹操部下，戰將有多少？
	孔明：足智多謀之士，能征慣戰之將，何止一二千人。
打探性詢問法	孫權：曹操平了荊楚，是否還有別的企圖？
	孔明：如今他沿江下寨，準備戰船，不是為了奪取江東，又做何來？
	孫權：即使他有吞併之意，是戰是和？請先生為我一決。
反問性的詢問法	孔明：向者宇內大亂群雄並爭，而今日之曹操，威震海內，所向披靡，劉豫州雖與之爭鬥，卻屢屢戰敗，亮願將軍量力而行。若能以吳、越之衆與曹兵抗衡，不如早日與之斷絕；若覺勢單力薄，何不俯首稱臣，以免殺身之禍。
引導性詢問法	孔明：今晨我與江東諸公交談，諸公似乎都願降曹，將軍何不上應天時、下順民意，以求苟安呢？
	孫權怒了：誠如君言，劉玄德為什麼不降？

推銷技巧	孫權與孔明的對答
回擊法	孔明：昔日齊國田橫，率五百將士退守海島，誓不投降，五百將士全部壯烈就義。劉皇叔乃帝室之胄，當今皇叔英才蓋世，萬衆仰慕，弱勢兵敗，此乃天意，寧效田橫而玉碎，豈能俯首服侍國賊呢？
	子敬：先生真是太荒唐了，我多次叮囑，可先生就是不聽，今日若不是我主寬宏大度，肯定會面責於你！ 唉！先生之言，太藐視我主了！
反問性的詢問法	孔明：孫仲謀氣量為何如此狹窄也？
引導性詢問法	孔明：我自有破曹之計，他不問我，我又何必去說？
	子敬：先生果有破曹良策，肅當敦請主公請教。
問題點消除法	孔明：在我看來，曹操百萬之衆，不過一群螻蟻耳，我只需一揮手，百萬曹軍皆為齏粉矣。

怒氣衝天的孫權，將書冊丟向剛進來的子敬，子敬趕緊跪下，孫權對著剛進來的子敬大嘆了一口氣，想罵卻不知該如何教訓這傢伙，只說道：「孔明欺人太甚」，子敬回曰：「主公，臣也如此責備孔明，他卻反笑主公不能容物。破曹之計，孔明似已成竹在胸，惟不肯輕言耳，主公何不求教於他？」孫權頓時明白自己中了孔明的計謀，說道：「我一時淺見，險些誤了大事！」

第三幕

場景：後堂

推銷技巧	孫權與孔明的對答
集中成交法	孫權：當初群雄紛起，各霸一方，現今，袁紹、袁術、呂布、劉表等均已覆滅，只有孤與劉豫州和曹操為敵，孤不能以全吳之地，受制於人，可是豫州新敗之後，怎能與曹操抗爭呢？
	孔明：我主雖敗，然關雲長猶率精兵萬人，劉琦在江夏也有一萬兵力，再說，曹軍南下，遠道而來，十分疲憊，不久前為追趕我主，輕騎一日夜竟然奔走三百里，此所謂強弩之末，矢不能穿魯縞也，況且，北軍不善水戰，荊州百姓內心並不服曹操。
利益列舉成交法	孔明：如果將軍能與我主協力同心，曹操必敗無疑，曹兵敗必北還，如此則荊州、東吳之勢強，而鼎足之勢成矣。
選擇性成交法	孔明：成敗之機，在此一戰，望將軍裁之！

經由上面的對話，可以看出孔明憑藉舌燦蓮花的口才、高超交際應酬的手腕，讓原本想挫挫他銳氣的東吳儒者們閉嘴，也讓孫權同意了孔明聯盟抗曹大計。猶如超級推銷員爲公司立下汗馬功勞，每次推銷都是與顧客鬥智，推銷等於征服，且豐富的專業知識和積極的生活態度，都是最佳銷售人員之寫照。

推銷實務　案例1　《男婚女嫁》

戲情內容

人物介紹：媒人公、女主角父親、女主角阿慧（滷蛋）、男主角阿雄（肉丸）

女主角阿慧已到了適婚年齡，看在媒人公眼裡，他想要幫阿慧找一個未來可以相伴的男友。

以下是一對情侶從不認識到相愛，並且談論婚嫁的過程。我們運用此過程，搭配上述所說的推銷實務，做一個案例的解說。

第一幕

第一部分：克服拒絕的方法

1. 詢問法

媒人公：俗語說的好「男大當婚，女大當嫁」。您有什麼問題，儘管說吧！

女　父：我不太想把滷蛋這麼早嫁啊！

2.正擊法

媒人公：您說的是，可是女兒遲早還是要嫁人。

女　父：唉！滷蛋好不容易養這麼大，我還想把女兒多留在身邊幾年，好替我多存一些養老金。

3. 回擊法

媒人公：就是因爲這樣，有好康的才要早一點介紹。

女　父：話是不錯，可是……

4. 轉換法

媒人公：而且男方的條件也很好，配滷蛋再合適不過了。

女　父：這樣，那介紹一下男孩給我聽好了。

第二部分：去除猶豫的技巧

1. 資料應用法

媒人公：男方叫阿雄，碩士畢業，目前在國營企業上班，一個月五、六萬，身材標準，個性好，又會做菜、做家事。

2. 變換法

女　父：眞的那麼好？那不是有點難了？

媒人公：其實，就是如此啊！他父母也才託我，找一個相配的，我左想右想，就只有滷蛋最配。

女　父：好說。

3. 實例法

媒人公：對啊！而且我從小看肉丸長大，孝順父母，家世也好，嫖、賭、菸、酒、檳榔樣樣不行，無不良嗜好。

女　父：養女兒這麼久，現在還要爲她婚姻操心，嫁出去就沒了，眞是不值得！

第三部分：說明使用利益的方法

1. 經濟計算法

媒人公：其實嫁女兒才是賺到了，人家說半子、半子，等於多賺半個兒子。

女　父：女兒在身旁可以幫我做家事、買菜，等於省下一個菲傭。

媒人公：兩個人一起效率更好，而且肉丸和滷蛋都這麼孝順，你不要再煩惱了！

女　父：可是，總會孤單啊！

2. 問題點消除法

媒人公：小慧早點結婚，你才更不會寂寞，女兒有人照顧，你們兩老還可以去環遊世界。你不是一直放心不下，沒有好好出國看看。你想想看，等到生了孫子，那可熱鬧，又可享受天倫之樂！

女　父：說的有點道理。

第四部分：誘導的技巧

1. 打探性的詢問

媒人公：你現在認爲如何？

女　父：我是贊成啦！可是，也不知道小慧願不願意。

2. 反問性的詢問

媒人公：現在年輕人也有他們自己的想法，不如先讓小慧看看，你再問她嘛！

女　父：也對！

3. 引導性的詢問

媒人公：那就是說，下個星期就約他們先見個面，彼此認識一下。

女　父：好，接下來就看他們自己的意見。

第二幕

旁白：由於媒人公的三寸不爛之舌，總算說服了女主角的那個勢利老爸，表示阿雄的婚姻，終於點燃了一線曙

光，同時也是另一個考驗的開始，衷心期盼阿雄能完成目前人生最大的使命，娶得「阿慧」這個美嬌娘，完成終生大事。接下來阿雄將開始展開強烈的攻勢，以使得漂亮的阿慧能答應阿雄的求婚……

阿雄：滷蛋，我們交往也一個月了，這樣交往下去不是辦法。

阿慧：阿雄，你…你…你想怎樣嘛！

阿雄：我們結婚吧！

阿慧：我們交往才一個月，我覺得還不夠了解你，我們再多交往一陣子，好不好？

第一部分：詢問法

阿雄：可是，我覺得我們已經彼此很了解了，妳要知道，我們年紀都超過30歲了，沒有太多時間花在談戀愛上，難道妳對我不滿意嗎？

阿慧：不是我對你不滿意，是我自己還沒做好心理準備，我還要一段時間來調適。

阿雄：我想妳是擔心我們以後的生活，還不放心把自己交給我吧！

阿慧：其實，我不是不想相信你，但是生活與婚姻都是很現實的問題，所以我必須要考慮清楚，你不會怪我吧！

阿雄：其實，我知道妳心中還是會擔心我不能給妳幸福。

阿慧：也許你真的能給我幸福，但是看到每天都有一些婚姻暴力事件，真的讓我對婚姻很害怕！

第二部分：資料應用法、實例法

阿雄：雖然根據統計資料顯示，目前離婚比率日益升高，但是就整體婚姻人口而言，仍舊是少數，不是嗎？況且，以妳認識的我來說，妳也知道我是很重視家庭的人，不是那種打老婆、拋棄家庭的人，對吧。

阿慧：嗯……話是沒錯，可是身邊總是有很多婚姻不幸福的例子。

第三部分：正擊法

阿雄：可是，我們身邊也有很多婚姻幸福的例子。比如上個月，我帶妳去找我的好朋友吳偉雄，妳不是一直很羨慕他們小倆口恩愛的幸福模樣嗎？還有上個星期，妳也看到我的結拜兄弟和他的另一半，那一對也是很幸福呢！而且，我一直認爲體貼老婆的男人才是好男人，這樣也才配當我的朋友呢！

阿慧：聽你提起，我眞的很羨慕他們，可是他們是他們啊！

第四部分：轉換法

阿雄：可見妳三民主義沒好好唸啦！國父不是說：「物以類聚」嗎？意思就是說，要看一個人的人格、品性，從他交的朋友就可以知道了。

阿慧：國父何時說過這句話啊？你也眞能掰……眞是神經病。

阿雄：國父是沒說過那句話，可是妳父母和妳朋友都說

我眞的很好，不是嗎？

阿慧：你少往自己臉上貼金啦！那是人家怕傷害你年老的心靈，要不然你告訴我，我嫁給你有什麼好？你又哪裡比別人優秀呢？

第五部分：說明使用利益

阿雄：我相信妳感受得到我對妳的體貼、對妳的疼愛與對妳的好，我想我對妳一片癡情，妳也知道。我也有妳要求的正直、遠大理想、溫柔與體貼，我也有車子、房子、工作，收入也很不錯，我也不抽菸、不喝酒、不賭博，我平常也會幫忙煮菜、洗衣。當然，我睡覺前都會洗香香。

阿慧：可是我嫁給你，我就不能常回家看我爸爸、媽媽了啊！

第六部分：回擊法

阿雄：放心啦！我會常帶妳回家的，因爲我好喜歡他們，如果以後妳不想回家，我還是會拉著妳回去看他們呢！

阿慧：你眞的這麼想嗎？那我眞的放心多了。

阿雄：我的優點不光這些喔！我還很有價值。

阿慧：這話要怎麼說呢？

第七部分：經濟計算法

阿雄：妳嫁給我後，有專屬司機帶妳兜風，妳也可以負責刷信用卡，我負責付錢；家裡的電器、水管壞了，我自己能修，要裝潢或粉刷，我也很拿手，妳看這麼優秀的老公，妳還嫌啊？

阿慧：可是你個子又不高，會讓我有一點沒有安全感。

第八部分：變換法（問題點消除法）

阿雄：妳看李小龍也都不高啊！現在光有壯碩的身軀是沒有用的，有時候是要靠聰明與實力，而且要打架我也不會輸人啊！我還練過跆拳道呢！所以，也只有妳嫁給我，才會安全與幸福。

阿慧：你眞的是很優秀，現在反而是我覺得配不上你了！

阿雄：妳不要這樣想啦！你要知道好男人是要配上好女人的，不是嗎？而且妳也相當好，才會把我吸引得神魂顚倒啊！

阿慧：嗯……（靜思一下）那如果要結婚，你要在哪裡請客呢？（態度變化，說話內容改變）

第九部分：假設成交法（選擇成交法）

阿雄：我沒有太大意見，也許方式上我們問問妳父母的意見比較好。妳覺得新年前結婚好呢？還是要當六月新娘呢？

阿慧：新年快到了，可能現在去準備太匆忙，六月也許比較好。

第十部分：直接請求成交法

阿雄：老婆，妳眞好！我的幸福全交給妳了，一切拜託妳了。妳答應嫁給我了，對吧？

阿慧：對啦！你不能辜負我喔！

阿雄：那當然，我還希望70歲時，妳和我能天天坐在搖椅上看夕陽黃昏呢！

阿慧：嗯！我好幸福喔！

推銷實務 案例2 藥品推銷

銷售背景

地點：一家高質感的內科診所

主要人員：王醫師（以下以DR簡稱，是個性猶豫不決又小氣的診所負責人。）、行銷人員（以下以REP簡稱，爲某外商公司行銷藥師。）

事件：藥品銷售

銷售物：Vit. E（維他命E）

時間：中午門診剛下診時

第一部分：克服拒絕的方法

1. 詢問法

REP：請問王醫師，您目前是否在使用Vit. E產品？

DR：有啊！我自己都有在吃。

REP：您現在是使用哪一種廠牌？

DR：我使用的是臺製XX經銷商的產品。

REP：喔！是這樣的，敝公司是全球Vit. E的原開發廠，我想在品質及製程絕對可以值得信賴，不知您是否有考慮過使用原廠的Vit. E試看看？

DR：唉喲！您們原廠的東西一定都很貴，我想我用一般臺製的就好了。

2. 正擊法

REP：是的，您說的沒錯，臺廠製的東西的確有比較便宜；可是您說的經銷商，在藥品的製造來源、成分、含量、製程及保存方法等，總是讓我們這些

醫藥專業人士所擔憂。說得更明白點，我想您一定也常常發現，許多保健食品的製造廠名稱，聽都沒聽過吧！

DR：嗯！是沒錯！

這時DR有點擔心的轉身從架上，將他平常就有在服用的Vit. E取下來仔細端詳，REP也靠過去看看他目前使用的是哪家的產品。

3. 回擊法

DR看完後，停頓思考了一下子，接著說道……

DR：不過～我想這個Vit. E大部分都是給我自己家人、親屬及院內護士在使用，所以應該沒什麼關係吧！

REP：王醫師能將這種平時保養的觀念帶給大家，一定是一位很有愛心的好醫師，但是就是因為大部分都是自己的親朋好友吃的，所以用藥的來源就要更關心及留意。既然是自己人要吃的，就要吃最好的，吃藥並不等於在吃零食，不是隨便吃吃就算了，既然有心要花錢專程去吃Vit. E這個藥，為的就是想從服用Vit. E得到預防保養的應有效果，不是嗎？

DR點頭同意

4. 轉換法

DR：不過，我想因為我之前的Vit. E才剛叫貨，庫存一堆，我想等這次用完，下次我再考慮看看。

REP拿起桌上DR使用的臺廠製Vit. E，接著對DR說……

REP：王醫師您看看，這瓶Vit. E的委託製造廠是金龍製

藥廠的，您知道它是做什麼的嗎?

DR：這個……，我也不太清楚。

REP：老實說，我也沒聽過；再來您看，這瓶是「食字」的，不是像我們一般「藥字」的，所以可以肯定的是，它的成分只是食品級的微薄含量，更不可能有GMP的標準。而我們眞正是醫藥品GMP等級的保健藥，所以既然是每天在吃的，也要吃得安心、吃得健康，總不希望花錢吃到的東西是不明不白的吧！

DR點頭同意

5. 實例法

REP：而且不瞞您說，現在XX醫院的陳院長、XX皮膚科診所的顏醫師，及XX醫院婦產科的劉院長及其夫人，原本也是使用臺廠製的Vit. E，經過了解我們和臺廠製的明顯差異後，現在持續改用我們的產品已有相當長一段的時間了，幾乎每兩個月就會再訂一次貨。

REP邊說，邊將採購簿記展示給王醫師看，以取信王醫師的信任，同時王醫師看了之後，也表露出相當的動心。

第二部分：說服的技巧

第一階段　說明使用利益的方法

1. 經濟計算法

REP：因此我想，爲了大家的健康，我建議應該馬上就將舊的食品級Vit. E停用，改用原廠較安全且具足

量成分的Vit. E產品，以避免不必要的浪費及損失。

DR：可是我買的臺廠製一瓶才450元，你們一瓶是賣多少錢？

REP：我們一瓶400IU的Vit. E，一瓶50顆裝只要600元，平均一天只要花12元，少喝一瓶可口可樂就夠了！

2. 問題點消除法

DR：可是，我也可以去買比較好的臺廠藥字的Vit. E，成分也是tocopherol，我想價格也一定會比較便宜。

REP拿起一份消基會雜誌copy的資料，邊說邊指出相關的比較表格。

REP：王醫師，我這裡有一份上一期消基會雜誌在市場上抽查Vit. E成分的調查報告，您看在所有市售的Vit. E成分中，因爲成本考量，都是dl-tocopherol（右旋維他命），而只有我們的成分是L-tocopherol（左旋維他命）；也就是說，其他的都是合成的Vit. E，而只有我們原廠的Vit. E是忠實使用純天然小麥胚芽抽取的tocopherol，長期服用的結果，一方面效果會比較確實，另一方面也比較不會造成人體無謂的傷害。

第二階段　誘導的技巧

1. 打探性的詢問

DR：可是我服用這個藥已很久了……

DR還是在猶豫著……

REP：我想請問醫師，平常除了服用Vit. E以外，有沒有將它做其他的用途呢？

DR：沒有啊！我和家人就是每天會固定吃一顆，還可以做其他用途嗎？

REP：跟王醫師報告，事實上許多使用我們公司Vit. E產品的醫師娘和護士小姐，常會將那個Vit. E的膠囊刺破，然後拿來敷臉，不但能防止肌膚細胞的過度老化，同時更可以提升肌膚表面的含水量，形成防護屏障，使肌膚看起來明亮、光澤、有彈性，這就是使用純天然小麥胚芽萃取出來的Vit. E的好處。

2. 引導式詢問

DR：（眼睛一亮）原來Vit. E還可以這樣用啊！如果眞的可以這樣用的話，那眞的是很划算，因爲一瓶美容保養品，少說也要上千塊！我太太每個月花的保養品費用，都要好幾千塊哩！

REP：對啊！我這也是在皮膚科顏太太那邊學到的經驗。但要注意的是，只有純天然的東西，才比較適合這樣直接塗抹在臉上使用，您說，是嗎？

DR點頭同意

第三階段　成交的技巧

1. 成交的時候、技巧

這時王醫師已經相當心動，正在陷入另一番思考……

DR：你說一瓶算起來是600元嗎？

REP：是的！價格很合理，而且又是美國原廠的。

DR：……（此時正是業務人員，主動積極提出訂單的好時機）

REP：王醫師，現在已經是月底了，您看是要這禮拜先寄三小箱貨過來，還是要下個月初寄呢？（假設及選擇成交法）

DR：啊！……我看……。三小箱太多，不然就下個禮拜先寄兩小箱過來好了！我們連裡面的一些護士小姐和患者，都常在用哩！

REP：好的，那我就下個禮拜，也就是下個月初跟您出貨，謝謝您！

DR：不會！

DR點頭，很滿意的微笑著。

推銷實務 案例3 家具推銷（英文推銷實務訓練）

Brief introduction to our company

Steel Furniture CO., Ltd., based in Taipei, Taiwan, exports fashionable and innovative furniture. We are recognized by high quality products and good service.

Now we are trying to target Japanese market. Therefore, we would like to expand sales by building a business relationship with FACI Furniture Inc., the biggest furniture retail trade in Japan.

Here are some English conversations between our sales manager; Steven Huang, and FACI's purchasing manager, Frank Fu.

A: Steel Furniture's sales manager, Steven Huang.

B: FACI's purchasing manager, Frank Fu.

公司簡介

設立在臺灣臺北的斯提爾家具股份有限公司，是一家專門出口時尚且創新家具的公司。我們以高品質的產品與良好的服務態度廣爲人知。

現在，我們以日本爲目標市場。因此，我們希望藉由和日本最大的家具零售業者——FACI家具公司——建立商業關係來擴大銷售。

以下是我方的銷售經理與FACI公司的採購經理間的英文實際對話。

斯提爾家具股份有限公司的銷售經理Steven Huang，以下簡稱A。

FACI公司採購經理Frank Fu，以下簡稱B。

Strategy of asking question（詢問法）

The strategy of asking question will help us realize customers' needs and wants. Besides, we will know how to persuade on customers by asking questions constantly.

利用詢問法可幫助我們了解顧客的需求，除此之外，也可藉由不斷的詢問來了解如何說服顧客。

A: Nice to meet you, Mr. Fu. I'd just like to introduce myself. My name is Steven Huang, and I'm the sales manager of Steel Furniture CO., Ltd.

A：很高興認識你，Fu先生。我先做個自我介紹，我是Steven，是斯提爾家具股份有限公司的銷售經理。

B: Oh yes, I've heard of you. It's nice to meet you, too. So, is there anything I can help you？

B：喔！對！我聽說過您。我也很高興認識您！那麼，有任何地方我可以幫得上忙嗎？

A: Yes. Here is our furniture catalog. You can look over the list. Our products are all in good qualities.

A：是的，這是我們的家具產品目錄。您可以看看這幾項產品，我們的產品品質都是很好的。

B: Well, I understand what you've saying, but we have already placed regular orders with other companies。

B：嗯……我知道您要說些什麼了，但是我們已經定期跟其他廠商訂貨了。

A: Then do you know anything about their qualities？

A：那麼，請問您了解他們的產品品質情況嗎？

B: According to the information I have. We didn't receive any complaints about those products.

B：根據我所擁有的資訊，我沒有收到任何有關產品方面的抱怨。

A: Do those companies involve themselves in innovation？Is their design different from others？

A：請問那些廠商是否有積極投入在產品創新方面呢？他們的設計是否與眾不同呢？

B: Well... I don't know.

B：嗯……這個我就不曉得了。

Strategy of giving positive response（正擊法）

First, we must receive the other side's opinions by saying " Yes..." then express our real ideas by saying "But...". In this way, the other side will easily accept our ideas.

首先，我們必須先說出：「是的，沒錯……」來接受對方的觀點，然後再利用「但是……」來表達我們自己眞正的想法。如此一來，對方較能輕易地接受我方的觀點。

A: Our company has been involved in innovation for many years. Therefore, our products are special, unlike others'. Besides, the quality control is carefully and strictly handled.

A：我們公司投入在創新工作方面已經好幾年了。因此，我們的產品十分與眾不同。此外，我們在品質管控方面非常謹愼。

B: In my opinion, when buying furniture, customers always emphasize the qualities and prices rather than the appearance.

B：我認爲，當顧客在選購家具時，主要考慮的是產品品質與價格，而非外觀。

A: Yes, I can see you viewpoint, but more and more people think the appearance of products is also important.

A：沒錯，我了解您的想法，但是愈來愈多的人們認爲產品的外觀也十分重要。

B: Oh, really？ Our customers have already been familiar with our products, so I'm afraid that they can't accept this new fashion.

B：哦？眞的嗎？可是我們的顧客已經習慣我先前的那些產品了，因此我怕他們無法接受這些新時尚產品。

A: Yes, you are right, but it will attract more new customers by selling various products.

A：沒錯，您是對的，但是透過銷售這些不同的產品，將可以吸引更多的新顧客。

Strategy of giving complete response（回擊法）

Through this strategy, the other sides so not know how to turn down our ideas.

透過這個方法，讓對方不知道如何拒絕我們的想法。

B: However, we may lose some regular customers.

B：然而，我們會失去一些舊客户。

A: Just because of this reason, we have to develop diverse products to attract different customers.

A：就因爲這個原因，我們更要開發不同的商品來吸引顧客。

Strategy of changing the subject（轉換法）

By using this strategy, we can lead the conversion to the good side for us.

藉由使用這個方法，我們可以將話題導向對我方有利的地方。

B: Well, but you are just a newly established company, aren't you？ It's a little dangerous... .

B：嗯……不過你們只是一家新成立的公司，不是嗎？這有一點危險……

A: We make our efforts on controlling on the qualities of our products; this has met with some customers' approval. In addition, we continue to manufacture different products that are difficult for other companies to imitate. We always do our best to meet the customer needs and wants.

A：我們致力於產品品質的控管，而這方面已獲得許多客户的肯定。除此之外，我們持續製造不同的產品讓其他公司難以模仿。我們一直以來，都盡力去迎合顧客的要求。

Strategy of commutation（變換法）

This is a strategy that turn disadvantage into advantage.

However, this must be based on the reality.

這是一種將缺點轉變爲優點的辦法，但是這個方法必須建立在眞實性的基礎上。

B: However, your company is founded in Taiwan, so our customers have limited image about your brand.

B：但是，您的公司是設立在臺灣，因此我們的顧客對於您的品牌認知有限。

A: Our products have won many international awards. Moreover, in order to achieve uniqueness, we have invited some famous designers. Therefore, I believe our products will satisfy customers of many kinds. Furthermore, more and more people will be impressive of our brand.

A：我們公司的產品已經獲得多項的國際大獎。除此之外，爲了使產品與眾不同，我們已經邀請許多的知名設計者爲我們設計。因此，相信我們的產品將會滿足顧客在各方面的需求，而且會有愈來愈多人對我們的品牌產生深刻印象。

Strategy of applying some data（資料應用法）

Using some real information or implement is a good way to eliminate customers hesitancy.

藉著運用具有眞實性的資料或工具，來去除顧客猶豫的想法。

B: We think there is a limited market for steel furniture.

B：我們認爲鋼鐵家具市場是有侷限的。

A: Please wait a moment. (Find something from his case

bag.) Here is a survey in your country. From this survey, you can find there are 77% people who would like to buy steel furniture. Many people may think that these steel furnitures are fashionable and elegant. Therefore, they are willing to buy it for their home or office.

A：請您稍等一下。這裡有一份是根據你們國家所做的調查，顯示77%的人會有意願購買鋼鐵家具。許多人覺得這些鋼鐵家具較具有時尚且優雅，因此樂意購買並放置在家中或辦公室中。

Strategy of calculating economically（經濟計算法）

When using this strategy, we have to explain the value of our products. Besides, we must explicate clearly why we determine price in this way.

使用這個方法必須解釋產品的價值，並且清楚地告訴對方決定價格的理由。

B: Well, you product looks good, but the price is a little too expensive.

B：嗯，你們的產品看起來不錯，但價格上有一點貴。

A: The average price of our furniture is $75USD. Even though the price is high as you think, we have some special design in our products. Therefore, when finding the goods which meet their needs, they are willing to pay more money. So you can determine the price higher. In this way, the profit will also be higher than others.

A：我們的家具平均價格是75美元。即使價錢較高，但

是我們的產品有經過特別設計，因此顧客也樂意多花一些錢在符合自己需求的產品上。所以，您可以訂高一點的價格，以獲得較其他公司多的利潤。

B: Well, this sounds reasonable.

B：嗯，聽起來蠻合理的。

Strategy of solving the problems （問題點消除法）

We must consider the other side's problems, and find the way to solve them together.

找出對方的問題點，並提出解決的方法。

B: But, I think the price is still higher than others.

B：但我還是認爲，你們的價格較其他廠商高。

A: I know what you mean. Then if you order more than 100 sets, we will give you 25% discount. I believe it will increase your profit when we cooperate.

A：我了解您的意思。如果您訂購100件，我們則給予您25%的折扣。相信藉著您我雙方的合作，您們是有利可圖的。

Strategy of beating around the question （打探性詢問）

By asking "How do you think/feel?" we will know the order side's thought.

藉著以詢問「您意下如何/您覺得如何」，來了解對方的想法。

B: Let me consider it......

B：讓我想想……

A: Here is one of our best-selling products. (point at one of

the products on the catalog) How do you feel about it?

A：這裡是我們銷售最好的產品，您認爲如何?

B: Well, it looks wonderful.

B：嗯，看起來不錯。

A: Yes, this products has different style. Which one do you like better?

A：是的，這些產品有不同的樣式，您比較喜歡哪一個?

B: The one designed by Agnes is better.

B：艾格利斯所設計的這件不錯。

A: Oh yes, this designer comes from France, and she won many prizes around the world.

A：噢！是的，這位設計者來自法國，而且她贏得許多世界級的獎項。

B: Wow, she must be talented in this field.

B：哇！她在這個領域可眞有天分。

A: Yes, so please give us a chance. I believe there will be a promising market.

A：是的，所以請給我們一次機會。我相信這市場是具有潛力的。

Strategy of supposing success in this trade （假設性成交法）

Through applying this strategy, the other side will make their decision quickly.

藉由假設成交的方式，讓對方快速做出決定。

A: The product that you like is numbered SF-007. The FOB

Osaka is $75USD for one set. Then, how many products do you need?

A：您喜歡的產品編號是SF-007，大阪港船上交貨價是一件75美元。那請問您需要多少產品?

B: Well, let me think it for a while.

B：嗯，讓我想一下。

A: I promise our quality will satisfy you, and it will increase your sales volume.

A：我相信我們的品質一定會滿足您，且會增加您們的銷售量。

B: Sorry, I don't understand about your discounted price.

B：不好意思，我不太了解有關你們的折扣價格。

A: I promise to give you 25% discount when you order more than 100 sets. I believe you will get many advantage when buying our products. If you order immediately, we will deliver your orders by the end of December.

A：我允諾如果您訂購超過100件，則有25%的折扣。我相信在購買我們產品的同時，您也將獲得最大的利益。如果您現在下訂單，我們將會在12月底將產品運送給您。

Selecting the way of trade （選擇成交法）

In order to make decision quickly, we could ask the other side the alternative question.

爲了讓對方快速做出決定，可以運用二擇一的方式詢問對方。

A: What kind of delivery do you like, by sea or by air?

A：您喜歡以海運，還是空運的方式運輸？

B: We hope you deliver the goods by sea.

B：我們希望以海運的方式運輸。

A: What kind of payment do you prefer, payment prior to delivery, or after delivery, even payment against delivery or payment installments?

A：您喜歡交貨前付款、交貨後付款、交貨時付款，還是分期付款?

B: We think payment installment is better.

B：分期付款比較好。

Strategy of asking for trading directly（直接請求成交法）

By asking "Could we cooperate with each other, please?" or "Could you sign the contract, please?" These are the direct way to ask for building a business relationship.

直接以「請與我們合作吧」或「請簽下合約吧」的坦然請求方式，與對方建立合作關係。

A: Then, could you give us a chance to cooperate with you?

A：那麼，請您給我們一個機會與您合作吧？

B: Well, I like the styles of your furniture. So, we would like to place a trail order for 100 sets of SF-007.

B：嗯，我喜歡你們家具的風格。那麼我們就先試訂編號SF-007家具100件。

A: Thanks a lot. We assure you of our best quality and best service.

A：非常謝謝。我們保證隨時給予您，我們最好的品質及服務。

Note

單元三

從《赤壁》剖析市場占有率

每年的6月28日是賽拉耶佛的國慶日，然而就在1914年的這一天原本是個舉國歡慶的日子，卻因爲皇太子斐迪南與其夫人遭遇殺害，卻演變爲一個歷史性的難過時刻，也成了第一次世界大戰的導火線。第一次世界大戰由奧匈帝國與德國共同組成同盟國對抗英國、法國、義大利所組成的協約國，在這一場戰役中出現了許多現代武器，如坦克車、潛水艇等。事隔13年後的日本，於1931年首先破壞了和平的秩序，1939年德國入侵波蘭，正式揭開第二次世界大戰的序幕，最終在1945年日本因受到兩顆原子彈的攻擊，無條件投降才劃下句點。

以第二次世界大戰爲例，登陸戰、砲轟戰的肉搏相接、兩邊廝殺視爲戰術；而美國轟炸日本的軍事工業，讓日本武力癱瘓造成人心惶惶，甚至投下震撼的原子彈則爲戰略。「不戰而屈人之兵」的戰略雖沒有短兵相接，但造成的殺傷力極大，遠超過戰術造成的傷害。這一段又一段的歷史典故重現於好萊塢的鏡頭，如《巴頓將軍》（*Patton*）、《西線無戰事》（*All Quiet On The Western Front*）、《搶救雷恩大兵》（*Saving Private Ryan*）……，這些備受好評的好萊塢經典戰爭片，可以作爲行銷戰場上的學習典範。

「商場如戰場、戰場如商場」，戰爭中許多的戰略可以轉變爲商戰應用，兩者的最大共同點即爲「贏占率」，採用最適合的策略來達成勝利的目的。企業的第一必要條件是存活，其次是獲利率，再來是成長率，最後達到市占率。從「知名度」到「指名度」彼此間環環相扣，占有率是企業無形的資產，占有率愈高、投資報酬率也就愈高。市場上每天都有新的企業誕生，然而百年老店卻屈指可數，經營不愼將會有虧損，甚至倒閉的危險。

市場占有率的行銷戰略

行銷戰略：大魚吃小魚、小魚吃大魚，是來自英國航空工程師蘭徹斯特（Lanchester）先生在第一次世界大戰結束後，領悟強者戰略與弱者戰略後，演變爲大吃小、小吃大的黃金行銷法則。市場占有率目標值以企業永續經營的觀點來看，市場占有率比短期占有率更爲重要，故要「以市場之極大化來代替利潤之極大化」，而「市場占有率目標值」與「射程距離理論」就是在市場占有率中的兩項作戰法則。

蘭徹斯特基本公式

M_t：M 軍的戰術力

M_s：M 軍的戰略力

N_t：N 軍的戰術力

戰略力：戰術力=2/3:1/3

ρ：$\sqrt[3]{\frac{P}{Q}}$ 戰略係數

P：M軍生產力

Q：N軍生產力

戰略模式

$$M_t = \frac{1}{3}[2\rho N - M]$$

$$M_s = \frac{2}{3}[2M - \rho N] = 2\rho N_t$$

平衡的條件

第一平衡條件：$\frac{\rho}{2}N < M < 2\rho N$，$\frac{1}{2\rho}M < N < \frac{\rho}{2}M$

第二平衡條件：$M_t < \frac{2}{3}M$，$N_t < \frac{2}{3}N$

將這些戰略力與戰術力運用在行銷上時，戰略力等同於價格、廣告、通路、產品開發……，戰術力則等同於直接銷售投入。

市場占有率目標值

上限的市場目標值

上限的市場目標值爲市場占有率達73.88%（又稱獨占市場率）。

M、N均爲市場占有率，M是第一位，N是其他公司占有率，M+N=1。

計算方法：$2\rho N < M \Rightarrow 2\rho < \frac{M}{N} \Rightarrow 2\sqrt[3]{\frac{P}{Q}} < \frac{M}{N}$

$\because$ 企業競爭爲 $\frac{M}{N} \doteqdot \frac{P}{Q}$

$$\therefore 2\sqrt[3]{\frac{P}{Q}} < \frac{M}{N} \Rightarrow 8\frac{M}{N} < \left(\frac{M}{N}\right)^3 \Rightarrow 8 < \left(\frac{M}{N}\right)^2 \Rightarrow \sqrt{8} < \frac{M}{N}$$

$$\Rightarrow \sqrt{8} < \frac{M}{1-M} \Rightarrow \sqrt{8} - \sqrt{8}M < M$$

$$\Rightarrow \sqrt{8} < (1+\sqrt{8})M \Rightarrow \frac{\sqrt{8}}{1+\sqrt{8}} < M$$

$$\Rightarrow 0.7388 < M = (73.88\%)$$

市場占有率達73.88%才能確保優勢，然而當占有率達到上限標準時，若想繼續增加占有率將有一定的難度，因爲所處市場缺乏彈性，同時其他同業、同行的競爭，會導致公司的利益逐漸縮減，容易形成官僚體系。

例如：黑人牙膏的位置處於上限占有率，但希望可以再提升銷售量，因此運用廣告告訴消費者，除了早晚刷牙，建議在午餐過後再清潔一次牙齒，更可以保有口腔衛生，藉此來提高銷售量，但其實同業也沾了不少光，故黑人牙膏只是把餅做大。

下限的市場目標値

下限的市場目標値爲市場占有率達26.12%（又稱差異性的優位占有率）。

M是第一位，N是其他公司占有率，M+N=1。

計算方法：$M<\frac{P}{2}N \Rightarrow \frac{M}{N}<\frac{1}{2}P \Rightarrow \frac{M}{N}<\frac{1}{2}\sqrt[3]{\frac{P}{Q}}$

∵企業競爭爲 $\frac{M}{N} \fallingdotseq \frac{P}{Q}$

$$\therefore \frac{M}{N}<\frac{1}{2}\sqrt[3]{\frac{P}{Q}} \Rightarrow \left(\frac{M}{N}\right)^3<\frac{1}{8}\cdot\frac{M}{N} \Rightarrow \left(\frac{M}{N}\right)^2<\frac{1}{8}$$

$$\Rightarrow \frac{M}{N}<\frac{1}{\sqrt{8}} \Rightarrow \frac{M}{1-M}<\frac{1}{\sqrt{8}} \Rightarrow \sqrt{8}M<1-M$$

$$\Rightarrow (1+\sqrt{8})M<1 \Rightarrow M<\frac{1}{1+\sqrt{8}} \Rightarrow M<0.2612$$

$\Rightarrow$ (26.12%)

在各家市場內，競爭者的市場占有率都未達到26.12%時，企業如同在春秋時代，只要能先超過這26.12%者，其利潤將會快速上升，並且遙遙領先其他同業。但是需要特別注意的是，此時期的地位極爲不穩定，群雄稱霸之時隨時會被超越，故應當繼續努力達到安定目標值的41.7%。

下限目標值26.12%+上限目標值73.88%=100%

安定的市場目標值

安定的市場目標值爲市場占有率達41.7%（又稱相對的安定占有率）。

M是第一位，N是其他公司占有率，M+N=1。

$$M_s > M_t \Rightarrow \frac{2}{3}(2M-\rho N) > \frac{1}{3}(2\rho N - M)$$

$$\Rightarrow 4M-2\rho N > 2\rho N - M \Rightarrow 5M > 4\rho N$$

$$\Rightarrow \frac{M}{N} > \frac{4}{5}\rho \Rightarrow \frac{M}{N} > \frac{4}{5}\cdot\sqrt[3]{\frac{P}{Q}} \Rightarrow \left(\frac{M}{N}\right)^3 > \frac{64}{125}\cdot\frac{P}{Q}$$

$\because$企業競爭爲 $\frac{M}{N} \fallingdotseq \frac{P}{Q}$

$$\therefore \left(\frac{M}{N}\right)^2 > \frac{64}{125} \Rightarrow \frac{M}{N} > \frac{8}{\sqrt{125}} \Rightarrow \frac{M}{1-M} > \frac{8}{\sqrt{125}}$$

$$\Rightarrow M\sqrt{125} > 8-8M \Rightarrow (8+\sqrt{125})M > 8$$

$$\Rightarrow M > \frac{8}{8+\sqrt{125}} \fallingdotseq \frac{8}{19.1803} \Rightarrow M > 0.417$$

$(=41.7\%)$

企業若想要達到獨占市場，需要注意間接競爭力（M_s），間接競爭力（M_s）比直接競爭力（M_t）的影響力更大。而企業在該市場中擁有41.7%的市占率，就可以超越其他競爭者，成爲市場上的主流。

射程距離理論

了解市場占有率的「目標值」後，藉由「射程距離」探討作戰法則，此法則由蘭徹斯特占有率模式推導而出。當特定的競爭爲一對一的對立情形時，只要有一企業的市占率超過競爭者的3倍以上，對手便無法反擊；或當區域面積較大，又逢多家競爭者進而變成綜合戰時，只要有一企業大於其他競爭者$\sqrt{3}$倍（$\sqrt{3}\fallingdotseq 1.732$）以上時，也無法戰勝該企業。

作戰法則1

第一個是$\sqrt{3}$:1互爲射程，此法則來自上限目標值73.88%÷安定目標值41.7%≒$\sqrt{3}$:1計算得知。意指在市場上，前有強敵、後有追兵，當強敵不超過我方的73%時，將會威脅到其他競爭者。反之，如果我們不超過後面追兵的73%，則會受到後方勢力的威脅。企業想藉機會反敗爲勝，必須讓市占率落在射程內。同理可證，若想擺脫後面的追兵就必須不斷努力、不斷挑戰，讓射程差距達於$\sqrt{3}$以上。二次世界大戰結束後的1945-1990年間，是美國與蘇聯的冷戰時期。在此期間美國與蘇聯，彼此你不犯我、我不犯你。蘇聯的軍事設備雖不如美國，但美國也不會輕舉妄動攻打蘇聯，且蘇聯也有回擊的作戰能力。所以，不管是美國或是蘇聯若想要攻打對方，都需要靜觀其變、不敢輕舉妄動。

在戰爭中，目標值是評估對手實力與是否進攻的重要指標，在商場上亦是如此。美國租車業中有個典型案例，赫茲（Hertz）和艾維士（Avis）是市場占有率中前兩名，此兩者在市場上的占有率彼此有一定的差距，位居第二名的艾維士（Avis）若欲將與赫茲（Hertz）的射程差距縮短在$\sqrt{3}$內，就必須要比別人多一番努力。因此艾維士（Avis）運用廣告，讓自己的營業額不斷上升。艾維士（Avis）廣告語：When you're only No. 2, you try harder, or else.（當你是第二時，就必須努力不懈），意思是身爲第二的我們，自然要比前者更努力，許多人看到此廣告後，決定給艾維士（Avis）一個機會。久而久之，艾維士（Avis）與赫茲（Hertz）的射程距離，如其所願追至$\sqrt{3}$內。

作戰法則2

第二個作戰法則是3:1絕對優勢，利用上限目標值73.88%÷下限目標值26.12%≒3:1俗稱的三一理論。二次世界大戰期間的太平洋戰役，美國運用此作戰法則對抗日本，例如：日本島嶼的駐守軍人約有2萬人，美軍即派6萬人登陸，日軍幾乎全軍覆沒，而美軍只有數千人的犧牲（非2萬人戰死），這樣強者與弱者比達三比一以上，勝負局已定，強者是最終的勝利者。上有政策、下有對策，若遇到「被他人吃夠夠」的局面，如想要反敗爲勝，則要以3的平方（=9倍）爲代價來追趕。《三國演義》中「劉關張戰呂布」的故事，相信大家耳熟能詳。呂布相對張飛本身具有絕對的優勢，但當張飛加上關羽和劉備，並運用對著呂布繞圈的方式，身處中間位置的呂布，雖然看似呂布一人對上張飛、關羽、劉備三人，實際上持續使用繞圈的進攻策略會產生幻影，因此讓呂布感受到的是

9倍（3的平方）的進攻力量，最終讓呂布吃不消，落敗而逃。

差距在$\sqrt{3}$與3之間的對峙，我們既不會被威脅，但也沒有絕對的優勢，此時亦步亦趨、隨波逐流。然而當落後者無法威脅領先者時，領先者更是要小心謹愼並且不斷的超越自我，千萬不能故步自封，否則容易被新生的力量擠出而輸掉市場。企業若想進入某一市場領域，但發現該市場上已有某企業擁有73.88%的市占率，是絕對的優勢並且獨占該市場，且與第二名的比值爲3:1，此時千萬別再冒然進入，因爲進入該市場便會賠了夫人又折兵，根本無勝算可言。

市場占有率的五種型態

藉由以上「市場占有率目標值」及「射程距離理論」兩種方法，可以將市場分爲五種型態，分別是「分散型」、「相對寡占型」、「兩大寡占型」、「絕對獨占型」、「完全獨占型」。每一種類型的市場，有自己的遊戲規則與生存之道，但不管在任何領域的市場，企業都應積極爭取市占率。市占率的重要性在臺灣的市場中，也可以深深感受到。有許多「領導品牌不敗」的案例，像是黑松汽水、白蘭洗衣粉、黑人牙膏，這「二黑一白」的搭配是臺灣的長青樹。還有康師傅、正新輪胎、旺旺食品等，這些品牌不僅在臺灣市場獨占鰲頭，更在中國大陸形成臺商稱霸中國市場的模式。搭配市場「分散型」、「相對寡占型」、「兩大寡占型」、「絕對獨占型」、「完全獨占型」的五種型態，運用歷史電影《東周列國春秋篇》、《赤壁》、《太平天國》、《東周列國戰國篇》和《秦始皇》，來探討這五種市場占有率類型的市場模式。

市場占有率　春秋型（分散型）電影
《東周列國春秋篇》

劇情內容

武王伐紂滅商建周，周朝是中國史上許多文明的開端，有明確的紀年、禮樂制度、易經八卦等，讓周朝成了政權延續最久的朝代，這其中也經歷過多番改革。當西周走入東周，代表著禮樂制度的崩壞、諸侯對天子的挑釁、人民對上位者的不信任，因而在春秋期間，諸子迭起、百家爭鳴，天子的實權逐漸被諸侯奪取，最終有名無權。

電影內容與市場占有率（春秋型）的融合

春秋型的別稱爲分散型，假設企業所處的市場占有情況爲20%、18%、16%、14%、12%、10%、8%，並沒有任何企業超過下限目標値26.12%，且都在射程距離$\sqrt{3}$ 以內，這樣的局面好比東周時代的春秋時期，處於穩定與不穩定的情勢。此時期的特色「一時爲王，不能永久爲王！」身在此情勢的企業，必須要非常努力，才有機會與他人合作，也才不會被兼併。

春秋五霸各據一方

歷史上的春秋始於周平王東遷，周鄭交戰更大大減弱了天子的地位與權限，緊接而來的是諸侯叛亂、獨自稱霸，尊王攘夷下的天子，最終成了沒有實權只有虛名的天下共主。齊桓公是春秋五霸中最早稱霸之人，他以管仲爲相，實施變法，廢除井田制度，並訂定鹽、鐵、關稅等相關政策，讓齊國成了最富庶的強國，就如同現今的企業由戰略力及戰術力的大量投入，可以讓企業的品牌扶搖直上。齊桓公過逝後，齊國因爲齊桓公

的五子皇位之爭，而使齊國內亂不斷，國力逐漸削弱。此時宋襄公，試圖效法齊桓公，再次會諸侯成霸主，但其實力與威望都遠不如齊國。

同一時期，眾諸侯中還有一位人稱晉文公的諸侯，因爲其致力於發展經濟、改革政治與整備軍隊，同時取信於民，因此擁有許多的支持者，威信極高。晉國與秦國曾經交情甚好，有秦晉之好之稱，但就在晉文公過世後秦晉之盟瓦解，秦穆公欲向東發展，卻屢屢遭晉國打壓，因而興起滅晉的念頭，但最終秦國敗給了晉國而轉向西邊發展，稱霸西戎。當北方、西方、東方都有人稱霸之際，南方楚國也不甘示弱，自立爲王，與宋襄公同時興起，也將中原視爲最終目標。

宋楚之爭，泓水之戰後楚國勝利，緊接著滅了許多小國，就此楚國勢力範圍擴張。楚莊王即位後勵精圖治，使得楚國的國力再度提升，而我們也可以從楚莊王問鼎中原一事，了解其志在滅周自立。齊桓公、宋襄公、秦穆公、晉文公、楚莊王後世稱爲春秋五霸，不管是一開始稱霸的齊桓公，還是到後面問鼎中原的楚莊王，彼此勢均力敵，即便有較突出者但其規模過小，仍未超過下限目標值的26.12%。

銀行業的春秋時期

過去在市場保護傘下，銀行業是特許行業，可以避管理、行銷、服務不談，因此銀行總給人冰冷沒有溫暖的感覺，與現在的貼心服務大相逕庭。這個曾被視爲鐵飯碗之一的銀行業，在時代的變遷下再也不是鐵飯碗，國內的銀行如雨後春筍般的迅速成立，恰如剛由西周東遷爲東周的春秋時期，沒有任何一方達到下限目標値26.12%，彼此相互較量，只爲爭取多一點的戰鬥能力。銀行在利潤縮小的情況下，競爭也愈演愈烈，

因而有許多的銀行開始併購、合併，或是退出銀行業這一塊大餅。

當年中信金以每股12.65元價格併購萬通銀，總併購額為195.7億元，合併後中信金銀行總資產達1.043兆元，躍居民營銀行龍頭。類似的例子還有世華銀行與國泰銀行的合併，這是國內首次金控公司旗下銀行合併的案件，此次的合併有助於公司間組織整合及資源的重整，更可達到公司降低成本的最大目的，創造公司更高的營利。企業正處在這樣的春秋時期時，藉由企業間的合併或策略聯盟，例如：讓擁有18%市占率的企業與擁有12%市占率的企業結合，超過下限值就有機會像春秋五霸一樣，利用天下混亂局面成為一代英雄，在分散型的市場中是最能夠保命，並且有機會早日出頭的最佳方法。

然而知道自己已無法成為群雄霸主，也無法藉由合作的機會保住自己，這樣的狀況下建議實行三十六計中的「走為上策」，退出該市場，或是另闢新路。正當銀行界都在互相拉攏尋找靠山之際，袁惠兒讓高企銀退出銀行業的戰場，成了銀行界中退場的最經典案例。在競爭的時代，不管在哪一個領域，若想在該市場生存，就必須凝聚風險意識，發展自己的利基市場，否則終將被淘汰出局。

市場占有率　三國鼎立型（相對寡占型）電影《赤壁》（上、下集）

劇情內容

東漢末年，曹操挾天子以令諸侯時，已將北方的局勢掌控於自己手中，漢獻帝成了他手中權力的主要來源。但曹操野心強大，不僅掌控北方的政權，更向南攻打劉備。劉備雖有關羽、張飛、趙雲等將才，但仍三顧茅廬請來諸葛亮替自己坐鎮，面對曹操帶著80萬大軍南下，諸葛亮前往東吳，並成功說服孫權與周瑜共同對抗曹軍。曹操親率眾軍，來到赤壁備戰，卻遇上從未出現過的麻煩，例如：士兵們多來自北方擅長騎馬，但卻對南方的水感到畏懼，並且爆發水土不服與瘟疫等疾病。戰爭開打，諸葛亮和周瑜的用兵技巧與默契實在令人佩服，最終曹操吃了敗仗，退回北方。

電影內容與市場占有率（三國鼎立型）的融合

中國史上著名的三國鼎立時期的故事，至今我們仍意猶未盡的閱讀著。而這樣一個被稱爲三國鼎立型的市場，可知市占率的狀況與中國三國鼎立的狀況極爲相似。假設企業所屬的市場占有率爲35%、25%、20%、11%、7%、5%，前三名的總和超過上限目標値73.88%，第二名與第三名相加，可以勝過第一名，而第一名至第三名的射程距離在$\sqrt{3}$內，恰如東漢末年，曹操挾天子以令諸侯，在官渡之戰後一統北方，並且揮軍南下想於赤壁一統天下。面對來勢洶洶的曹軍，南方的劉備與孫權倍感威脅，決定並肩作戰共同擊退曹操。經過一場又一場的戰役，最後在周瑜指揮聯軍火燒曹軍下，結束了這一場險被曹操併吞的局面。吃了敗仗的曹操，退回北方建立魏國，而劉備在西方成立蜀國，孫權在東方建立吳國，彼此形成相互制衡的局面。

各市場領域三國鼎立

對應到現今市場，此時市場上僅有三家企業，少數擁有

利基市場者亦能夠倖存，但若非屬於這三大企業或是擁有利基市場者，將受到排擠、除名而退出此戰場。在市場各領域中，常會見到三國鼎立的例子，例如：《財星雜誌》、《富比士雜誌》及《商業周刊》是美國的三大雜誌社；通用汽車、福特汽車、克萊斯勒汽車是人人皆知的美國三大汽車廠；默克藥廠、壯生藥廠、必治妥藥廠則是耳熟能詳的美國三大製藥廠。除了美國當地，在日本、英國、臺灣等世界各地的每一個市場，都有其三大主宰者。以日本的汽車業為例，豐田汽車、本田汽車、日產汽車是大家再熟悉不過的汽車大廠。

摩托車市場三雄稱霸

再將市場拉回臺灣，山葉（YAMAHA）、三陽（SYM）、光陽（KYMCO）為三大摩托車車廠，第一名的寶座不外乎就是這三家大廠在輪流。這三家機車所占的市場總和為73.88%，達上限目標值，第一名和第三名之間的射程距離在$\sqrt{3}$內，是典型的三國鼎立型市場案例，在這樣的市場狀況下，大家市場占有率接近，更顯得如履薄冰，彼此間摩拳擦掌、枕戈待旦，不時除舊布新來贏得消費者的心，以增加市占率，穩住第一名的頭銜。其他的企業除非在夾縫中的利基市場（與前三大之差異化）才能生存，否則將面臨被併吞或是摧毀的危機。

台鈴是臺灣摩托車業中活生生被併吞的例子，台鈴沒有足夠的優勢，又沒有自己的專業，處於要上不上、要下不下的狀況，原想力拼三大廠，但因摩托車市場格局已定，始終無法闖出一片天，最後默默收場。反觀比雅久（PGO）摩托車是運用利基市場的最佳典範，專為喜好冒險的族群設計四行程強勁動力的摩托車，因而贏得動力四行程車款的最高市占率。

三大電信各據一方

人在江湖身不由己，倘若公司處於三國鼎立的局面，又非三大廠商時，公司應積極尋找利基市場，而非與前三大公司正面交鋒。當時的東信電訊是關鍵的少數，只要誰擁有了東信電訊便能夠再擁有更多的市占率，然而東信電訊堅持不與任何電信業者聯手，於是台灣大哥大合併泛亞電信、遠傳電信合併和信電訊，與中華電信成了三大電信公司，而東信電訊只好退出電信市場。

前三大公司，爲了穩住自己擁有的市占率，在推廣、廣告、行銷上早已自成一家，獨具匠心、標新立異且擁有固定的風格與支持度，再藉由不間斷的推陳出新，便可以輕鬆的將小公司打得落花流水。但其實不管是大公司還是小公司，若想要追求新的市場、更高的市占率，除了創新、研發、行銷外，外銷是另一個可以提升自己競爭力，並拓展市場的重要關鍵。

市場占有率 太平天國型（兩大寡占型）電影 《太平天國》

劇情內容

清朝末年，中國社會矛盾急遽激化，對於清朝的嚴酷與外國的侵略，讓許多人挺身而出，洪秀全便是時勢造英雄下的一個活生生案例。由洪秀全組成的太平天國，唯才適用、新思維的管理以及強而有力的組織，搭配不屈不撓的精神，讓太平天國成了清朝的眼中釘、肉中刺。太平天國聲勢一天天壯大，加上由農民起義，因此在幅員遼闊的中國，若非效忠朝廷，則與太平天國共事。

電影內容與市場占有率（太平天國型）的融合

太平天國曾經一度與清朝雙雄對峙，兩兩互相抗衡。假設企業所屬的市場占有率情況爲38%、36%、16%、5%、3%，第一名與第二名的市場占有率總和超過上限目標値73.88%，且射程距離在$\sqrt{3}$內，勢均力敵，其他企業則難成氣候。

1842年鴉片戰爭結束後，中國社會的矛盾是從未有過的，戰爭帶來的不只是死傷慘重和數不清的不平等條約，更讓大批民眾衣食無著，進而產生反抗意識。在這樣的亂世下，人民吃不飽、穿不暖，還要繳更多的稅額給朝廷或地方官，加上自滿清開國以來，漢人抗清的民族思想就一直不斷的在各地上演。時勢造英雄，以洪秀全爲首的拜上帝會成立太平天國，是一個與清朝相互抗衡的組織。

太平天國的經濟政策推行公有共享政策，收入全歸「聖庫」，廢除封建的土地所有制，平均分配土地，實行男、女平等，禁止買賣婦女和婢女，對外堅持獨立自主，否定不平等條約，禁止販賣鴉片，反對外來侵略，大大鼓舞人民內心的鬥志。太平天國匯聚英才、跟隨者眾多，其鬥爭規模、擴展疆域的速度與幅度都非常之廣。對內有完整的綱領法治，對外亦有驍勇善戰的戰士和精準的對策，這一股強大的勢力震撼清朝，也曾讓身爲兩江總督的曾國藩驚嘆：「太平天國之善於用兵，似較昔年更狡、更悍！」擁有許多先進觀念的太平天國一天一天的壯大，成了一個可以與清朝相互抗衡的組織，對清朝而言帶來不少威脅，但其故步自封，不懂得把握機會，最終以失敗收場。

競合策略

企業若身爲市場上兩大勢力的其中之一，將會有兩種較大的可能走向：一種是走向既競爭又合作的方案，即俗稱的競合策略（Co-opetition），雙方企業運用合作策略，謀求彼此的利益卻也彼此競爭。以報業爲例，當年因爲報禁保護讓臺灣的報業僅有《聯合報》與《中國時報》，這兩大報業理所當然的，也成爲報業中的兩大龍頭。兩者的天花板（售價）與地板（成本）策略均相同，讓消費者可以不用比價就可以購買到自己想要看的報紙或進行廣告的刊登，所有的費用支出是相同的，消費者僅需要選擇哪一家的報紙風格是自己所喜歡的即可。同業進行合作，並在合作中彼此保持競爭的關係，除了在過去戒嚴時期可見外，現在的生活中隨處可見，像是「黑貓」與「一日配」就是伴隨著網購的興起，物流業的需求大幅提升後所結合的關係；或是「台塑石油」與「中國石油」的油價策略，兩者雖然進行合作創造雙贏的局面，但彼此間相互較量的火藥味卻從未熄滅。

彼此競爭、不見容於對方

另一種狀況是企業間仍不斷彼此競爭，利用低價促銷，或者增加廣告行銷的方式。總而言之，就是置對方於死地，不想讓對方在這一塊市場上有利可圖，造成兩虎相鬥，必有一傷的局面。在此以燦坤與全國電子的3C通路競爭爲例，這兩家企業什麼都能爭，在2004年的一場割喉戰中，全國電子首先推出「買貴主動退差價」的策略，擺明就是要與對手互拚價格，想當然耳對手燦坤不會輕易善罷甘休，在2005年推出「全民查價團」還擊。燦坤每年4、7、11月分時，推出會員招待會封館四天，年終則推出購物節，以低價進行商品促銷；全國電子則以

破盤特惠、年終破盤價，還以顏色。

保固與維修是近幾年來業者相爭的一塊大餅，售後服務愈是周到，其滿意度便會愈高，但其實過去3C產品的保固與維修是消費者最頭痛的問題，卻也是廠商最不願面對的問題。對此全國電子首先仿效國際品牌推出「小家電終身免費保固」，讓商品不再成爲孤兒，及「冷氣一天到府安裝」等多項的維修服務。燦坤則以「冷氣保養到府服務8折優惠」的方案對戰，同時提出燦坤擁有二百多家電器醫院，售後服務不像全國電子的終身免費維修，只是空穴來風並無具體行動，全國電子對此則回應旗下的門市就是服務中心，且顧客的滿意度高於對手。

在產品與服務上彼此不遑多讓外，在公益活動上彼此也是你爭我鬥。全國電子推出中年二度就業招募專案、大學生清寒獎助學金等照顧弱勢族群的方案，而燦坤則以實際的捐款行動幫助弱勢，各有各的優點與實際照顧到的族群。以上種種的競爭都說明，企業並不會因爲一時身爲市場上的第一名就得以安定，或者是第二名就屈就於他人，因爲此時在市場上並未有一方是超過安定目標值41.7%，因此，當兩者彼此間失去平衡開始相互戰爭，容易出現鷸蚌相爭、漁翁得利的狀況。

市場占有率 戰國型（絕對獨占型）電影
《東周列國戰國篇》

劇情內容

春秋五霸各自爲政的私心，逐漸浮出檯面，多場大規模的戰爭，帶領東周由春秋走向戰國。戰國始於三家分晉，終於秦始皇一統江山，這段期間，布衣卿相，平民出頭，商人的地位

也向上提升，從呂不韋、張儀、商鞅等人中可以看出，任何人只要有過人的才智與謀略，就有機會成爲重臣，協助各家英雄角逐中原之地。

電影內容與市場占有率（戰國型）的融合

戰國型也稱作獨占型或是一牌獨大，這樣的稱法是有跡可循的。春秋時原本境內有十多個國家，其中又以齊桓公、宋襄公、秦穆公、晉文公、楚莊王爲春秋之五霸，後來晉國內亂，從晉國分家，獨立出韓、趙、魏三國，開啓了東周後半期的戰國時期。戰國時期以秦、楚、韓、趙、魏、齊、燕爲主要七大國，史上稱爲戰國七雄，而這七國中以「秦國」最爲強盛。

秦國成爲中國史上第一個統一天下的朝代，並非一朝一夕，而是自春秋便開始埋下種子。西周末年犬戎入侵而導致周室東遷，秦襄公在周室被伐時曾派兵救周，由於護衛有功，進而成爲關中平原西部地區的一股勢力。但秦國的野心不僅如此，成爲地區上的一大勢力後逐步向中原邁進，目標是一統天下。當秦國勢如破竹攻下一座又一座城池時，令秦國最爲頭痛的對手便是處在與其保有$\sqrt{3}$距離的趙國，因爲名將趙奢多次讓秦國顏面掃地。

趙括是趙奢的兒子，擁有絕頂的聰明和口才，趙奢在世時，父子時常談論兵法，趙奢往往被兒子駁得啞口無言，有人說：「將門虎子，眞是不錯」，過度的吹捧，讓趙括自以爲軍事才能天下無雙。但看在趙奢眼裡卻感到不以爲然，更以「戰爭是關乎生死的大事，他說起來如此輕鬆，一旦擔任大將，必定失敗」告誡他人，因此當趙括被任命爲統帥，其母立刻上書給趙王：「趙括不是大將之才，請不要派遣。」趙王以爲趙母

謙讓，因此不予以理會，趙母仍堅持，並說道：「趙括父親領兵時，所得到的賞賜，全部分給部下，頒布命令的當天，就住進軍營，跟士兵同甘共苦，不再過問家事。遇到困難，必定徵求大家意見，從不敢自以爲是。可是趙括剛被任命爲統帥就威風凜凜，軍營之中，沒有人敢對他仰視。賞賜給他的財物，全運回家。他父親死時曾一再囑咐，無論如何，不可讓趙括作大將。」但趙王仍舊不肯改變任命，最後眞如趙括父母所言，趙括只會紙上談兵，面對與秦國的作戰，雖熟讀兵法卻不懂得靈活運用。

戰國時期各諸侯國恰如現今企業需要緊密的結構、扎實的策略、遠大的視野，秦國也順應時代潮流的改變，開始實行變法，其中秦孝公時的「商鞅變法」替秦國奠下強盛基礎。商鞅變法時就厲行法治，同時提倡軍功、重農抑商，且獎勵耕織，可謂富國強兵的主要關鍵。此次變法廢分封、建立縣制，取代了自西周以來的世襲宗法制度，並且統一秦國的度量衡。秦始皇繼位後，有呂不韋與李斯的輔佐。在新思維的領導下，秦國在各諸侯國中脫穎而出、威震天下。

即使爲該領域的領頭羊，仍不可鬆懈

身爲戰國七雄之首，秦國達安全目標值41.7%，但射程距離在$\sqrt{3}$內，仍有趙國猶如芒刺在背。先前曾提及春秋型恰如分散型，沒有任何國家超過占有率的下限目標值26.12%。而戰國型則假設市場占有率爲44%、24%、18%、9%、5%，由此可看出第一名的企業其占有率已超過安定目標值41.7%，並且與第二名保有射程距離$\sqrt{3}$以上的距離。已達安定目標値的企業若想在該市場上持續呼風喚雨，仍需努力不懈爭取市占率。身爲第二名的企業若想趁機追過第一名的企業，必不能讓企業在$\sqrt{3}$：1的射程距離之外。倘若不小心超出，則容易遭受前後夾攻。因此在向市占率第一的企業進攻外，也要隨時觀察後者的動向，否則一不小心，第二名的市占率寶座將拱手讓人，猶如以前的「司迪麥」口香糖，就被一、三名夾擊而出局。

藉由消費者的消費習慣，可看出不同產業領域當中的市場占有率狀況。例如：大同電鍋、櫻花牌熱水器等都是該領域的領頭羊。此外，在各領域當中也有不少呈現兩強對決的品牌，如個人電腦華碩與宏碁，兩者的差距為2.5%，華碩領先宏碁許多，由此看出華碩的個人電腦是消費者的重要選項之一。消費者對品牌的忠誠度，將有助於該企業逐漸走向獨占體系，恰如秦國運用商鞅變法之後，成為戰國時期最強盛的國家。

表3-1　第一名品牌大幅領先第二名之前十強

品項	第一名品牌	品項	第一名品牌
電鍋	大同	數據網路服務	中華電信
加油站	臺灣中油	瓦斯爐	櫻花牌
熱水器	櫻花牌	數位攝影機	SONY
抽油煙機	櫻花牌	止痛藥	普拿疼
便利商店	7-11	牙膏	黑人

表3-2　呈現兩強對決的品牌

品項	第一品牌	第二品牌	兩者差距
國內航線	立榮	遠東	2.1%
個人電腦	華碩	宏碁	2.5%
男性皮鞋	阿瘦皮鞋	La new	3.6%
藥妝店	康是美	屈臣氏	3.9%
牛仔褲	LEVI'S	LEE	4.0%
進口休旅車	BMW	LEXUS	4.6%

市場占有率　武林至尊型（完全獨占型）電影《秦始皇》

劇情內容

秦始皇能夠一舉滅掉六國，不可否認他的能力與努力，同時也要正視過去他的長輩們留下的功績，即自春秋以來的變革以及重用商鞅將秦國扶正。自認功蓋三皇五帝的他給了自己始皇帝的稱號，開啓一連串的整頓，但行事作風殘暴不仁的他，歷史給予兩極化的評價。不得不說，其爲後人帶來許多驚嘆的建築與文化遺產，但因爲過度的剛愎自用，甚至消滅文化，逐漸官逼民反，最後導致自己敗在自己的手中。

電影內容與市場占有率（武林至尊型）的融合

天下至尊和完全獨占型是武林至尊市場型態的代名詞，在此市場中企業的市占率是絕對安全且擁有極大的優勢。天下大勢，分久必合、合久必分，西元前221年，秦王嬴政罷黜呂不韋開始親政，並在李斯的建議與張儀的連橫政策下，完成兼併六國之舉、一統天下，結束自春秋戰國的分裂局面，成爲中國史上第一個統一天下的國家。收復六國後，秦始皇借鏡戰國時期的商鞅變法，在李斯的建議下，統一天下之文字、度量衡、貨幣、修築長城等，同時建立一個以皇帝爲中心的集權制度，中央設三公、地方廢除封建體系改設郡縣制。

春秋時期的秦國與其他各國一樣，沒有任何一國超過下限目標值26.12%，歷經兩次的變法到了戰國尾聲，秦國已經成爲擁有安定目標值41.7%的國家，射程距離從$\sqrt{3}$內到$\sqrt{3}$外。這一路從一個只是擁有特定地方特權的小國，到戰無不勝、攻

無不克的大國，此與多次運用法家的思想有密切關聯，讓秦國在戰國時期便有虎狼之國的稱呼。法家的精神在秦始皇的領導下精益求精，將秦國帶向另一個高峰，但卻也讓國家不堪負荷，到最後親手將國家送還給天下。秦始皇在位的36年期間，在諸多方面都有著不同凡響的成就，除了先前提到的統一度量衡、貨幣、文字等，深愛各國皇宮建築的他，命工匠打造出一座又一座的皇宮，其中如舉世聞名的阿房宮，其華麗的裝潢與浩瀚的建築仍被許多建築師研究。身爲地上的皇帝，到了地下仍舊是皇帝，因此讓人打造出兵馬俑相伴，但生性多疑的他，爲了不讓他人有機會造反，或是留下任何一條活路，因此讓所有的人都必須與他一同下葬。

企業所屬的市場，其占有率假設爲74%、16%、6%、3%、1%，而上限目標値爲73.88%，因此就此假設來看，第一名的企業已達上限目標値，企業如果想要再增加占有率將有相當的困難度。其他企業則會因爲消費者的消費惰性而不輕易進入此市場，久而久之便形成天下無敵的局面，若非內部腐化或者外力介入，例如：反托拉斯法強制拆散的政府政策，將難以被取而代之。雖然擁有最高的市占率，但是生於憂患、死於安樂，此時的企業已無其他競爭對手，如果沒有明確的目標，將容易鬆懈怠惰，讓虎視眈眈者有機可乘。

世人僅記第一，忘卻第二

黑人牙膏是家喻戶曉的牙膏品牌，但是與其同領域的白人牙膏又有多少人知曉？同樣是牙膏品牌，卻有著不一樣的市占率。SAMSUNG三星集團董事長李秉喆的「第一主義」，成爲企業的第一任務，因此永遠都要做到最完美的完美主義，讓今天的SAMSUNG三星集團，在各領域都有亮眼的成績。此話言

之有理並非空談，尤其在市占率的部分，達到市占率第一的企業才能穩坐寶座。

從小到大，書本上始終教導我們，喜馬拉雅山的埃佛勒斯峰（Mount Everest）（俗稱聖母峰或珠穆朗瑪峰）是世界上最高的山峰，高8848公尺，卻鮮少有教科書會提及世界的第二高峰是8611公尺的哥德文奧斯騰峰（Goldwin Austen），兩者知名度相差甚遠。首位登上聖母峰的是來自紐西蘭的艾德蒙・希拉里（Edmund Percival Hillary），人們爲了紀念他的勇氣與毅力，將其肖像印於鈔票上。而第二位登上聖母峰者是來自瑞士的阿伯特・艾格勒（Albert Egler），卻不見經傳。

圖3-1　首位登上聖母峰的是來自紐西蘭的艾德蒙・希拉里（Edmund Percival Hillary），人們為了紀念他，因而將其肖像印於鈔票上。

圖片來源：紐西蘭5元鈔票正面

1996年尼爾・奧爾登・阿姆斯壯（Neil Armstrong）踏上月球表面，留下一句見證人類在航空科技與宇宙世界的經典佳句：「That's one small step for man, one giant leap for mankind.

（我的一小步，是人類的一大步！）」，卻不知道與阿姆斯壯同行的搭檔伯茲．艾德林（Buzz Aldrin），也是該次的大英雄，且留下首張太空人在外太空的自拍照。在TOYOTA歷年的廣告中，其中有一則以「Who is the Second?」爲主題，主要闡述的是，儘管這位第二名成就非凡，但卻沒有人將其記住，因爲身爲第二的總是第一名的追隨者。

不能全數第一，也要局部第一

行銷戰中，有兩個法則必須遵守，分別爲「確保數一數二，力爭獨一無二，否則不三不四，淪爲五四三。」與「不能全數第一，也要局部第一。」不管是世界最高峰珠穆朗瑪峰或是首位登陸月球的阿姆斯壯，都屬於第一句的案例，而第二句則以臺灣玻璃博物館的玻璃媽祖廟（護聖宮）作爲案例。廟宇在臺灣不勝枚舉，如臺北的行天宮、臺中的大甲鎭瀾宮、彰化的鹿港天后宮……。而臺灣玻璃博物館同樣立足於鹿港，要如何建造出與信徒眾多的天后宮及其他廟宇不同、獨樹一格的廟宇，成了首要問題。在俯瞰全臺灣的廟宇後，發現若將玻璃與廟宇結合，將會打造出全臺唯一的玻璃媽祖廟，如此創意的發想來自於台明將董事長林肇睢，而「Not No.1, But only 1」就是他對護聖宮（玻璃媽祖廟）的堅持與原則。

廣大的市場來自於市占率，循序漸進的從臺灣的北、中、南部各地的第一做起，成爲臺灣第一後，再擴展至亞洲第一，最後再向全世界第一進行挑戰，逐步擴建的市場有利於企業發展。無論身在哪一個領域的市場，企業都必須對目標値與射程距離保有敏感度。在必要時期對症下藥進行修正或積極擴張，都是增加市占率的方法，進而爭取市占率「第一」的位置。

結　語

企業「大者恆大、小者恆小」或從利基市場中闖出一片天，市場占有率是決定企業是否能夠生存的關鍵。市場占有率愈高、成本愈低，投資報酬率也就愈高。了解自己所處的市場特質，進行攻或守的戰略，市場並非一成不變，因此要靈活的運用不同策略。龜兔賽跑的典故可爲這五個市場型態做總解說，兔子好比達到安定目標值之上的大企業，烏龜則是爲達到下限目標值的小企業。

在第一輪的比賽中，兔子一開始便遙遙領先烏龜，因爲路上的比賽對於兔子而言幾乎是量身訂作，但比賽的過程有所轉機，兔子因爲過於自信，因此在比賽的過程中偷懶，使得在路面上不具有優勢的烏龜，有機會奪下勝利。從故事中可以了解到身爲小企業不要氣餒，只要不斷的堅持，等待對手大意、疏忽時，便是最佳的反攻機會，同時也告誡大企業，不要過於自負。氣急敗壞的兔子，在比賽結束後非常不服氣，但又無可奈何，因爲是自己的怠慢，讓烏龜有機會搶奪自己的風采。因此，兔子要求進行第二輪的比賽，這一次兔子拿出自己的實力參賽，並隨時注意後方烏龜的動向，可想而知烏龜僅有望其項背的份。兔子是比賽中的強者，是市場上擁有較高的市占率者，再加上外界給予的機會更是助兔子一臂之力，而烏龜便沒有了翻身之地。由此得知大、小企業正面衝突時，「西瓜偎大邊」，大企業必勝，故此時小企業應當避免跟大企業衝突。

針對第二輪的比賽烏龜感到不滿，因而也提出進行第三輪的比賽，兔子當然願意接受挑戰，但萬萬沒有想到，烏龜要求的比賽方式是游過河者爲贏家，這對兔子而言一籌莫展。游泳

渡河本是烏龜的強項，因此烏龜輕輕鬆鬆便贏得此次的勝利。這一場比賽中寓意著小企業應找出有利自己的戰術，找尋利基市場，才有辦法在市場上與大企業一較高下。兔子與烏龜的比賽一發不可收拾，兩者不斷地互爭高下，大家看到牠們如此喜歡競賽，於是決定再替牠們舉辦一場趣味競賽，兔子與烏龜皆二話不說同意參加。

這一場比賽由路上與水上的路程所構成，並且必須在規定的「時間」內完成，否則兩者都是輸家。兔子心裡明白，路上的競賽自己是穩當可以控制，但是過不了水上的關卡，而烏龜也知道，即便水上的路程是自己的優勢，但從起點到水域的路程可能就已經因爲速度過慢而出局。因此在這樣的狀況下，兔子與烏龜都沒有單獨的勝利者，不是一起輸掉這一場競賽，不然就是相互合作才有機會達成雙贏的局面。最後他們選擇相互合作，在路上的部分由兔子背著烏龜進行奔跑，水中則由烏龜載兔子游向終點。

這四場的龜兔賽跑，將競合策略延伸運用到市場上，不僅強者知道要自行把關自己，更可以領悟到弱者的戰略，以利基市場爲主。小企業從局部的市占率開始，逐漸向外擴展，擁有愈多的市占率者，代表著擁有的市場愈廣泛。「今日叱吒風雲、明日轉眼灰燼」，市場上瞬息萬變，想要永久的立足就必須要步步爲營、如臨深淵、時時小心，否則就會像流星一般閃爍後，就不再擁有光芒。

	競賽方式	過程插曲	勝利者	寓意
第一輪	路上	兔子於過程中偷懶	烏龜	小企業唯有奮發向上，等待大企業怠忽職守時，才有逆轉勝的機會。
第二輪	路上		兔子	正面衝突，小企業必傷，故應避免與大企業直接衝突。
第三輪	水上		烏龜	小企業應找尋自己的利基市場。
第四輪	路上&水上	相互合作	兩者	企業相互合作，創造雙贏。

由歷史看今天的市場，從中可以得到幾分的知識與經驗。過去《突破雜誌》會在每年的一月分，發行針對當時國內商品的市場占有率進行排名編列。自2007年起改在《管理雜誌》十二月號中公布，企業可以藉此進行下一步驟的推測計畫與模擬。「知己知彼、百戰百勝」，藉由雜誌分析了解到企業所處的市場環境、所擁有的目標值及與競爭者彼此的射程距離，找到對的方法，大企業得以長青、小企業可開創新的一片天。

單元四

大魚吃小魚戰略，讓《賽德克・巴萊》及《末代武士》難以小搏大

大自然的演繹法則——適者生存、優勝劣敗。海底的大魚吃掉小魚，讓自己可以繼續生存下去。在市場中也有同樣的道理，大企業併購小企業的例子不斷的上演，然而當大企業達到巔峰後，最大的敵人不是別人而是自己，要如何持續在市場中保有一席之地和持續經營下去，是企業所面對的最大問題。市場強者戰略以電影《賽德克・巴萊》和《末代武士》作爲探討要點，來了解強者如何大魚吃小魚，策必勝之謀、立不敗之地。

何謂強者戰略（大魚吃小魚）

蘭徹斯特戰略中提及：「武器相同，強者必勝！在同一個基準線上，資源相對擁有較多者會勝於資源相對較少者。」大軍會戰，兩軍對抗，平均每三槍射殺一人，以電影《末代武士》裡，日本新軍代表甲方與日本武士代表乙方來解說，每9位日本新軍對上6位日本武士，激烈的對戰中，甲方與乙方的比例會由9:6變成7:3，再經過不斷的廝殺會由7:3變成6:1，最終小魚抵擋不住大魚的戰力，形成6:0的局面；意思也就是說，在戰後存活下來的是6位日本新軍、0位日本武士。猶如電影《賽德克・巴萊》中的在臺的日本軍人和《末代武士》電影中的日本新軍，身爲大魚的企業應採取4P同質化策略，讓產品（Product）、價格（Price）、促銷（Promotion）、通路（Place）相同、雷同，以逼近對手的方式，讓對手無法有隙可乘，並追求精益求精。

戰略1　強者無敵・自我挑戰

美國企業家威爾許（Jack Welch）曾說：「One or two or

die.」意思是「不是數一數二，那就不要。」在該行業上不能當領頭羊的話，就要退出戰場。對於企業而言，該如何達到數一數二或甚至成爲獨一無二？威爾許認爲「人」是企業裡非常重要的因素，用對人，事情也就對了。因此，威爾許有一套非常成功的用人哲學，這一套用人哲學中告訴我們不該留下的，不僅只有績效低、對組織認同度低者，績效高但對組織認同度不高的，都必須離開。

通常對於一個企業而言，要淘汰不適任者便是一大思考難題，該如何淘汰才能去蕪存菁？威爾許建議先讓100%裡面，最後10%的人離開組織，之後補進5%的新進成員，再將這100%－10%＋5%＝95%的人力周而復始。企業不斷地運用－10%＋5%的循環模式，可以讓公司的人力資源保有最佳狀態，因爲沒有敵人、唯有自我挑戰。改變現況、改善現在，不是否認過去之成就，而是創造優勢之未來，企業要不斷的進步才不會被時間遺忘、被時代淘汰。西元476年西羅馬帝國滅亡，1453年東羅馬帝國滅亡，不可一世的大帝國消失在歷史的長河裡。

戰略2　打造主流商品

主流商品意味著擁有貴族化、個性化、情趣化、簡便化、多樣化、專業化、保障化、健康化、快速化的九項優勢，對於這九項優勢自然是愈多愈好。以臺灣台鹽公司爲例，台鹽在臺灣是第一，也是唯一的製鹽企業，但因爲臺灣日照時數短、土地與人工成本一天天上升，因此就算台鹽占有臺灣所有的食用鹽市場，仍舊是沒有未來的。再加上現在市面上除了台鹽，更有不少的進口高級鹽或特色食用鹽，爲了克服這些困難，台鹽開始轉型。台鹽鹼性牙膏是首創的鹼性牙膏，根據台鹽內部研究人員發現，鹼性牙膏有助於口腔內部呈現弱酸性物質的清理，更能有效預防牙周病。

除了牙膏，台鹽巧妙的運用「死海」的賣點，開啓了鹽山觀光區。死海位於約旦與以色列之間，是世界上最低的湖泊，因爲其鹽分濃度極高，因此人可以輕易的浮在水面上，對於不會游泳的人是一個極棒的體驗，例如：漂浮在死海的水面上看報紙和雜誌，享受片刻的悠閒。在臺南七股的鹽山，則是人們心中另一個滑雪場，潔白的鹽山是70年代堆積而成，遠觀彷彿一座長年積雪的高山，日本人稱其爲臺灣的富士山，如今到七股爬鹽山仍舊是許多人心中不曾抹去的記憶。

現在更有仿效死海的「不沉之海」，海水中蘊含著最接近人體結構的礦物質及胺基酸，可促進細胞活化，讓肌膚再生。從過去的曬鹽、賣鹽到現在鹽山的觀光、鹼性牙膏外，台鹽仍持續開發新產品，例如：台鹽生技的美容保養品、鹹冰棒、鹽巴DIY等，將平凡無奇的鹽打造成主流商品，運用主流商品中的好幾項優勢，增加市場獲利機會。

戰略3　五力分析

麥可・波特的五力分析中提及影響企業獲利的五個主要力量，分別爲「供應商的議價能力」、「顧客的議價能力」、「現有廠商的競爭能力」、「潛在進入者的威脅」、「替代品的威脅」。此五種競爭力將影響產業的競爭強度及市場的吸引力強度，進而成爲對產品的價格與研發的決定因素；更訂定出產業結構的遊戲規則，企業若想要長期經營，則必須有完善的五力分析協助企業做矯正。

以臺灣中高價位外銷產品爲例，現有的競爭對手爲韓國、捷克、土耳其等。在價格上可能會因爲成本而有大幅的變動、或是產品推陳出新的速度、推廣的方式等，都是一場又一場血淋淋的戰爭。在此供應商與顧客的議價能力，對於企業的影響最大。

時代進步的腳步極快，今日爲王者，明日不一定爲王，五力分析是針對業內進行分析，但有時競爭對手可能來自於業外。在刮鬍刀市場中，曾經「吉列牌」與「舒適牌」總是爭得你死我活，吉列牌在刮鬍刀市場中爲老品牌，聽到吉列牌大家一定會豎起大拇指認定其品質；而舒適牌則是刮鬍刀市場的新生代，擁有與吉列牌同樣的優質產品外，也善用豐富有趣的行銷策略，對於大型活動的贊助也不遺餘力，因此累積了大量的美名。吉列牌認定其最大的敵人是市場與客戶高度重疊的舒適牌刮鬍刀，吉列牌爲了拉大與舒適牌的差距而主動出擊，併購金頂電池，卻沒想到遭來金頂電池對手勁量電池的疑慮，爲了消除此疑慮勁量電池轉而併購吉列牌的死對頭舒適牌，讓這一個領域重新洗牌，吉列牌刮鬍刀的對手意外的變成勁量電池。

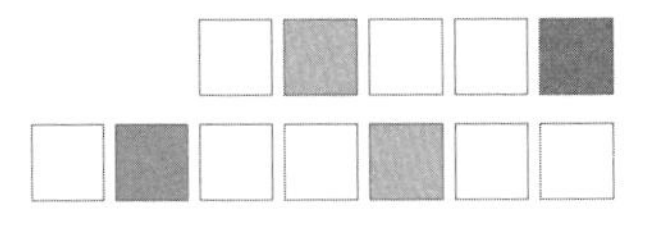

第一回合：吉列牌刮鬍刀與舒適牌刮鬍刀總是在市場上相互競爭。

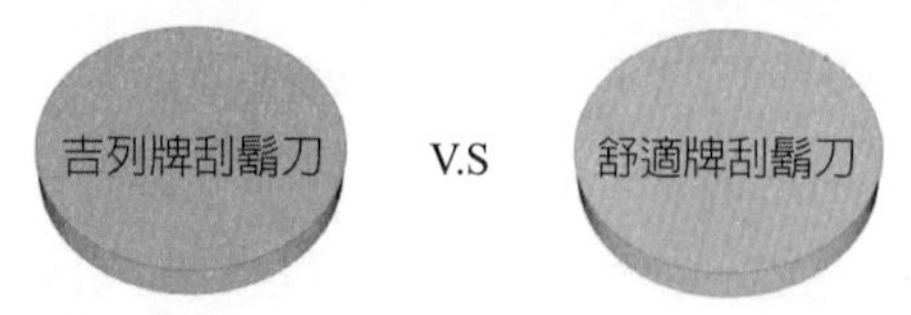

第二回合：吉列牌刮鬍刀為了拉大與舒適牌的差距，主動出擊併購金頂電池。

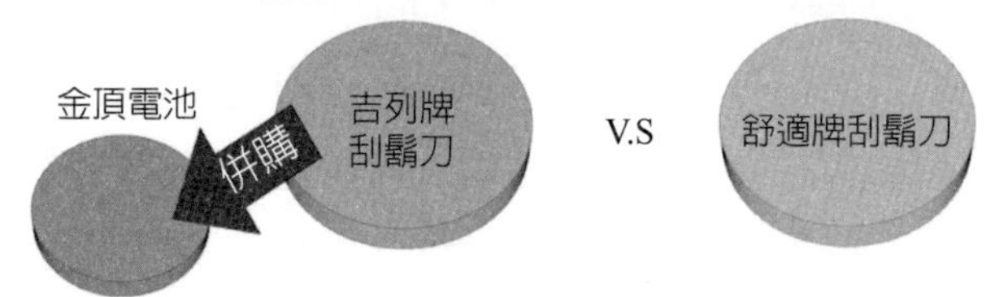

第三回合：身為金頂電池的競爭對手，勁量電池不甘示弱併購舒適牌刮鬍刀。

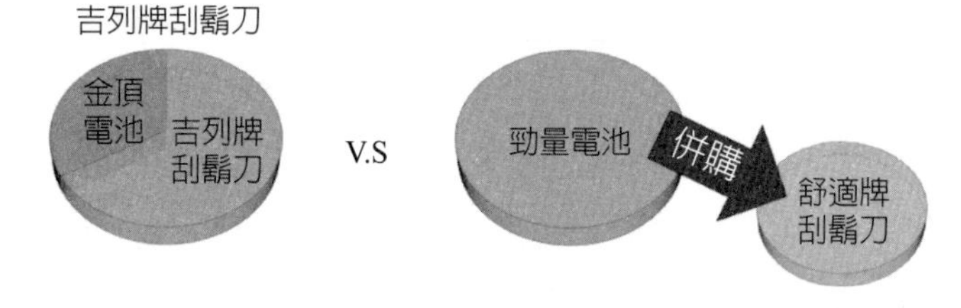

第四回合：吉列牌刮鬍刀與舒適牌刮鬍刀的競爭，演變為吉列牌刮鬍刀與勁量電池的競爭。

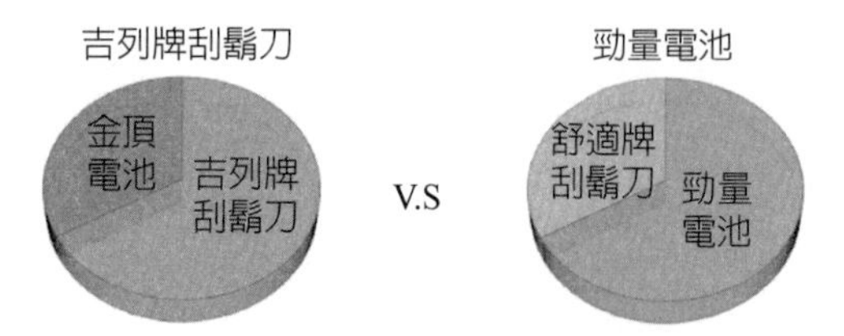

五力分析是針對業內進行分析，但有時競爭對手可能來自於業外，猶如吉列牌刮鬍刀對抗舒適牌演變成吉列牌刮鬍刀對抗勁量電池。

圖 4-1　刮鬍刀市場重新洗牌

戰略4　塑造一句金句

金句恆久遠，佳句永流傳。英國作家莎士比亞一句「To be or not to be, that is a question.」道出人們心中的矛盾。中國至聖先師孔子曾說：「三人行，必有我師焉。擇其善者而從之，其不善者而改之。」告訴我們交友的道理，不管是西方還是東方，從古至今有許多的名言佳句總會在耳邊不斷傳頌。日常生活中，當我們經過全國電子的實體店時，腦海中馬上會浮現「全國電子，揪甘心ㄟ（臺語）」的廣告臺詞；或者在看電視時，聽到「不行，通通拿去做雞精！」頭也不用抬，就知道是白蘭氏雞精的廣告。仔細想想，這些經典廣告句已經成爲腦海中揮之不去的記憶。鐵達時手錶在1990年時，一句「不在乎天長地久，只在乎曾經擁有。」更是深植人心。一句金句，勝過千言萬語，消費者們朗朗上口的廣告金句，更代表著強者企業形象，也代表著消費者對企業的記憶，達到「不銷而銷」、「無遠弗屆」的境界。

表4-1　流行廣告金句

廣告金句	企業廣告主
慈母心、豆腐心	中華豆腐
不在乎天長地久， 只在乎曾經擁有	鐵達時手錶
捐血一袋，救人一命	中華民國捐血運動協會
肝哪沒好，人生是黑白的； 肝哪顧好，人生是彩色的	許榮助保肝丸
一步一腳印，大家愛臺灣	TVBS
他傻瓜，你聰明	柯達傻瓜相機
百服寧、保護您	百服寧錠
雅芳比女人更了解女人	雅芳

廣告金句	企業廣告主
We are family.	中國信託信用卡
乎乾啦！	臺灣麒麟
關心自己，也關心別人	前行政院新聞局
只有遠傳，沒有距離	遠傳電信
Keep Walking	Johnnie Walker
全家就是你家	全家便利商店
三餐老是在外， 人人叫我老外！	久津食品波蜜果菜汁
原來我們這麼近	統一企業麥香系列
什麼都有，什麼都賣， 什麼都不奇怪！	Yahoo！奇摩拍賣
喜歡嗎？爸爸買給你！	前台北銀行樂透彩
這不是肯德基！	肯德基
全國電子，揪甘心ㄟ（臺語）	全國電子
不行！通通拿去做雞精	白蘭氏雞精
想像力是你的超能力	雄獅文具
好險 有南山	南山人壽
便宜一樣有好貨	全聯福利中心
整個城市就是我的咖啡館	統一超商city café
管他什麼垢，一瓶就夠	3M魔利萬用去汙劑
用大金，省大金	大金變頻空調
不平凡的平凡大衆	大衆銀行企業形象
用好心腸做好香腸	黑橋牌香腸

戰略5　齊全的產品線

身爲市場上的強者，企業內的產品線務必齊全，否則容易讓其他企業有機可乘。Mr. Brown伯朗咖啡的罐裝咖啡在臺灣掀起一股喝咖啡的熱潮，過去的咖啡是昂貴的，且只有在特定的場合才可品嚐得到。伯朗咖啡打造了一款拉丁風味的咖啡，這一款富含有陽光熱情的咖啡，保有咖啡的人文氣息，並且隨時隨地都可以飲用，成功影響人們日常生活喝咖啡的習慣。

伯朗咖啡在臺灣推出此種罐裝咖啡後，得到許多消費者的青睞，進而打遍天下無敵手，穩站罐裝咖啡市場的龍頭。如此霸氣的同時也易遭到其他同業的眼紅，對手歐香咖啡進而推出罐裝咖啡，採用與伯朗咖啡不同的風味進入市場。歐香罐裝咖啡以歐洲的浪漫風味打入市場，衝著伯朗拉丁風味咖啡而來，使得伯朗咖啡在罐裝咖啡市場上不再穩固。對此，伯朗咖啡迅速推出同樣的歐風咖啡，並將其他相關口味咖啡如藍山、金典、卡布奇諾等，補足市場上的需求，讓對手不再有空間趁虛而入、見縫插針。

圖4-2　歐香罐裝咖啡以歐洲的浪漫風味打入市場，衝著伯朗咖啡而來，因此伯朗咖啡迅速推出同樣的歐風咖啡，並將其他相關口味咖啡需求補足，如藍山、金典、卡布奇諾等。

圖片來源：作者拍攝

強者戰略——4P同質化

產品同質化

中華汽車是商用車起家，在早期是商用車的佼佼者、是商用車的霸主，而轎車則是福特的天下，彼此井水不犯河水。倘若中華汽車想做汽車業的霸主，則必須跨行轎車，讓自己同時擁有商用車與轎車兩條齊全的產品線。又如同SONY的大型家用電器是有口皆碑的，但如果SONY想要稱霸電器業，就不能僅有生產大型家用電器如電視、空調、洗衣機，也要兼顧小型家用電器如風扇、吸塵器、果汁機等。

價格同質化

價格大戰是市場上常見的一種兩軍對抗的方式。曾有一時期，統一企業的便當降至40元，且食物、價格物美價廉，吸引非常多的民眾前往購買。而其對手全家便利商店卯上統一企業，也將便當大降價，降到39元，並大肆宣傳到全家購買便當40元有找，因此每到中午時刻兩家便利商店總是擠得水洩不通，讓兩家便利商店的業績暴增。

通路同質化

通路則以加油站的例子最為顯著。每當我們到加油站加油時，加油站總是會免費送水或衛生紙，這些製造水或衛生紙的企業藉由加油站作為通路，進行行銷。因為當我們到賣場購買水或衛生紙時，不免會想起上次在加油站拿到的水或衛生紙的品牌，進而選購同品牌商品。

促銷同質化

促銷乃兵家必爭時慣用手法，在此以百事可樂對戰可口可樂為例。當年百事可樂推出一款名為搖搖樂的玩具，而此玩具大大的吸引了大人與小孩的目光，讓原本喝可口可樂的人群轉向購買百事可樂，因此可口可樂的銷售量像坐雲霄飛車一樣，突如其來的往下滑，讓人措手不及。為了應戰，可口可樂用最快的速度推出相似的玩具來跟百事可樂對抗，才將銷售量扳回一城。

4P同質化的運用

在大陸的康師傅也曾與臺灣的統一麵，一度出現贈品促銷互別苗頭的景象。兩大食品集團，都推出類似的產品，例如：康師父推出紅燒牛肉麵，統一就推出蔥燒牛肉麵應戰，而兩家的產品價格差距都不超過0.1元人民幣。以販售地點的通路來看，兩者的販售地點類似，小魚在哪裡有據點，大魚就跟著在附近設點，其中最競爭的促銷手法，如康師傅的泡麵中加入火腿腸，統一泡麵就加一顆滷蛋，隨後康師傅改用鵪鶉蛋來對付滷蛋。如此相近的手法，為的就是不讓身為小魚的弱者有喘息或有機會竄起。

圖4-3　在中國大陸的康師傅曾與統一麵，贈品促銷、互別苗頭。

二軍作戰法

除了親力親爲，大軍還可以運用二軍作戰方法對付弱者。大多時候弱者會以價格較低、品質較差的產品打入中間市場，此時的大軍應該成立二軍與弱者對抗，如同正新輪胎的PRESA倍力加、白蘭洗衣粉的潔寶和捷安特的Momentum。

正新輪胎的輪胎揚名全球，是臺灣橡膠輪胎業第一名，如此優質的汽車輪胎雖然人人想要，可是並非人人都可以買得下手。因此，其對手發現一塊位於輪胎中價位的市場，推出品質較差一些，但費用也較省的輪胎，深獲中間民眾的心。當然正新輪胎也不是省油的燈，成立了副品牌PRESA倍力加來跟對手對抗。倍力加因爲有正新輪胎的支持，在市場上很快地就成

了中間消費者的愛用輪胎。

「潔寶」是白蘭的副品牌，當初的成立是爲了對抗台化的洗寶。台化推出洗寶軟性洗衣粉，大力推銷軟性的洗衣粉不傷手，且可防止水源汙染，使該產品在洗衣粉市場刮起一陣旋風。如此大力的推廣，令老字號的白蘭洗衣粉情何以堪？但也不能因此坐以待斃，因此白蘭也推出了一款名叫潔寶的軟性洗衣粉，並同時強調自己才是完全、正確的軟性洗衣粉。

市場強者戰略　電影1《賽德克・巴萊》

劇情內容

《賽德克・巴萊》是一部以臺灣霧社事件作爲背景的史詩電影。1895年臺灣在甲午戰爭過後簽訂的馬關條約中，被割讓給日本作爲戰後的賠償，開啓臺灣史上的日治時代。日本人到臺灣後施行一連串的政策，改善了臺灣許多陋習，但也因爲其私慾，造成對臺灣許多環境與文化的破壞。身在臺灣的原住民更在日本人的理番政策下，逐漸被迫失去自己的文化與信仰。三十年來的壓迫統治，看著許多人都過著苦不堪言的日子，原住民的男人必須搬木頭服勞役，不能再馳騁山林追逐獵物，而女人必須低身爲日本軍警家眷幫傭，不能再編織綵衣，甚至被禁止紋面。看著族人的傳統信仰、圖騰逐漸失去，莫那・魯道身爲賽德克族的族長，親領族人反抗日本人，並打著：「如果文明是要我們卑躬屈膝，那麼我就讓你們看見野蠻的驕傲！」

電影內容與強者戰略的融合

從電影《賽德克・巴萊》中，我們知道擁有槍、彈、火藥等洋化武器的駐臺日本軍人是此次霧社事件中的強者，而弱者則是臺灣島上的賽德克族原住民，仍舊持弓箭、矛、刀的傳統武器。如此不平等的武器對峙，很容易判斷出這一場霧社事件的最後勝利者，但身爲強者的日本軍人並非一開始就是此事件中的贏家，而是經過多次的對峙才反敗爲勝。

1930年10月27日的這一天，日本政府將於霧社學校舉行聯合運動會，背後賽德克族正悄悄地醞釀一場暴動。因熟知此時日本人警備鬆弛，賽德克族約300壯士利用破曉時分，襲擊警察分駐所、日本人宿舍，此時賽德克族雖然身爲小魚，卻攻無不克、戰無不勝，其中又以在運動會場上被突襲的日本人最多，當日本警官驚覺事態的嚴重性，轉身對付時才發現爲時已晚，不僅傷亡嚴重且進攻不利。

賽德克族人世代山居，相當熟悉當地的懸崖峭壁，讓日本軍人久攻不下，事情傳到日本總督耳裡令其難以置信，但馬上派遣軍隊及飛機前往霧社展開攻擊，身爲大魚的日本人雖然不懂地理環境，卻擁有較多先進的資源，如洋槍、炮彈，並讓飛機丟擲路易氏毒氣彈等，導致賽德克族節節敗退，再加上彈盡援絕，無力與精良武器持續抗戰，由此得知大者恆大。

眼看賽德克族大勢已去，賽德克族婦女們也爲了使自己的孩子與丈夫無後顧之憂，於是紛紛先行上吊自縊，殘存的男人們則在臉上紋面，以賽德克族記號誓死抵抗，爲了堅守祖先領土與祖靈教化，義憤塡膺但卻死傷慘重，番刀、木棍終究抵不過大炮、洋槍。這些日本人手中的西洋兵器猶如強者戰略中的完備產品線，每一樣都能夠讓小魚造成嚴重的致命傷。

莫那・魯道在家人死後於森林裡自盡，而原住民抗日行動在莫那・魯道越過彩虹橋回歸祖靈後正式宣告失敗。抗日戰士反攻被日軍占領的馬赫坡，巴索・莫那、烏布斯等戰死。原本信誓旦旦要一天拿下霧社的鎌田彌彥，在經過多次的對戰後，也衷心佩服原住民的驍勇善戰。

賽德克族約有1,200人，這場爲了祖先和堅持保有自己文化的光榮戰役中，實際參戰的人數僅僅300人，而日本軍人則有2,500人參戰，並動員飛行聯隊之飛機、機關槍、迫擊炮、生化武器。在無情的炮火攻擊下，賽德克族的死亡人數約542人，幾乎是滅族的狀況。而持有現代化武器的日本人死亡人數332人，雖然對於日本政府而言此數字的嚴重性非同小可，但仍舊展現出強者的姿態。

市場強者戰略　電影2　《末代武士》

劇情內容

納森・歐格仁參與美國史上的兩次種族大戰，一是南北戰爭、二是北美印地安戰爭。身爲上尉的他，在戰場上呼風喚雨更是威風凜凜，其實他擁有一顆慈憫的心。當他看見手無寸鐵的印地安兒童被殺害時，開始懷疑自己的所作所爲到底是對、還是不對，但是又放不下自己過去在戰場中的榮譽感，只好整天飲酒度日。遠在地球另一端的日本正處於明治維新時期，因此有許多新舊對峙的火爆場面，在軍事方面主導全盤西化的明治天皇和墨守成規的勝原盛次更是水火不容。而納森・歐格仁被派往日本的主因，便是替天皇將這些堅持守舊的老武士趕盡殺絕。但這一切並非想像中容易，新軍還未完全受訓便被迫上

了戰場，不僅吃了敗仗，納森・歐格仁還被俘虜回深山基地，直到春天回來，一場新舊大戰再次展開，最終武士成為歷史。

電影內容與強者戰略的融合

日本武士是起源於日本安平時代，是古代階級地位的象徵。然而隨著時代變遷，明治維新時期的日本天皇要求消除武士階級轉立新政府軍，讓日本武士的文化變成歷史，電影《末代武士》述說的便是明治維新下革新派與守舊派的抗爭。革新派所擁有的武器、人力、訓練等資源，相較於守舊派而言是強大且豐富的，因此可說是此次角逐中的強者；反觀弱者的守舊派因為過於堅守傳統，因此錯過許多的資源與機會。

納森・歐格仁放不下過去驍勇善戰的英姿，整天在借酒澆愁中度過，直到日本新政府軍找上門才讓他重新振作，被派到日本擔任這些新政府軍的顧問，且責任是協助天皇將以勝原武士為首的武士道剿滅。擁有過去兩段豐富戰鬥經驗的納森・歐格仁原以為是一場可以輕鬆破敵之戰役，但沒想到這一些訓練不足且缺乏經驗的新政府軍，在未完全準備好的狀況下就被迫上了戰場。因此，可想而知這是一場逢打必敗的戰役。同理可證，強者即便擁有再多的資源，若沒有經過管理與運用，只是一盤散沙的話，不僅無法消滅弱者，還有可能被弱者趁機奪取勝利的機會。

這一場戰役中是由弱者的勝原武士集團站穩上風，且將納森・歐格仁擄回深山基地，冬天的大雪封住了對外的道路，納森・歐格仁便在這個深山基地裡住下。在這一段被囚禁的日子中，與武士和村民們朝夕相處下，納森・歐格仁融入日本傳統武士的生活、文化和藝術，漸漸的認識與體會武士道精神，且

在精神與肉體修練中，納森・歐格仁似乎看到了那個過去因爲身爲軍人而充滿榮譽感的自己。

春天開始融雪，對外的道路也逐漸清晰，此時深深愛上武士道精神的納森・歐格仁在軍人的職責與愛和友情間做出了選擇，穿上武士服與勝原帶著武士軍團和新政府軍對抗。雖然上一次身爲強者的新政府軍吃了敗仗，但是江東子弟多才俊，捲土重來未可知，不再是去年連拿槍瞄準都困難重重的新政府軍，而是經過多次的訓練與模擬的成熟軍隊，展現出身爲強者的風範。戰爭再次開打，一開始由堅持武士道精神的傳統武士領先，一個武士可以抵十位新政府軍，使得這些新政府軍措手不及，一時無法緊急應對，但體力與武士刀終究抵不過一個只需要瞄準並扣下扳機就可以射殺的武器——無情西洋火槍。大者恆大，新政府軍逐漸的扭轉此次會戰的情勢。

強者爲王，勢如破竹的新政府軍，稱霸整個戰場，而武士軍團卻節節敗退，更在戰爭的最後，這些視西洋火槍、炮彈爲恥的武士們通通犧牲，僅剩納森・歐格仁與手握西洋武器的新政府軍，雖然這些新政府軍對於武士道的精神充滿敬佩，但身爲弱者的武士被消滅的事實，實爲大魚吃小魚、強者兼併弱者的實證。

結　語

強者顧名思義就是擁有較弱者更多的資源與能力，不管是電影《賽德克．巴萊》還是《末代武士》，最終的結局都是擁有較多資源的一方獲得勝利。大魚吃小魚乃天經地義，同時也要搭配規劃與管理的戰略，才能將強者戰略發揮到極致。

戰場上互相比較軍事設備、武器與作戰能力，商業上則相互比較4P或4C，經由上述多個戰略與案例，了解強者戰略中最重要的是同質化。對廠商而言，採取4P（產品Product、價格Price、通路Place、促銷Promotion）的同質化，而零售、服務業則是4C（顧客Customer、成本Cost、方便Convenience、溝通Communication）的同質化，批發業則爲2P2C（產品Product、通路Place、顧客Customer、成本Cost）的同質化，讓對手無法有機可乘，就是強者對抗弱者的不二法門。

市場上的強者們在各方面都要不斷的自我挑戰，不僅要將產品成爲主流商品、人力資源的運用再創高峰，同時也要創造深植人心的佳句來增加消費者的記憶。在產品線的齊全、情報靈活與二軍作戰等方面，也都是強者戰略中重要的一環，因爲孤軍奮戰總是最寂寞且最容易被打敗的，並隨時藉由五力分析了解公司的近況與未來發展的阻礙，進行戰略的模擬。

單元五

小魚吃大魚戰略，讓《後宮甄嬛》與《半澤直樹》化險爲夷

不論是社會或是企業，有強者相對就有弱者。上一單元市場強者戰略（大魚吃小魚）使用同質化的方式，將小魚趕盡殺絕。這一單元則要探討市場弱者戰略（小魚吃大魚），當企業處於一個弱者的狀況該如何致勝？就如同身處後宮的甄嬛和銀行員半澤直樹，他們是如何從醜小鴨變天鵝，戰勝強者？

何謂弱者戰略（小魚吃大魚）

拳擊賽中爲求公平性，採取羽量、輕量、重量級的分級制，但是市場上並沒有級數區分，不分你我、彼此都可以相互競爭與較量。若干搏擊賽中，時常會出現強打弱的狀況，因爲弱者一定打不過強者，如此一來強者將會獲得壓倒性的勝利，並贏得相對高的獎金，然而身爲弱者就一定是輸家嗎？許多的電影在導演與編劇的精心安排下，反而是弱者贏得最終的勝利！雖然說弱者本身不具有優勢，但是弱者若能智取，從強者的弱點進行攻擊，讓強者防不勝防，將能夠轉劣爲優，贏得勝利。

戰略1：游擊戰

從蘭徹斯特戰略中了解到，若想要小魚吃大魚就必須運用游擊戰略。游擊戰中，甲方爲強者採正面攻堅，而身爲弱者的乙方則採掩蔽或游擊作戰。在甲方因陣線拉長，九槍必殺一人，乙方仍以集中火力三槍殺一人的戰況下，兩方的人數比將由一開始的9:6，轉變爲7:5，此戰最後將以4:4平手收場。如同在搏擊戰中，若與強者硬碰硬正面攻擊，自己不但遍體鱗傷，對方更能夠易如反掌的將我方打敗。倘若從對方的弱點攻擊，

反而還有機會可以拿下勝利的一戰。

差異化

游擊戰是小魚的主戰模式，在游擊戰中主要的戰略要點便是差異化。從味全到台灣啤酒的卡位戰，都是運用與強者的差異化進行行銷。差異化可分爲產品差異化、服務差異化、人員差異化、形象差異化四種策略，分別敘述如下：

產品差異化

競爭環境中，產品設計的差異化，需具有特殊性、一定水準、可信度、耐久性、績效、可修復性的特色。

一般而言，在市面上所購買的西瓜是橢圓形的、紋路不均，從表面看不是特別吸引人，加上對西瓜的甜度未知，因此購買時總不免猶豫。此外，西瓜的體積太大不好冷藏，也是購買的重要因素之一。在日本爲了克服上述西瓜體積問題，讓西瓜生長在一個方形的模盒裡，之後成熟的西瓜會因爲被限制在這一個方盒內，而成了方形西瓜，此方形西瓜在市面上刮起一股旋風。

方形西瓜要價不菲，因爲此西瓜具有創意、特色、紋路美觀達到一定水準，非常引人注目。同時運用高科技的輔助，確保每顆西瓜都是香甜的口感且好儲藏，因此成爲企業每到夏天送給客戶驚喜必買的水果，在市場可賣得高價。

方形西瓜造成日本西瓜市場不小的衝擊，之後陸續出現錐形西瓜，像極了埃及金字塔造型，而此造型代表著永久之意，可引申爲企業的永續經營，是企業裡擺飾的造型水果之最。

圖5-1　方形西瓜具創意、特色、紋路美觀，一顆方形西瓜要價不菲。

圖片來源：作者拍攝

服務差異化

包含運送、裝置、顧客訓練、諮詢服務、維修、雜項服務等方式，在多項服務上進而多一份貼心、關懷與巧思，給予消費者賓至如歸的感受，達成服務上的差異化。

市面上有太多的電器在時代快速的巨變下，時常迅雷不及掩耳的遭到淘汰，讓不少家電產品因爲沒有零件可以維修，進而變成孤兒。全國電子看到此狀況不斷的在生活周遭發生，因此替自己取了一個家電保母的稱號，自備零件，修復許多的家電用品，讓家電不再因爲一些小零件的問題而成爲孤兒。

摩托車市場在臺灣是一個三國鼎立的市場，分別由山葉（YAMAHA）、三陽（SYM）、光陽（KYMCO）競逐。在產品設計上，三方雖擁有不一樣的設計風格，但其品質都有一

定的保證。然而爲了爭取更多的市占率，在服務差異化上進行努力，藉由訓練現成的經銷商，協助客戶可以更快速的買到自己想要的車款。

人員差異化

人員善於溝通、具有禮貌、可信度高，並且具備專業技術或知識能力等說話藝術，可爲企業帶來許多的附加價値。相關人員與顧客建立良好的人際關係，嘴上加一個「請」代表氣質，嘴上道一聲「謝謝」代表感恩，嘴上說一下「對不起」代表修養，嘴上講一句「您辛苦了」代表鼓舞，不吝惜給予顧客掌聲，讓顧客可以相信產品、相信企業。

形象差異化

形象差異化包含四個層面，分別爲事件、氣氛、書面及視聽媒體和象徵。例如：看到英文字母「M」，會讓人直接聯想到麥當勞，此包含企業意識與文化的CIS。企業形象是指企業爲了在眾多的競爭者中脫穎而出的策略。以往汽車廣告總是香車配美人，但是當中華汽車跨足至家用車時，第一支汽車廣告則有別以往，改以溫馨路線。「爸爸是我生命中的第一部車！」和「阿爸，我載您來走走！」都感動了許多人，廣告內容爲小時候因爲感冒生病，爸爸爲了帶我去給醫生看，二話不說背起還小的我，前往醫院就診。長大後爲報答爸爸，用感恩的心，駕駛中華汽車載著爸爸到處去走走，盡孝子之心。

游擊戰戰略案例1　味全牛乳

臺灣由於地緣關係不適合生產乳牛，因此早年的奶粉市場幾乎被先進國家的供應商所占據，例如：豐力富、安佳、克寧、雪印、森永等，尤其紐西蘭與日本進口的奶粉，在這一個市場上是屬於強者。此時味全向政府提出了自蓋牧場的想法，以降低臺灣牛乳市場供不應求的問題。政府採取大力支持的策略，並提供味全以免稅的方式進口牧草和牛隻，如此一來幫味全節省了不少成本上的支出。在成本降低後，味全的資金自然就有更多額外的運用。

找出強者的弱點

外國廠商爲了穩固市場，以都會地區爲優先，因此難免會有一些地區的市場較容易被忽略，假如又剛好遇到颱風季節以至於延遲抵臺，或是其他如戰爭等的不可抗拒因素時，這些被忽略地區的消費者更是無法買到奶粉。在經過一番的了解之後，味全發現彰化的員林地區，正是這些外國廠商的弱點所在，進而開始到員林展開攻勢，主要原因是在員林地區雖有一定的銷售量，但是其總銷售量仍不如其他地區。

倘若今天味全選擇在如臺北、臺中等地，向外國奶粉供應商發起正面攻擊，很快就會被這些外國廠商打到鼻青臉腫。此時選在員林出發，並不會給予這些外國大廠帶來太大的威脅感，因此這些外國廠商也就睜一隻眼、閉一隻眼，不太在意。除了在地點的選擇方面味全採取逆向操作外，在廣告方面味全也採取同樣的策略，將一般廣告與平面媒體分開，一般廣告採用與味全醬油一樣的方式，請明星代言拍攝廣告，爲的是讓有更多的人有機會看到味全這一個品牌。但在主軸員林地區則以

平面廣告爲主，不管是車子還是招牌，通通都用超大的標示，此火力全開的行銷方式，讓人很難不被吸引，再加上日以繼夜不停的對外宣傳，因此不少員林地區的居民被打動了，進而前往購買和嘗試。

設置專屬店面

過去要購買奶粉必須到大型藥局或賣場購買，味全反其道而行，在員林地區首先設置自己的專屬店面，掛上擦亮的紅招牌，爲的就是讓顧客不但可以方便購買，且能夠買得安心。更特別的是在味全的店面裡，有別於一般的銷售方式，味全聘請護士，對前來的顧客進行貼心檢查與協助諮詢。白衣天使本身具有不少好的月暈效應，是愛的化身，再加上有一定的專業程度，因此產品會讓人相信並且購買。由臺灣自產的奶粉因爲不需要進口，除少了關稅，更不用擔心若遇到颱風天或是其他原因時買不到奶粉的狀況。此外，藥局的服務人員並不一定了解顧客的眞實需求，在種種差異化的做法下，讓味全在員林地區一炮而紅。

三點攻占策略

當味全在員林地區的市占率穩定後，進一步挑戰彰化縣的其他鄉鎮。味全將增設據點，而這個據點該如何設置，才會帶來效益？有位日本商人在一直線上開設了三家藥局，業績毫無起色，偶然在閱讀軍事戰略書籍後豁然開朗，因爲書中提及「占領區域成一直線排列，極易爲外力切斷，導致孤軍無援，遭致敗陣。爲和友軍保持密切合作，必須至少三足鼎立，彼此連結，就能守住三角地帶。」正是所謂三點攻占法，因此這位商人將其三家藥局，從一直線設立改爲三角形配置，因此在這

三角形地區內的顧客，都可輕鬆找到同樣的店家購買，此後業績蒸蒸日上。

味全也採取這三點攻占法，因此選擇在二林與二水各設置一個新的據點，讓三家味全店面不管是在貨源的供應或是活動人員的調度上都可相互照應，進而服務這三角形地區內的居民，運用此策略讓味全在奶粉市場上逐漸發光發熱，拓展店面的速度愈來愈快、也愈來愈多。然而這樣的三點攻占法容易在中間形成一個三不管地帶，此時可借用美國的甜甜圈戰略，在這三個點的中心位置，設置一個據點，補足缺口。

轉採強者戰略

此一點一滴的累積，味全成了大家有口皆碑的品牌，進而影響到那些外國廠商，此時外國廠商的驚覺已經為時已晚，不少廠商鼻子摸一摸，默默退出臺灣市場。味全從小魚變大魚的過程，運用許多蘭徹斯特戰略（Lanchester's Law）中的弱者戰略。而當小魚變成大魚後，使用的策略也必須不斷的進步，特別在促銷方面，味全改推出「味全奶粉送名車，紅利滿罐」的方式，轉而使用強者戰略，躍升臺灣奶粉市場的第一品牌。

游擊戰戰略案例2　維士比藥酒

現在臺灣的藥酒市場上，保力達B與維士比幾乎是旗鼓相當，但其實保力達B曾經是藥酒市場中的老大，沒有誰敢與他爭鋒。維士比發現這一塊市場上還有機會可以奪得一席之地，因此便開始琢磨要如何進入？俗話說，早起的鳥兒有蟲吃，保力達B在這一塊市場上由於進入得早，賺取了不少利益，更是該市場上的領頭羊。

圖5-2　現在臺灣的藥酒市場上，保力達B與維士比幾乎是旗鼓相當。

圖片來源：作者拍攝

找出強者弱點

維士比清楚知道若想進入這個市場，不能直接採取硬碰硬的正面攻擊法，因此轉而採用游擊戰的戰略，從保力達B最弱的地方著手。維士比發現保力達B在臺灣各地都擁有穩定的市占率，然而在嘉義一帶因爲地理位置和人口的關係，在保力達B的眼裡是一個不起眼的地方，因此維士比決定在此起頭，對於保力達B來說，所造成的影響不痛不癢，自然就不會關注太多。

維士比諧音「威士忌」，讓人特別容易記得，就如同感冒藥的百服寧有「保護您」的諧音一般，非常容易聯想，再加上維士比和威士忌一樣淺酌，對於身體的健康是有幫助的。因此當消費者在店裡購買不到保力達B時，自然而然會改買維士比來代替，久而久之，就成了維士比的忠實顧客。

多通路行銷

維士比在嘉義的市場日趨穩固，開始拓展到其他的服務據點。從局部第一的方式走向全部第一，首先維士比採取了三角形配置的方式，在高雄和東臺灣設置分店，並且將產品稍作改良。因爲臺灣南北溫差大，南臺灣非常炎熱，稍微降低產品的藥性，更可以符合南部人的口味。早年在臺灣有個說法「南拳北腿中腰」，北部的舞廳雙腿跳舞步，中部酒家手攞酒女腰，南部則喜歡在夜市吃小吃「猜花拳」，各地有不同的社交場合及特色。維士比選擇在高雄作爲銷售通路，以夜市攤販爲主。此外，將維士比於檳榔攤販售，讓大貨車司機可以吃檳榔提神，並搭配維士比解口渴，與保力達B在藥局或特約超商販售有所不同。除了高雄，還有臺灣東南部，一個以原住民文化著稱的美麗之地，原住民喜歡喝小米酒，因此在產品上維士比與小米酒混合，創造獨特風味，收服東南部原住民市場。

轉採強者戰略

維士比得到南部居民的青睞後，開始向北部進攻。當保力達B發現時已經無計可施，市場有一大部分都被維士比搶下，成了藥酒市場的大魚。大魚有大魚的強者戰略，過去還是小魚的維士比爲了更貼近顧客，廣告主題以跑船人爲主軸。今日當保力達B請來演員成龍打廣告時，此時成了大魚的維士比改採正面攻擊，請知名演員周潤發打電視廣告與之抗衡。多年的媳婦熬成婆，過去多少忍氣吞聲，最終成功換得苦盡甘來。

游擊戰戰略案例3　日本朝日啤酒

麒麟啤酒是日本啤酒市場裡的霸王，擁有好口碑，是消費者指名的啤酒品牌，可謂大魚。朝日啤酒在日本是一個小魚品

牌，花了近十四年的時間，最後奪下啤酒市場市占率第一名。

差異化策略

朝日啤酒，一直想要打敗第一品牌麒麟啤酒，但也深知自己無法直接與麒麟啤酒對抗，而且在同樣的資源下，弱者終究敵不過強者的威脅，因此必須進行差異化的變革。首先將啤酒瓶改成罐裝的不是別人，正是朝日啤酒。對於日本上班族而言，下班到居酒屋或餐廳與同事、朋友一同用完餐再回家，是每天的例行公事。而罐裝上的金屬開罐時會產生摩擦力，此摩擦力會產生「砰！」的聲音，且啤酒會在開罐後順勢噴出，彷彿工作一整天的壓力在這一剎那間被釋放。正當大家逐漸愛上這一罐罐「起模子」的朝日啤酒時，麒麟啤酒發現自己在啤酒市場上的市占率有下滑的趨勢，爲了拉回自己的市占率，麒麟啤酒也出現了罐裝的想法，無奈的是麒麟是財大勢大的大企業，並不容易改變。

圖5-3　朝日啤酒的罐裝啤酒體積小，且色彩豐富，在擺飾上會產生購買衝動的視覺行銷。

圖片來源：作者於國外拍攝

除了開罐聲音可以紓解壓力外，朝日啤酒的罐裝啤酒體積小，且色彩豐富，在擺飾上會產生購買衝動的「視覺行銷」，且成本費用較低。相較於麒麟啤酒保有傳統的啤酒玻璃瓶，玻璃瓶無法與金屬摩擦產生聲音效果，也無法做太多外觀樣式上的變化，且玻璃瓶的成本較高。除了產品（Product）的差異化，在地點（Place）的差異化上，過去啤酒只能在特約店或居酒屋買到，但朝日啤酒發現，上班族最常去的地方是便利超商，因此開始在超商販賣，讓消費者隨時隨地都可買到朝日啤酒。此外，也在沒那麼繁榮的地點設置啤酒自動販賣機，大幅的吸收了上班族群和當地民眾族群。

產品口味多元化

至此，麒麟啤酒發現市場風向轉移的趨勢，消費者愈來愈喜愛輕便款的朝日啤酒，但輸人不輸陣，麒麟啤酒開始進行行銷，不斷地強調麒麟啤酒是第一道麥汁原汁原味、是一番鮮榨，更打出喝酒是男人的天下的廣告詞，認爲消費者熱衷的還是依循古法釀製的啤酒，殊不知消費者們已經被朝日啤酒給養大了胃口，一味強調香醇與純淨，並不能吸引消費者。隨著時代潮流的改變，朝日啤酒推出「跟著感覺走，喜歡就好」的廣告，打造出不一樣口味的啤酒，有的喝起來有水果味，類似現在市面上銷售的水果酒；有的加入些辛辣味，大膽的創意，降低消費啤酒的年齡層。爲了吸收更多元的市場，朝日啤酒一改過去只有男生喝酒的本色，請來當紅女星代言，博得不少女性消費者的認同，更凸顯出在日本喝啤酒已不再是男人的天下。

朝日啤酒首先改造產品外觀和便利性成爲獨特賣點，深得上班族喜愛，之後再運用多樣的創新手法，吸引更多不同層面

的消費族群，擴大市場占有率，一步步邁向與對手平起平坐的地位，甚至超越對手變成第一品牌。在1997年，打破了過去一大三小（一大指的是麒麟啤酒，三小則指寶樂、朝日、三得利啤酒）的局面。

戰略2：卡位戰

卡位戰戰略案例1　泰山仙草蜜

1949年成立的泰山沙拉油，在臺灣的油品市場上占有一席之地。到了1983年，泰山想轉戰飲料及食品市場，然而當時的飲料市場已被瓜分成幾個區塊，由可口可樂占領可樂市場、黑松占有汽水市場、舒跑是運動飲料的第一選擇，還有香吉士的果汁，都是大家已經指名的品牌，不會輕易改變，而泰山該選擇哪一種類型的市場，才能夠在飲料界立足？

經過不斷的思考、調查與評估，泰山決定販售「民族飲料」。所謂民族指一群基於歷史、文化、語言等，而和其他族群有所不同的群體，而民族飲料則是代表賦予這樣特色的飲料。臺灣有許多著名的小吃和飲料，如臭豆腐、蚵仔煎、珍珠奶茶，不僅臺灣人愛吃，更是許多旅客到臺灣都必須品嚐的美味佳餚。如果說珍珠奶茶代表的是臺灣流行飲料的象徵，那麼仙草蜜與綠豆沙則爲民族飲料的代表，這些過去通常只能夠在市場、夜市、水果冰店喝到的飲料，泰山將其重新包裝、自動化生產，成功在飲料市場上卡位，之後再藉由仙草蜜拓展到紅茶、綠茶、礦泉水等。

卡位戰戰略案例2　566洗髮精

身爲古典美女的必備條件之一，就是有一頭烏黑亮麗的秀髮，因此566洗髮精取用「烏溜溜」的諧音作爲品牌的名稱，自上市以來一直都是美麗秀髮的代名詞。而566洗髮精之所以搶下洗髮精的主流市場，是因爲當年的洗髮精市場中，若不是以香草作爲主要原料的高品質、高價洗髮精，就是運用化學原料所製成的低價洗髮精。

在40-50年代的臺灣，能消費高品質洗髮精的人少之又少，大多數的人都是一塊香皀從頭洗到腳，或者是購買低品質的洗髮精勉強使用。因此，566洗髮精了解到在洗髮精市場中少了一個中價位的產品，進而開始琢磨研發運用「蛋黃素」，作爲中價位洗髮精的成本元素，搶下了洗髮精市場的市場占有率。

卡位戰戰略案例3　台灣啤酒

台灣啤酒在國際間因獲獎無數，因此過去走積極外銷的策略，但在國際啤酒市場中仍屬於弱者，遠不如朝日啤酒、青島啤酒、百威啤酒等，主要的消費客群還是臺灣本土顧客。在1988年時，台灣啤酒大幅度的更新目標市場，改以鎖定臺灣人爲主的臺灣市場。喝啤酒講求時效性與新鮮度，推出「台灣啤酒尚青！」的廣告，讓台灣啤酒成功在市場上造成話題。

圖5-4 喝啤酒講求時效性與新鮮度，推出「台灣啤酒尚青！」的廣告，讓台灣啤酒成功在市場上造成話題。

戰略3：酒拳戰

一個大家都會玩的猜拳遊戲——剪刀、石頭、布，它除了可以是決定遊戲勝負的關鍵，也可以是產品生命週期運用的戰略。我們將剪刀、石頭、布，改爲石頭、布、剪刀的順序，套用到產品生命週期的導入期、成長期、成熟期、衰退期。導入期是弱者集中火力攻擊對手最弱的地方，此時要用「石頭」策略，讓對手無力反擊。走過導入期後的成長期使用「布」，布下天羅地網讓產品散播到目標客群、擴大市占率，而邁入成熟期後的產品，則需要「剪刀」將燙手山芋剪除。

玉山銀行出奇招

玉山銀行被評爲行銷良好的銀行，深得消費者的喜愛，進而拓展出廣大的消費市場。隨著客戶數目的增加，等候辦理的人數和時間成本就會拉長，因此爲了縮短玉山銀行客戶辦理銀行業務要等待的時間，玉山銀行採取「剪刀」的方式，對於存款額不多的客戶，要求進行辦理業務時需多加收20元。乍看之下，此見錢眼開的做法是個不明智之舉，但實際上玉山銀行此做法卻得到了非常大的效應。因爲此做法一出，存款額較少的客戶便轉往對手的銀行辦理業務，間接讓玉山銀行辦理業務所需等待的時間大幅縮短。

十八王公廟特色獨一無二

一間富麗堂皇的廟宇會香火鼎盛？還是一間簡單樸素的廟宇？在北海岸夙負盛名的十八王公廟，在其附近有一個美輪美奐的新廟，但香火卻遠遠不如十八王公廟！這其中的原因是十八王公廟擁有自己的定位與主要市場，對於廟宇而言其定位爲：拜什麼最靈驗！大多時候我們到廟裡拜拜，是爲了求平安、求健康、求事業發達、求學業順利等，這一些如媽祖、關聖帝君、文昌君等「正神」就會保佑我們，因此一般自建的廟宇難與其爭鋒。

據傳十八王公廟專門保護弱女子，因此有不少的少女專門前往，因爲大多數的「正廟」並沒有特別強調保護弱女子之事，運用的「石頭」策略一拳打出與其他廟宇的差異化。幾年前臺灣的六合彩正興旺，而一般的「正神」並不會旁門左道，但如果來十八王公廟眞心祈求，或許下一位幸運者就是你。因爲靈驗，信徒開始一傳十、十傳百，自然而然信徒也就像「布」一樣，快速向外擴張。

又如宜蘭四結福德廟裡的土地公，祂專門保佑大陸妹、包二奶，與十八王公廟一樣，創造出自己廟宇的特色，培養出

自己的忠實信徒，也擴大其他人對於本身廟宇的認識機會，將「石頭」與「布」的技巧發揮的淋漓盡致。必要時，就動用「剪刀」戰術了。

表5-1　小魚吃大魚——4P/2P2C/4C差異化

行銷方法	案例
游擊戰	味全奶粉、維士比、朝日啤酒
卡位戰	泰山仙草蜜、566、台灣啤酒
獨特賣點（USP）	朝日啤酒
三點攻占戰略/甜甜圈戰略	味全奶粉、維士比
酒拳戰（石頭、布、剪刀）	玉山銀行、十八王公廟

STP分析

在行銷管理單元中，我們了解到STP包含市場區隔（Segmentation）、目標市場（Targeting）、市場定位（Positioning）三項要素，這些要素不僅用在行銷管理上，在策略上亦是可以運用。從地理、人口統計、行動、忠誠度等條件中，先將市場進行區隔，再從特定化選擇、特定化產品、特定化市場中找出主要市場，最後再由市場定位訂定出產品的差異化、服務的差異化、形象的差異化等特色。

STP分析案例　7-11 City Café

STP分析	7-11 City Café
市場區隔（Segmentation）	City Café所設點的地方，就在對咖啡有需求且消費習慣較有彈性的地點。因此，並非在所有的7-11門市當中都有裝機，會先依據地區對咖啡的消費習慣以及對咖啡的需求程度，來決定是否裝機。

STP分析	7-11 City Café
目標市場（Targeting）	City Café提供足夠的便利性，同時也強調能夠在繁忙的生活中，悠閒的喝杯咖啡，是一件簡單又幸福的事情。 由這些訴求看來，City Café以上班族群及學生族群為主要目標。
市場定位（Positioning）	「整個城市就是我的咖啡館」 7-11發覺到大家需要「放鬆一下」的商機，透過買咖啡的動作，也買下了休息、喘息的空檔時間，這讓消費者感到其貼心的服務。

市場弱者戰略 電影1 《後宮甄嬛傳》

劇情內容

甄嬛是出身官宦人家的漢軍旗女子，聰明伶俐、美貌與智慧並存，初入宮就吸引皇帝的目光，因而遭受到全後宮的忌妒和暗算。前前後後，甄嬛曾因協助雍正皇帝除去後宮最囂張的華妃而飛上枝頭當鳳凰，卻又因爲遭皇后的陷害而被逐出宮。失去皇帝的寵愛與信任，心灰意冷的她入寺修行，修行期間飽受欺凌，幸得果親王十七爺的照顧，兩人因此墜入愛河並計畫遠走高飛，但老天愛捉弄人，果親王巡視遲遲未歸，並一度傳來死訊。甄嬛爲保全腹中果親王之子，施計再度獲得雍正皇帝寵幸，以四阿哥生母身分回到後宮，卻意外發現果親王的死爲一場烏龍，雖景物依舊但人事已非，只能感慨。此次回宮的甄嬛已不再是過去那一位善良和天眞的謙讓女子，從皇后開始，甄嬛以智慧開始對付每個陷害、打擊過她的敵人，同時爲了保護她的家族、子女、忠僕與果親王，爭權而落得無數的傷痕，到最後卻換來家人與朋友的離開，剩下自己與宮殿默默對望。

戲劇內容與弱者戰略的融合

甄嬛因爲相貌及端莊的氣質和父親的勢力，與兩個妹妹同被皇上選入後宮成爲皇帝的妃嬪。初入宮時還只是一位17歲的小少女，懵懂的她對於宮廷中旁人的猜忌與算計，只有被陷害的份、沒有反駁的餘地，入宮後每一天的日子都是步步驚心，深怕一不小心說錯了話或是做錯了事，都有可能會掉了腦袋，實爲後宮中的弱者。

當甄嬛初入宮時，就被華妃威脅：「所有與她爭寵的女人都得死」。如此蠻橫霸道的華妃，全因爲背後有哥哥年羹堯在撐腰，但是當皇帝發現年羹堯有謀取篡位的野心，並命甄嬛的父親除掉年氏一族時，身在後宮的甄嬛，運用智慧將華妃扳倒，間接在背後幫父親一把，她憑藉的不是別的，正是華妃沒有皇上血脈的弱點，不僅替自己報了失去孩子的仇恨，也替家族爭了許多的光榮，更讓自己回到受皇帝寵愛的日子。

但安定的日子沒有多久，甄嬛便再次遭人暗算而失寵，就連自己的父親也遭受牢獄之災，擔心著自己的父親，又得要保全腹中的女兒，同時又遭到自己好姊妹的背叛，此時的甄嬛簡直是禍不單行，因此在生下女兒後心灰意冷的選擇出宮修行。在甘露寺修行的日子裡受盡欺凌，幸好身邊還有兩位丫鬟陪伴，更得果親王十七爺悉心照顧，患難中的兩人因爲日久生情，再加上對彼此的疼惜而相愛，只要機會一到便遠走高飛，但老天偏偏愛開玩笑，果親王被派出巡。

就在等待果親王的日子中，甄嬛收到了果親王的死訊，並且信以爲眞，而爲了保護腹中的胎兒和替果親王報仇，甄嬛知道皇帝對自己還有一絲思念，因此用計與皇帝相遇，讓自己重

回宮中。但此時十七爺卻回來了，兩人了解天下之大，但就是沒辦法容下果親王與她，放下對果親王的愛情，此次回宮的甄嬛被封為熹妃，不但名字改了，連人都不一樣了，已經不再是過去別人口中呼來喚去的小女孩，而是會為了自己而與他人相互較量、算計的人。

回宮後，甄嬛首要處理的就是皇后的勢力，甄嬛曾效忠於她，但是卻發現理應母以子貴的皇后，卻是後宮中最陰險毒辣的殺人凶手。皇后是一個滿臉假賢德的人，但卻沒有人看出，唯獨皇上與看透一切的甄嬛。為了討回公道，早早就學會算計的甄嬛，深知前朝與後宮的關係相互牽連，這一回先得到皇上的器重與信任，逐漸掌握了皇后手上有關前朝的政事，並一步一步將皇后打入冷宮，讓皇后僅剩下「皇后」的稱謂。

皇上因勤政操勞過度，導致身體每況愈下。握有宮中大小事的權力，並且一步一步屏除掉自己在宮中障礙的甄嬛，從中學會了以彼之道、還施彼身的道理。皇帝駕崩後，甄嬛並沒有讓自己的兒子登基，反倒是讓四阿哥弘曆登基，而自己被稱為太后。一個乖巧懂事、待人寬心、謙遜的少女，從一個小嬪妃到太后，猶如弱者轉變為強者，成為一個精明的女人。

劇情內容

半澤直樹一心只想查明和報復逼他父親走投無路的銀行界凶手，對於當時日本正處於泡沫危機的經濟崩壞視而不見，毅然決然踏入銀行界。身爲一個菜鳥的他，一開始是被其長官牽著鼻子走，緊接而來的是被分行經理陷害。當初說有事他負責的主管，因爲經手的5億日圓變成呆帳，不但不負起責任，更將矛頭指向他，因此他誓言：「以牙還牙，加倍奉還。」經過一波三折後，半澤不僅定了分行長的罪刑，證明了自己的清白，也被銀行內部高層看中，進而升上總行。但挑戰不會因此而結束，榮升總行後，又被捲入高層的內鬥，此次鬥爭的對象不是別人，正是當年殺害父親的凶手——總行的副總。半澤當然不會輕易放過，最後靠著過人的智慧把凶手的眞面目撕開，扳倒一切後半澤對於事情有了新的感觸，銀行本身是不會殺人的，眞正殺害人的凶手是銀行員的貪念。

戲劇內容與弱者戰略的融合

爲了找尋與報復當年殺害父親的銀行凶手，半澤直樹毅然決然踏入銀行界，身爲銀行的新進成員，半澤直樹被稱爲菜鳥並不爲過，因爲他在銀行是實質的弱者。大欺小的事情每天不斷上演，身爲菜鳥的他只有背黑鍋的份，一旦被陷害想要在銀行界中出人頭地是完全不可能的。人都是有私心的，半澤一開始就被5億日圓的呆帳，弄的團團轉，因爲是弱者所以沒有半點的資源可以運用，唯有靠自己抽絲剝繭，從中了解關鍵要素。

半澤得到有關該公司的眞實帳本之後，與該公司客戶企業進行了核對，發現該公司一直在虛報支出，而所謂倒閉也是有預謀的，目的是爲了轉移巨額資金，同時發現該公司的社長在夏威夷有一棟價值5,000萬的別墅，便希望能收回這筆財產，來作債務的抵押，但事情總非如此容易，因爲別墅早已被國稅局扣押，讓半澤毫無機會可言。在此同時，半澤處理此事件的最後期限即將到來，銀行裡爲了踢走半澤，進行臨行裁決並且在過程中，刻意隱匿重要資料，處處刁難他，爲的就是壓倒最後一根稻草，但老天疼憨人，半澤在下屬的協助下，強而有力的回擊了這次陰謀，可說是弱者反敗爲勝的第一戰。

緊接而來的是，透過多次的調查半澤驚覺此事件的幕後黑手不是別人，正是自己的上司，爲了再進一步得到眞相，半澤主動找上司好友的情婦，因爲整件案件的弱點就在她身上，若能成功得到相助，此事件便會水落石出，自己也可免去被革職的命運，但在非親非故的狀況下，唯有動人說辭才能夠讓人幫助自己，讓這位身爲上司好友的情婦轉身協助自己，最後在他人的協助下凍結上司好友的財產，成功收回5億日圓貸款。

半澤曾被誣陷，背負5億日圓呆帳的汙名，差點喪失作爲銀行職員的前途，但如今成功洗刷汙名並贏得現在的位置，從弱者變爲分行裡的強者。爲了更快找到元凶，半澤不斷創造業績，但考驗並不會因一次的成功解決就結束。這一次因爲向其大客戶企業發放了200億日圓的貸款在股票運作失敗，被發現損失了120億日圓，巧合的是又剛好被要求金融檢查，倘若在金融檢查中發現造成120億日圓的虧損，那麼該企業將被劃定爲實質性破產，銀行更需籌集達1,500億日圓的準備金，這會讓整個銀行的經營遭受影響。

每一件事情都會有其弱點，爲拯救銀行的危機，半澤開始調查事情的經過，從中得知該企業資金運作失敗的背後，其實是有人爲了拿到貸款而做了掩護工作，然而金融廳著手調查並咬著120億日圓巨額損失不放，要求半澤必須在下一次聽證會之前提交重振企業的計畫書，否則將正式歸類爲實質性破產企業，且要求銀行籌集準備金。恰巧，半澤拿到了有關該企業的關鍵性資料，不料消息走漏，半澤的家被搜查，所幸已經被自己的妻子轉移。手中握有強者的弱點後，半澤開始施行一連串的計畫，然而此過程一路艱辛，更有許多人在背後等著捅自己一刀，半澤戰戰兢兢的處理，生怕又有類似上次消息走漏的事發生。

半澤從一個菜鳥職員開始，便懂得抓住對方弱點後給予致命的一擊，讓強者無話可說。誓言要找出殺害父親凶手的他，唯有不斷的與強者搏鬥，但強者之所以能夠成爲強者必有其道理，因此要適時攻擊強者的弱點才有機會扳回一城。然而人外有人、天外有天，每當半澤揭開一個事件的內幕後，另外一件事情馬上接踵而來，從中不斷地抓住事件的相關弱點，讓自己慢慢轉變爲強者，到最後讓強者無法反擊。

結　語

小人物逆轉勝的過程往往都是人們投射的目標，「後宮甄嬛」和「半澤直樹」都爲了自保，運用了許多睿智的方法解救在水深火熱的自己。甄嬛剛入宮時還是一位懵懵懂懂的少女，經過宮中心機算計的歷練，從乖巧聽話變成懂得自我保護的女人，雖然嘴巴上說：「再冷，也不該拿別人的血來暖自己」，但實質上爲了保全自己她才管不了這麼多，一切的手法都是小魚爲了力爭上游而做。同樣的半澤直樹亦是如此，一開始到公司時接受主管的命令，但發現事實並非如他所想的單純，並且發現有心人士將加害於自己時，也運用許多的證據與手法來保護自己，因爲只有生存下去才有繼續鬥爭的機會，劇中一句「加倍奉還」，道出小魚的堅韌不拔與積極逆轉勝的態度。因此，企業不應急於一時的與強者硬碰硬，如此一來只會欲速則不達，且爲自己帶來殺身之禍。藉由游擊戰、三點攻占戰略、差異化等弱者戰略的方法，先替自己在市場上爭取局部第一，經過不斷力爭上游，當企業轉變成爲相對強者時，再相互較量。

不管是大魚還是小魚，都有各自所要追求的ABCD（Authority權威、Better優良、Convenience方便、Difference與眾不同），大魚講求同質化策略，小魚則以差異化取勝。國共大戰期間毛澤東曾說：「敵強我避、敵弱我攻、敵來我走、敵走我占。」爲游擊戰的最佳名言，從一開始的萬里長征到最後以鄉村包圍城市的作戰方式，擊敗國民政府。

而所有的作戰計畫都必須要有SMART原則（Specific明確的、Measurable可衡量的、Achievable可達到的、Resource所需資源、Timeframe時刻表的字首）。作戰計畫的明確性指的是成長率達到多少百分比或是成爲業界第一，而非要有一段幸福快樂的日子。所謂沒有衡量就沒有管理，所有的事情都是要可以衡量且有數據的。設定可以達到的目標和了解有多少資源可以應用，因爲資源並非無限的，但是要如何將有限的資源做最有效的運用且達成目標，則是企業應當思考的問題。時間是我們最容易忘記的資源，因此任何事情都必須規劃時間表，按表操課，並確定完成時日。

表5-2　弱者戰略與強者戰略的比較

弱者戰略	強者戰略
小範圍作戰	大範圍作戰
捉對廝殺	集團作戰
近距離作戰	遠距離作戰
集中兵力	壓倒性兵力
拖延戰術	速戰速決

Note

單元六

從《大紅燈籠高高掛》一窺品牌戰略運用

戰略（Strategy）一詞來自於希臘語中的軍事將領，現在我們將這一個詞用來做市場上的領導、生活上的目標方向、國家實施政策等的目標代表。在不同的環境下，有不一樣的作戰方式。若將範圍縮小，市場上不同的品牌也有不一樣的品牌戰略，運用適合自己的戰略，有助於企業在品牌經營方面事半功倍；反之，則事倍功半。

運用蘭徹斯特法使企業在市場上占有高的市占率，從弱者搖身一變，變成該市場上的強者。身為市場上的強者，要如何運用適當的戰略，使自己的品牌在舞臺上發光發熱？這一單元將從《大紅燈籠高高掛》（*Raise The Red Lantern*）來探討品牌戰略，從陳家的點燈故事來了解企業應該如何應戰。

品牌戰略——戰略法

品牌	適用戰略
第一品牌（大品牌）	情報戰
第二品牌	創新戰
第三品牌	政治戰
第四品牌（小品牌）	宣傳戰

第一品牌戰略法　情報戰（老大征戰老二）

1975年是從電視走入錄影帶的重要年代，這一年SONY首先推出Bate小帶，在市場上造成一股轟動，因為這一項石破天驚的發明，居然是在第二品牌手上搶先推出。然而不為人知的是，當年的老大哥國際牌不是不出手，只是認為時機未到。

SONY推出的這一款Bate小帶，體積小且可重複播放，但是有兩大問題：一是此錄影帶只能放映1小時，當時的人們要買錄影帶的原因是可以重複看球賽，欣賞一遍又一遍的精采對打，然而球賽的比賽時間往往都會超過1小時；也就是說，1小時後球賽正精采之時，就必須得換下一個錄影帶，這樣原本熱血沸騰的刺激感就會變得掃興至極。爲了讓觀眾不失去看球賽的興奮感，SONY對此Bate小帶進行修改，而修改過後的Bate小帶，還是無法觀賞超過2個小時。二是畫質不夠清晰，常會有模糊狀態產生，如此一來也無法盡情的享受球賽的樂趣，因此使用的消費者並沒有如預期般的快速增長。

在發現SONY Bate小帶的缺點後，老大哥國際牌出手了，校正了SONY Bate小帶美中不足的地方，並且推出新產品VHS大帶，在這一項產品中將播放時間調整爲4小時，並且修改畫質，讓觀看球賽的民眾既不再被中途打斷，更可以享受更好的球賽畫面。「獅子不發威，當我是病貓」，國際牌這樣一個後發先至，對SONY造成不小的衝擊。

國際牌VHS大帶推出「別人2小時，我們4小時」的廣告，將SONY不足的地方補齊，再加上一些更貼心的服務而扳回一城。許多人會好奇，爲什麼國際牌會有辦法在如此短的時間內，加緊腳步追上SONY？道理其實很簡單，國際牌擁有對手SONY的情報戰，對於對手的新產品消息瞭若指掌，知道對手在進行什麼樣的產品研發策略，以及他們的產品會有哪些優缺點，而自己只要跟上其腳步進行，並再進一步對症下藥、修改問題，而非讓他者強占自己原有的市場。

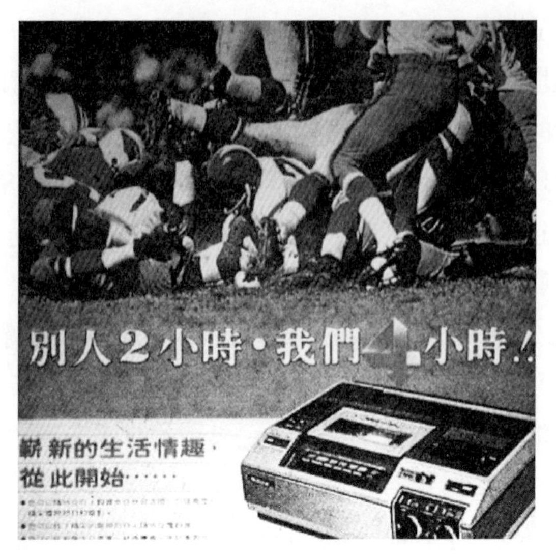

圖6-1　藉由情報戰，國際牌VHS大帶推出「別人2小時，我們4小時」的廣告，後發先至。

圖片來源：報上廣告

第二品牌戰略法　創新戰（老二挑戰老大）

不經一事，不長一智，向來所向無敵的SONY，在上一次Bate小帶中敗給了國際牌，仍舊是該市場中的老二，若想要贏過老大國際牌，仍舊必須不斷的創新，經由上一次的慘痛教訓，這一次他們保密到家。因爲了解到進行創新必須嚴密防守，不能讓對手有機會得到重要的情報。此次在進行Walkman的產品研發時，SONY爲了做到滴水不漏，這一些參與Walkman專案的人員是受到限制的，不得隨意與外界溝通交流，以防止不小心將其風聲洩漏，讓對手又可以輕鬆打敗自己。

Walkman是現在隨身聽的老祖先，在1980年代左右推出，強調年輕活力與時尚，主要的顧客群以青少年爲主，在年輕族群中掀起一股旋風，年輕人人手一臺Walkman，可以享受邊走邊聽的樂趣，讓年輕人愛不釋手。除了年輕人外，SONY也將Walkman推展到落後國家，讓這些國家的人也可以享受高品質的音樂。一般而言，這些國家的族群對於音樂有著極高的敏感度，即興的創作也是他們的天分，然而他們也喜歡用Walkman聽音樂。

創新戰之目的，是要讓消費者感受到產品或服務有一鳴驚人的力量。創造亮點，讓消費者對於企業與有榮焉。而公司的創新不僅僅是用在產品上，也適合在SOP流程或是產品規格上，進行創新。盛田昭夫是SONY的偉大功臣，除了Walkman外，也替SONY創下許多的新紀錄。繼Walkman的發明後，盛田昭夫將昂貴且記憶體小的黑膠片改成CD片，讓成本大幅降低。CD片內的記憶體加以擴增，每一片CD片的總播放時間爲74分24秒，這樣時間長度的訂定來自於盛田昭夫本人最喜歡的音樂——貝多芬的田園交響曲。

圖6-2　盛田昭夫本人最喜歡的音樂為貝多芬的田園交響曲，故將每一片CD片的總播放時間訂定為74分24秒。

創新戰讓SONY後來居上，遠遠超過對手國際牌，成爲業界中的一個傳奇。要將有經營之神的國際牌打敗，並非一朝一夕垂手可得之事，這一路走來，SONY不僅在產品上進行創新，也在管理模式、行銷手法上進行改革，進而打敗第一品牌，此爲最佳的成功案例。

第三品牌戰略法　政治戰（老三坐三望二，進而坐二望一）

維力清香油推出後扶搖直上，很快地便成爲油品市場中的第二名，對臺灣油品市場的第一品牌沙拉油自然造成不小的威脅。而沙拉油爲保衛自己的立場與地位，開始對維力清香油展開一連串的攻擊，說明維力清香油的來源爲豬油，使用豬油進行料理，可以讓食物顯得色香味俱全，但是豬油再怎麼加工還是豬油，因爲豬油含有大量的飽和脂肪酸，在人體內容易促成惡性膽固醇的形成、造成三高，進而危害家人的健康。此說法一出，嚴重的損壞維力清香油的業績與名聲，但是維力清香油並沒有因此坐以待斃，他們找出女性得到肺癌的主因有三項，第一：女性對於信仰的熱衷程度高，因此到廟裡拜拜的次數相對較高，故吸入的煙霧較多；第二：同一個場合中，男性吸菸的比例高於女性，可是非吸菸者，吸入的二手菸較抽菸者多；第三：是因爲家庭主婦煮完飯後的油煙，此油煙又以沙拉油的致癌率最高，更有數據顯示，家庭主婦一餐吸入的DNP爲室外的88倍。

就這樣兩虎相爭，一直不斷的相互攻擊，消費者難以定論到底誰好誰壞，因此也無從購買，到最後居然是油品界中沒沒無聞的葵花油竄起，成了這場油品大戰中的勝利者。葵花油，

打著「不飽和脂肪酸比其他家油品多3倍．讓健康加倍」和「油質的高穩定．不易起油煙」的口號，奪下油品的冠軍，實在讓人跌破眼鏡。

圖6-3　葵花油巧妙運用政治戰的機會，闖出一片天。

政治戰是老三製造機會，讓老大與老二發生衝突，但先按兵不動、隔岸觀火，再趁兩敗俱傷之際，坐收漁翁之利，宛如葵花油，在沙拉油和維力清香油兩狼惡殺之時，把握住機會，成功在市場上闖出名堂。此坐三望二，進而坐二望一爲善用政治戰的最佳方式，更是老三超越前面兩位老大哥的最佳案例。

第四品牌戰略法　宣導戰（老四對戰老三、老二、老一，麻雀變鳳凰）

運動場上有句名言：「一金、二銀、三銅，第四以後通通不能上臺！」意思是頒獎的舞臺上僅有前三名的位置，那第四名就必須更加努力，超越前者才有機會被大眾注意到。選舉的

落選「頭」與落選「尾」，皆是同一命運與議事殿堂無緣。

處在市場上的第四名可採用宣傳戰，擴張市場。第一種方式是進行口碑行銷，大多時候會用在地方特產「吃好道相報」，讓特產的美味一傳十、十傳百，即WOM策略（Word of Mouth）。好比黑面蔡楊桃汁和大溪豆干，這一類傳統零嘴和飲料。另外一種則爲事件行銷，此種方法最常用於選舉之時，或者大型的廣告宣傳。

廣告出奇招致勝

有天在法國的街上，出現了一個廣告看板，上面有個穿比基尼的女模特兒，旁邊寫著「在9月2日我會脫除上半身的衣裳」，造成群眾的好奇心，心想9月2日模特兒眞的會把上半身的衣裳脫掉嗎？到了9月2日這天，女模特兒不失大眾所望，眞的脫去了上半身的衣裳，旁邊還寫著「9月4日將把下半身的也脫除」，因爲有了9月2日的經驗，這一次吸引更多人前來圍觀，更有不少的媒體記者前往採訪。9月4日這一天令人屏息以待的結果出現了，女模特兒眞如前一個看板上所寫的脫去了下半身的褲子，而她卻是轉向背面的，旁邊還附有品牌名稱及「我有遵守我的諾言等字眼」，讓人哭笑不得，藉由這三個看板的廣告，讓這一間內衣公司打開知名度，店裡的生意絡繹不絕。

這一個廣告前前後後不過花費了三個廣告看板的成本費用，但小兵立大功，小小三個看板造成法國街上非常大的轟動，吸引了眾人與媒體的注意，博得不少掌聲。原因來自於他們利用人的好奇心，將觀眾吸引前來，而爲了要取信於觀眾，因此製作了三個廣告，首先是預告吸引，其次是取得信任，之後風聲鶴唳將群眾的好奇心擴大，讓人潮不請自來。

前陣子在歐洲出現類似廣告，但這一次是運動品牌要銷售運動器材。在不同背景時空下，這一家公司將自己的腳踏車產品結合現代高科技產品，如音響、LED燈、投影技術等，在歐洲的某一藝術建築物前安排了大約20部的腳踏車，路過的人對這一排漆有粉紅色的腳踏車感到好奇，進而前去看一看到底發生什麼事，在好奇心的誘使下有人開始騎腳踏車，突然間一道粉紅色的燈光隨著腳踏車的踩踏呈現出來，並且直射在這一棟建築物的牆上，所有人都前來圍觀，也有人開始幫忙踩踏。

隨著踩踏的人數愈多，音樂聲也跟著響起，緊接著牆上出現了一位肌肉男，他用挑逗的方式鼓勵大家多踩腳踏車，因此大家一邊努力踩，他就一邊脫去衣裳，身上的衣服隨著大家愈踩愈盡興時也愈來愈少，到最後剩下一件貼身衣物時，他走進屋裡燈光也不再光亮，讓大家霧裡看花以爲就這樣沒了，卻突然拿著一個寫有恭喜大家完成2000 km的里程數跳出來，讓大家破涕爲笑。

2002年的世足賽由日本與韓國合辦，中國並非足球起家的國家，在這一次的世足賽中踢進了32強，讓大家喜出望外因爲這是史上頭一次。此時在中國有家「哇哈哈」可樂公司，趁勢打出「非常可樂，爲中國加油！」的廣告。並指出，每喝一罐非常可樂，將捐若干比例給中國隊，替中國隊加油！此活動一出，讓原本在中國稱霸的可口可樂與百事可樂皆無法回擊，馬上跌掉了市占率第一與第二的寶座，硬生生的被非常可樂搶走鋒頭。這一場世足賽難得在亞洲國家舉辦，而中國隊首次獲得進入32強的機會，讓全中國人民爲之瘋狂，非常可樂運用中國足球隊的名氣大打中國熱，創下中國最高銷售量。

圖6-4　中國首次於世足賽中晉級32強，哇哈哈可樂公司藉此大打「非常可樂，為中國加油！」廣告。

總結戰略法　綜合第一、二、三、四名

19世紀初，英國皇家御廚韓濕白蘭（H. W. Brand）爲英皇喬治四世研發了一款無油脂、易消化的清燉雞湯，喬治四世服用幾次之後，體力恢復且精神也愈來愈有元氣，之後韓濕白蘭從皇家御廚退休，並成立「白蘭氏」雞精品牌。

1920年首批雞精運抵亞洲，一開始在中國大陸市場販售，隨後傳到臺灣，因其方法和療效恰似中國傳統文化中的補品雞湯，因此大受歡迎。在臺灣，白蘭氏是家喻戶曉的產品，是大家說到雞精第一個會聯想到的品牌，再加上前兩年有句廣告金句：「不行！通通拿去做雞精！」更讓白蘭氏在臺灣的雞精銷售量再創新高。

統一雞精打創新戰，搶龍頭寶座

俗話說：「砍頭的生意有人做，賠錢的生意無人做！」雞精市場是有許多機會可以賺取利潤。而統一看準了這一塊市場，避開與白蘭氏的正面衝突，運用創新戰略進入市場。白蘭氏雞精定位在體力不支時，迅速恢復體力，統一雞精則抓住白蘭氏的幾項弱點進攻。第一，統一企業本身爲食品企業，對於食品打認證可謂家常便飯，再加上有認證的產品會增加消費者信心，因此首先替雞精打認證，以取得消費者的信任。第二，因爲白蘭氏的雞精，有一股特殊的味道（腥味），讓許多人避而遠之，統一雞精將產品改良，去除這一股特殊味道，讓雞精變好喝。第三，白蘭氏的雞精價格高，對於一般家庭而言屬於奢侈品，而統一雞精的價格爲白蘭氏的一半，如此一來，統一雞精蠱惑不少民眾的心。

有許多的人改喝統一雞精，眼看市場的風向在改變，白蘭氏雞精趕緊推出二軍華陀雞精與統一雞精對抗，打出4P（Product產品、Price價格、Promotion促銷、Place通路）同質化的策略，將雞精的價格減半，去除特殊味道，也替雞精申請認證，但仍不忘強調白蘭氏雞精才是純正傳統的雞精，且良藥苦口，故應以喝白蘭氏雞精爲滋補體力的最佳雞精。

創新戰讓統一雞精一舉成名，但對手的反擊也讓統一雞精退回第二順位，統一雞精並沒有就此放棄或停滯，而是再度以創新戰攻擊對手。這一次統一雞精推出「加味雞精」，在雞精中加入對美容保養最有效的蜂膠、對身體最滋補的十全或四物，讓民眾有更多元的選擇，雖然此加味雞精並非眞的只含有小比例的添加物成分，但是有加就夠ㄅㄧㄤˋ（=不一樣）。隨後，白蘭氏也推出冬蟲夏草雞精和四物雞精，但爲時已晚，

加味雞精已經成了統一雞精的天下。

圖6-5　白蘭氏也推出冬蟲夏草雞精和四物雞精，但為時已晚，加味雞精已經成了統一雞精的天下。

圖片來源：作者拍攝

市面上除了白蘭氏雞精和統一雞精外，還有個名叫「正統烏骨雞精」的雞精品牌，這一款烏骨雞精，來自於德國，強調喝了有迅速恢復身體機能的功能。這一家雞精公司雖然不敵雞精市場的前兩名，但相較於一般的雞精公司仍有獨立作戰的能力，只是在競爭的關鍵時刻並沒有做最大的發揮，而慘遭被收購的命運。

產品差異化

在臺灣除了以上所提及的雞精公司外，在臺東鹿野有間「大成雞精」，而鹿野的茶葉是出名的好茶，因爲當地好山好

水，讓種出來的茶葉得到無數個冠軍寶座，進而發想用當地的天然資源可以養出非常營養的雞。大成雞精強調其雞精來自於有機土雞，品質有保證，故燉煮出來的雞精會呈現晶瑩剔透的琥珀色，而白蘭氏並不養雞，製作雞精的雞是收購而來，雞種多樣較難控制品質，煮出來的雞精顏色不均，所以需要用人工焦糖調配，這就是爲什麼白蘭氏雞精的色澤較深。

品牌戰略 電影 《大紅燈籠高高掛》

劇情內容

19歲女大學生頌蓮因父親客死他鄉而退學，被貪財的繼母嫁到陳家做四老婆。洞房花燭之夜，曾當過京劇演員、因給陳家添有一子而備受寵愛的三老婆裝病使性，硬將老爺叫回她房中，使頌蓮大爲不快。依陳家祖傳之規定，四房妻妾各自的宅院內掛滿著大紅燈籠，老爺在誰房中過夜，誰的宅院中便徹夜燈火通明。老爺雖已妻妾成群，卻仍暗中與丫鬟雁兒有染，讓雁兒有著麻雀變鳳凰的美夢，進而對新娘頌蓮恨之入骨。

有天頌蓮爲尋找珍藏箱中不翼而飛的竹笛，意外地發現雁兒在自己的房中偷掛燈籠，還有寫上頌蓮二字的布娃娃，而且娃娃的身上扎滿銀針。追問下，才知道是口蜜腹劍的二老婆所指使。事後，頌蓮趁二老婆找她剪頭髮時，佯裝失手，將二老婆的耳朵剪破，老爺在心疼二老婆之下，頌蓮不但沒有得到老爺對她的關注，反而還替二老婆爭取到與老爺獨處的機會。

隨後又謊稱懷有身孕，使得老爺驚喜萬分，速命四院燈籠晝夜通明。不久，二老婆從雁兒那兒得知頌蓮懷孕有假，便向

老爺建議讓醫生替頌蓮檢查身子，讓醫生戳破其謊言。老爺惱怒命人用黑布套封了四院的燈籠。頌蓮一氣之下，揭露了雁兒私下掛燈籠之事，讓雁兒被處家法，雪夜長跪院中受寒而亡。

頌蓮因爲失寵進而借酒澆愁，沒想到卻無意中地說出三老婆與高醫生的曖昧之情，二老婆立刻報告老爺派人捉姦，將進城偷歡的三老婆押回，拖入屋頂角樓中吊死，頌蓮目睹慘狀，因驚恐過度而瘋癲，原以爲陳府會就此改變，但第二年夏天，又一個年輕女孩嫁到陳家做五老婆……。

電影內容與品牌戰略的融合

陳老爺的一生中有五個女人，各有各的特色和際遇，但都在爲老爺這個有限資源爭得死去活來，到頭來誰也沒有得到老爺，而是老爺再娶第五位老婆入府。這裡的老爺就如同消費者一般，手握資源但有一顆善變的心，品牌唯有滿足消費者的需求才能夠長存。

	品牌	特色	角色
供應者	第一品牌（大品牌）	年輕貌美、知書達禮	四老婆頌蓮
	第二品牌	黃鶯出谷（唱曲調）	三老婆梅珊
	第三品牌	會搥背、按摩	二老婆卓雲
	第四品牌	擁有兒子	大老婆毓如
	雜　牌（小品牌）	年紀最輕	ㄚ鬟雁兒
消費者		掌握資源	陳老爺

陳老爺（消費者）

1. 目標：滿足不同的需求、傳宗接代
2. 問題或原因：單一妻妾，無法滿足不同的需求
3. 對象：目前家中的妻妾、外求再娶的新妾

優勢（Strengths）	劣勢（Weaknesses）
1.掌握資源 2.掌握權力	多子餓死爹，多妻累死夫。
機會（Opportunities）	**威脅（Threats）**
如果家中的妻妾無法滿足老爺的需求時，老爺可以再娶妾以滿足自己的需求。	需外出經商，有後顧之憂。

四太太頌蓮（第一品牌）

1. 目標：掌握資源
2. 問題或原因：目前的競爭者明爭暗鬥及潛在的競爭者威脅
3. 對象：老爺

優勢（Strengths）	劣勢（Weaknesses）
1.年紀 2.大學生（現代女性） 3.行為合作	1.態度消極　（順應型） 2.性格倔強
機會（Opportunities）	**威脅（Threats）**
點燈臨幸	1.目前的競爭者（一、二、三房） 2.潛在的競爭者（老爺再娶新的妾）

因應戰略

大品牌要具備有情報戰的能力，頌蓮從三太太梅珊口中得知二太太卓雲實爲一個表裡不一的人，表面上給人溫暖與關心，實際上在背後盡做些見不得人的事，原本不相信此事的頌蓮在尋找竹笛時，發現丫鬟雁兒的房裡有一個插滿銀針的巫毒娃娃，而娃娃上的名字不是別人正是自己，追問下才知道雁兒

在二太太協助下，在娃娃上寫上自己的名字，此後頌蓮一直對二太太耿耿於懷。

終於等到了報仇時機，二太太讓自己幫她剪個亮麗的髮型以討老爺歡心，此時心有不甘的頌蓮佯裝失手，在剪頭髮的過程中從二太太的耳朵剪下去，但此計謀並沒有得到老爺的關心，反而讓二太太有機會與老爺獨處。後來頌蓮在丫鬟的譏諷下假裝懷有身孕，正當自己被捧在心上時，又從老爺口中得知二太太非常會按摩、搥背，因此讓老爺請來二太太替自己按摩，從中展示自己的地位，同時再次對二太太進行復仇。

三太太梅珊（第二品牌）

1. 目標：掌握資源
2. 問題或原因：目前的競爭者明爭暗鬥及潛在競爭者的威脅
3. 對象：老爺、兒子

優勢（Strengths）	劣勢（Weaknesses）
1.國劇名角 2.已生子，母憑子貴 3.年紀 4.態度積極	1.舊愛 2.行為不合作（抗爭型）
機會（Opportunities）	**威脅（Threats）**
點燈臨幸	1.目前的競爭者（一、二、四房） 2.潛在的競爭者（老爺再娶新的妾）

因應戰略

創新戰爲第二品牌的因應戰略，曾經是國劇當紅女演員的梅珊，本來就是老爺的愛妾，再加上替陳家生了一位兒子，更是讓老爺對她疼愛有加。在頌蓮嫁到陳府前是府裡的第一品牌，當頌蓮嫁過來後便退居爲第二品牌，因此頌蓮自然而然就成了她的眼中釘。

因此在頌蓮嫁到府裡的第一夜，就說自己病了要老爺過去陪伴，之後接二連三不是裝病要老爺過去相陪，不然就是唱戲唱整晚，隔天再一早起來唱。運用自己的優勢不斷地吸引老爺的相伴，只可惜老爺都沒有領情，直到老爺決定給整天擺臭臉的頌蓮顏色瞧瞧時，才又有機會在老爺面前一展長才。這一次運用更多的唱戲表演將老爺迷得團團轉，老爺對於她的創新表演愈來愈喜歡，因此與頌蓮冷戰的那幾天，天天三院點燈、三院的唱戲聲沒有間斷過。

然而頌蓮的出現對於她而言或許是另外一種機會，因為頌蓮是將二太太扳倒的最佳武器，早已對卓雲恨之入骨的她，發現頌蓮是對自己最有利的棋子後，開始轉變對待頌蓮的態度，不僅邀她到三院裡打麻將，更是將自己對卓雲的了解一五一十的告訴頌蓮，卻也洩漏了自己與高醫生的情愫，敢愛敢恨的她對頌蓮提出警告，要她不能說出這件事，否則沒完沒了。

在長久的相處下，頌蓮早已與梅珊成為同一條船上的人，因此頌蓮當然會對此事保密，只是沒想到頌蓮利用假懷孕事件來欺騙老爺，頌蓮失寵後老爺不僅沒有回到自己的身邊，反而還多次到了卓雲的宅院，讓她心裡很不是滋味，最後還被喝酒買醉的頌蓮給出賣。

二太太卓雲（第三品牌）

1. 目標：掌握資源

2. 問題或原因：目前的競爭者明爭暗鬥及潛在競爭者的威脅

3. 對象：老爺

優勢（Strengths）	劣勢（Weaknesses）
1.按摩 2.做人處事圓滑 3.態度行為積極合作（統合型）	1.年紀 2.已生女，無法母憑子貴
機會（Opportunities）	威脅（Threats）
點燈臨幸	1.目前的競爭者（一、三、四房） 2.潛在的競爭者（老爺再娶新的妾）

因應戰略

政治戰是讓前面兩大品牌相互較量，再趁機奪取的戰略。身爲第三品牌的卓雲將此戰略運用的唯妙唯肖，讓人不易從中看出破綻。當年她與三太太同時嫁到陳府時，她就讓人在背後做一些傷天害理的事情，因此當頌蓮初來到陳府時，卓雲發現自己有伙伴可以結盟，所以將自己的絲巾送給她，告訴她從今以後她們就是姊妹，讓頌蓮感到開心，同時也對三太太充滿敵意。

心中已算計好計謀的卓雲，讓頌蓮替自己剪頭髮要討老爺歡心，沒想到卻招來頌蓮的報復，剪破了自己的耳朵，然而卓雲並沒有因此善罷甘休，在老爺面前的她，盡裝出一臉無辜差點丟了性命的模樣，達成讓心疼她的老爺，多留幾日在二宅院，但在頌蓮面前則有朝氣的說不礙事，要她別放在心上。

後來老爺讓她幫頌蓮按摩時，卓雲的心裡大有不快正在想如何扳回時，正巧從丫鬟雁兒那裡得知頌蓮懷孕有假，因而特地讓老爺請來府院裡的家醫診脈，讓高醫生戳破謊言而非自己說出實情。當事情水落石出後，頌蓮的四院被老爺封燈，此後就剩三太太和自己較量。

爲了演好人演到底，於是在頌蓮借酒澆愁的那天，卓雲主動前去關心，發現已經喝到爛醉如泥的頌蓮誰也勸說不動，爲了停止鬧劇還請大太太拿了解酒液，沒想到頌蓮完全不領情，於是便硬將她拖回床上，就在安撫頌蓮的同時，聽到頌蓮說出三太太與高醫生的曖昧情愫，這個得來不易的消息讓卓雲馬上掉頭稟告老爺，沒想到眞的如頌蓮所說，三太太與高醫生正在城裡偷歡，於是讓人趕緊將三太太抓回府裡按照家法處置，在解決四太太與三太太的問題後，卓雲成了府裡的第一品牌。

大太太毓如（第四品牌）

1. 目標：掌握資源
2. 問題或原因：目前的競爭者明爭暗鬥及潛在競爭者的威脅
3. 對象：老爺、兒子

優勢（Strengths）	劣勢（Weaknesses）
1.正室 2.已生子，母憑子貴	1.年紀 2.外貌（人老色衰） 3.態度行為消極不合作 （退避型）
機會（Opportunities）	**威脅（Threats）**
1.點燈臨幸 2.祖宗的規距 3.兒子已開始接觸家中的生意	1.目前的競爭者（二、三、四房） 2.潛在的競爭者（老爺再娶新的妾）

因應戰略

第四品牌利用宣傳戰讓自己站穩在家中的地位。毓如是陳家這一代的第一位老婆，又生有兒子，因此在陳家的地位舉足輕重，然而人老珠黃已是不爭的事實。因爲不管是過去還是現在，都沒有一位女人願意與別人分享感情，身不由己的她，戲中一句「造孽！」，可知在府裡有名無權的日子包含許多辛酸

的淚水，唯有寄託在兒子身上才能感到一點欣慰。替陳府生下的長子如今已經玉樹臨風，且開始接觸家中的相關事業，而其他妻妾的小孩都還小，因此如果兒子表現出色，那麼陳府未來的接班人非他莫屬。

屋漏偏逢連夜雨，船遲又遇打頭風，好事沒份，壞事接連而來。在府中已經失寵的毓如，沒有搥腳和點菜的權利，然而當老爺不在府裡時，又成爲家法的執法人，不管是處理雁兒於房內偷掛燈籠或是拿解酒液給頌蓮卻遭到頌蓮潑冷水，好心沒好報更遭來他人的冷眼對待。因此，爲了讓自己在府中拿回應有的權利，毓如可以藉由自己的兒子來宣傳，讓兒子到各院去拜訪，並且展現出非凡的氣度，讓其他太太們沒忘記府中還有一位地位較她們崇高的第一夫人，而她還有應享的權利。

丫鬟雁兒（雜牌）

1. 目標：掌握資源
2. 問題或原因：目前的競爭者明爭暗鬥及潛在競爭者的威脅
3. 對象：老爺

優勢（Strengths）	劣勢（Weaknesses）
1.年紀 2.態度行為積極合作（統合型）	1.丫鬟的身分 2.無專業才能
機會（Opportunities）	**威脅（Threats）**
1.近水樓臺先得月 2.造成事實（生米先煮成熟飯）	1.目前的競爭者（一、二、三、四房） 2.潛在的競爭者（老爺再娶的新妾，可能不是我）

因應戰略

雁兒對於奪走原本屬於自己位子的頌蓮，從第一天開始對她就沒有好言相待，且在後來的日子裡更是用盡各種心機，

先是以生病為理由無法伺候，後來在頌蓮要她洗的衣服中吐口水，並且在一個寫有頌蓮名字的巫毒娃娃上插滿銀針，最後還將頌蓮假懷孕的事情告知二太太，與二太太聯手一起將頌蓮往死裡打。

但其實身為雜牌的雁兒，其戰略猶如第四品牌的宣傳戰，想要一炮而紅就必須運用雜牌的做法。近水樓臺先得月，在府中先建立好自己的名聲，最好可以造成生米先煮成熟飯的事實，這樣才有機會飛上枝頭當鳳凰，否則在老爺沒有意思將她娶進門前，所有的反擊都是白費力氣，應當藉由好好伺候剛進門的四太太之際接近老爺，並且同時將四太太視為合作的對象。

結　語

五位女人之間因文化背景不同、資源的稀少性、目標不同、訊息上的誤解、認知上的差異、權限的釐清，因而在陳府中產生戰場。此戰場猶如市場品牌中的品牌大戰，每一個品牌都希望自己可以受到消費者的青睞，因此彼此之間勾心鬥角。

第一品牌因為新穎和有個性，因此亮麗突出，非常容易吸引到關注。第二和第三品牌在第一品牌當紅之時，仍必須運用自己的專業或爭取表現的機會，來吸引消費者目光。品牌可以相互合作，也可能彼此競爭，但市場的結果最後仍舊由消費者決定。因此，不管此時此刻在市場上屬於哪一個品牌，都有被更新的品牌超越的機會，猶如電影的最後，頌蓮、梅珊、卓雲、毓如、雁兒，誰也沒有得到老爺，反而是老爺再娶第五位太太入府。

Note

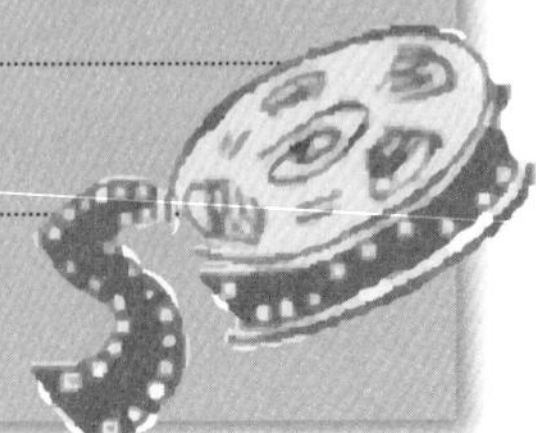

單元七

《我們要活著回去》活用九宮格技法死裡求生

對於企業而言，每天都有許多的問題需要解決或是進行創新的思考，如此剪不斷、理還亂的情況，可運用曼陀羅（Mandala）思考法（又稱九宮格思考法）來思考，並將問題解決。

何謂九宮格技法

其構成要素是由一個3×3的矩陣表格，內含九個方格，中間方格爲主題，剩餘八個爲聯想的項目。傳言當年印度釋迦牟尼講道時，釋迦牟尼位置在最中間，身旁有八位菩薩，這八位菩薩的旁邊又坐有八位羅漢，如此一來便可以眼觀四面、耳聽八方，而形成此曼陀羅思考法，因有九格又簡稱「九宮格」。在曼陀羅思考法中有兩種思考模式，一是放射性思考法，二是螺旋狀思考法。

放射性思考法

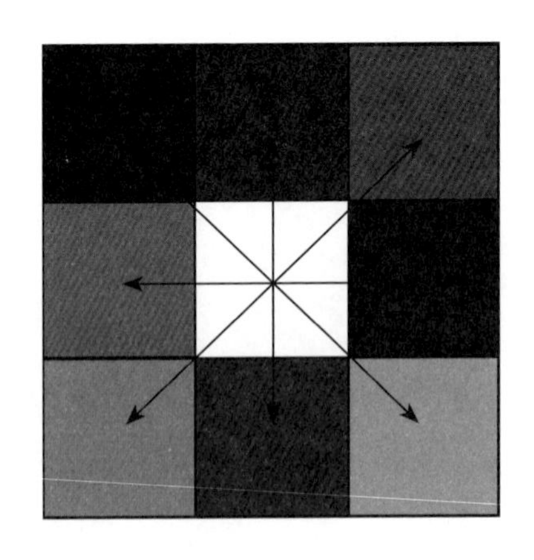

使用此「放射性思考法」時，先將主題列在中心，並向外進行八個面向的思考，這八項是內心最滿意或是最想表達的，如此一來可以集中焦點。倘若這八個思考面向不夠時，還可以將此八個面向再向外延伸，變成蓮花法。放射性的思考有助於我們將目標設立和工作簡化，但此種方法有時候無法一次性解決問題。此八格再一次的放射如下圖，成8×8=64格，必要時可再次放射。

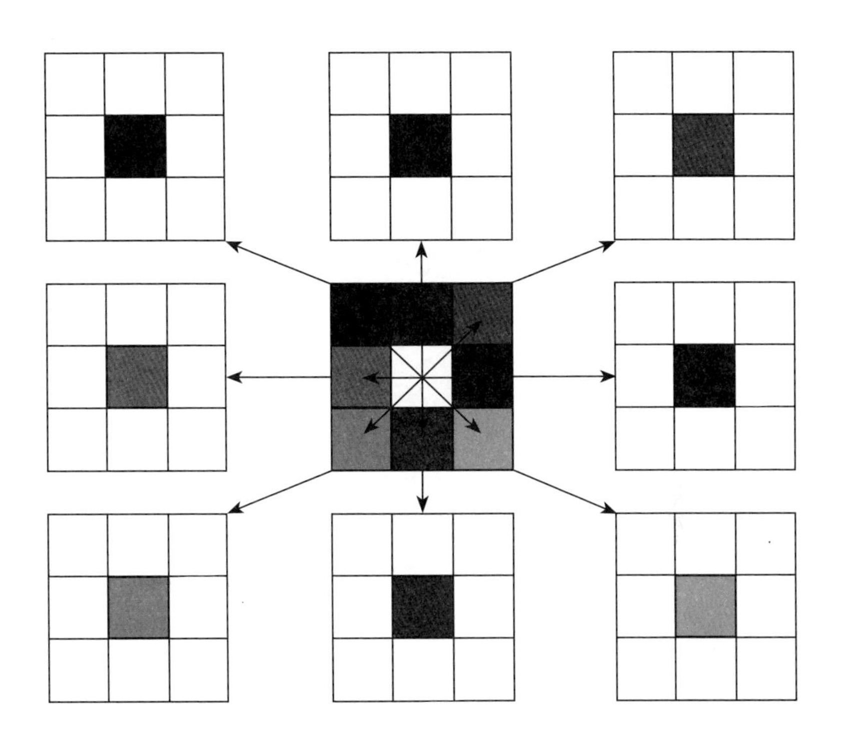

以一個創新者而言，建議使用此方法。隨意的發想是在這種方法中，可以活用多功能用途的擴散性思考策略。

螺旋狀思考法

日本人將「螺旋狀思考法」引用爲「の的思考法」。在這一種方法中，建議由資深者或是邏輯思考清楚的人來領導，因爲此方法多用於有前因後果的分析當中。俗話說：「路找到了，就不怕路遠」，我們將方法或步驟寫入格子中，運用順時針的方法，從格子1往格子8走，就如同寫文章時的起承轉合。此方法也應用在日記上的點點滴滴，或是在書籍的閱讀感想。

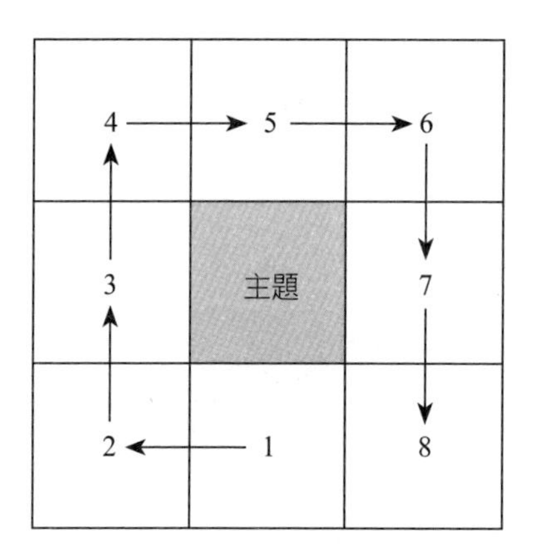

用螺旋狀思考法寫書籍的閱讀感想

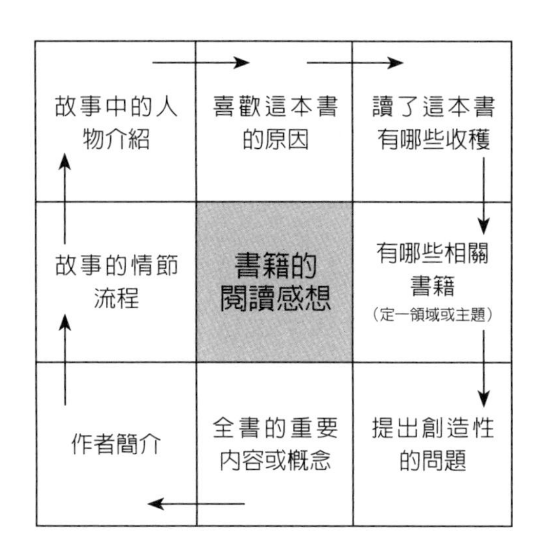

下面將以電影《我們要活著回去》（*Alive*）搭配九宮格技法，來思考當我們身臨其境時，該如何從嚴苛環境中求生？

九宮格技法　電影　《我們要活著回去》

劇情內容

這是一部改編自1972年空難的故事。一架載著烏拉圭橄欖球隊的飛機，從烏拉圭起飛準備飛往智利參加比賽，但誰也沒想到，飛機居然在海拔4,000公尺、長年天寒地凍的安地斯山脈墜落。機上共有45名乘客，有不少人當場死亡，之後陸陸續續幾天，倖存的人不斷面對親人、好友的離開，而機上僅存的水、食物、保暖物更是有限，他們該如何在如此嚴苛的環境中求生存，考驗了大難不死留下的每一個人。

當時情況如此緊急之下，球隊隊長安東尼爲了避免人心渙散，冷靜的判斷事情與果斷的分配糧食，並且穩住了大夥的情緒，具有醫學背景的羅伯特也發揮自己的專長，協助處理傷勢和醫療診斷。就在大家萌生期望之時，卻發現事情並非自己想像中的樂觀，考驗一波接著一波來到。

時間一天天的過去，眼看著食物所剩無幾，同行的隊友，有的在雪崩中被活埋，有的則是在踏上求救之路時跌落山谷，這些事件的發生都讓人心碎，再加上原本寄託於搜救隊的到來，但卻接收到收音機廣播已經被放棄救援的消息，因此大家開始心慌意亂。

球員南度原本處於重度昏迷狀態，但經過隊友的細心照料、相互取暖，讓南度奇蹟似的活下來。清醒後的南度安頓好大家，並與另一名同伴踏上求救之路，不僅如此，他爲了讓大家都能夠保有體力繼續生存下去，提出了吃人肉的想法。一開始，大家都無法接受這樣的提議，但經過一夜的思考，大家同意了南度的想法。

這一趟旅程的心路歷程非常的煎熬，而南度驚人的意志力成了大家活下去的力量。從這部電影中告訴我們，當身陷危險時應該保有冷靜、樂觀、信仰的心態，而非悲觀、抱怨的態度。

電影內容與九宮格技法的融合

藉由電影可以發現遇難時許多的求生之道，緊接著再利用九宮格技法模擬空難者如何存活與求生。

1. **先利用螺旋狀思考法，規劃該如何生存下去**

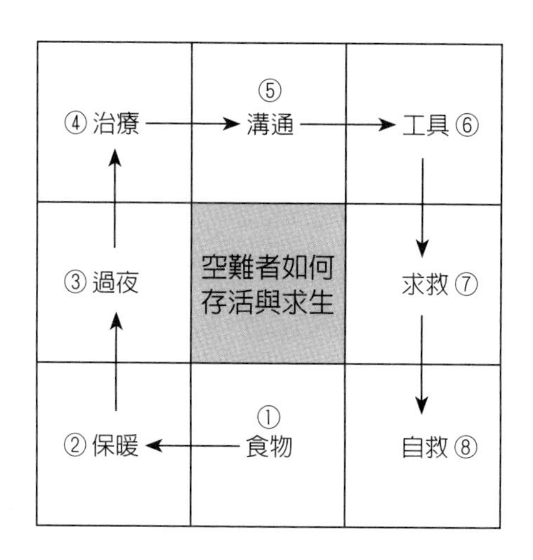

2. **再利用放射性思考法，寫出有助生存的方法**

食物和水，是人們生存下去的能量來源，沒有食物就沒有體力，也就無法繼續活下去。而在長年積雪的安地斯山脈中，一點樹葉綠草都沒有，更別提有動物或是昆蟲可以充饑，這些運動球員該如何是好？

生存下去的食物來源

身爲球員隨身都會攜帶如：巧克力、胺基酸棒來補充體力，機上也備有一些酒、水、小點心，這些隨身攜帶的食物與水就成了必需品。接下來，就以坐椅內的稻草或刷牙的牙膏等諸如此類的東西暫解飢餓，可是這些東西終將有吃完的一天，之後的日子還很漫長，當這些資源被用盡時，爲了不讓身體的水分流失過多導致虛脫，建議大家以喝尿解渴，因爲雪中的水並不會解渴，在解決水的問題後還有食物的問題。爲了堅持活著才有希望的想法，球員南度開始說服夥伴吃人肉，這個極爲

違反道德與常理的想法，在最後卻成了救活大家的重要食物來源。

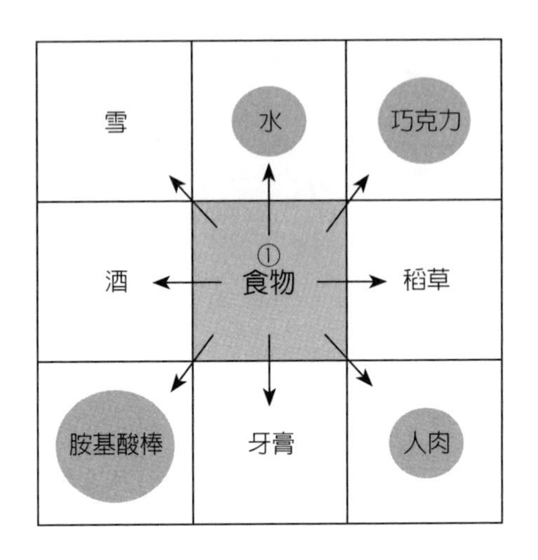

避免失溫，保暖求生

要活下去除了食物外，在如此天寒地凍的高山上，保暖也非常重要，否則體溫失溫，將比飢餓或口渴更難有生存下去的動力。球員除了將自己隨身攜帶的衣物穿上外，另外將機上的椅套、稻草、毛毯填塞到衣物中增加保暖度。此外，喝一點小酒保持血液循環的流暢，並且讓思緒更清醒，否則這樣嚴峻的環境中，人們很容易就會失去溫度和意識。

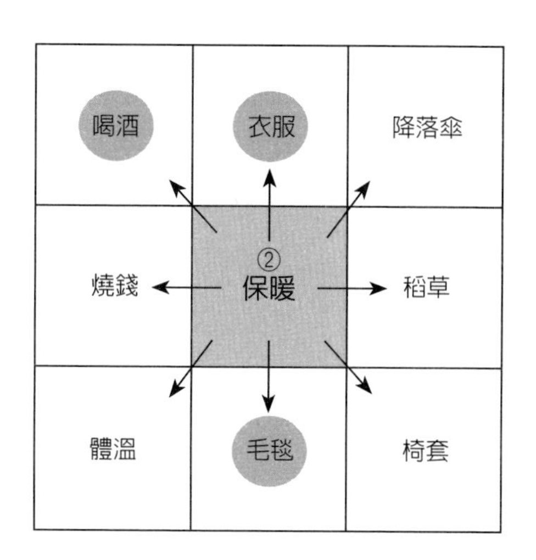

機殼作爲避風港

一般而言，我們到野外露營或參加求生訓練時，都會備有帳棚、睡袋等保暖工具。但墜落於毫無人跡的高山上，即使沒有太多動物的威脅，卻要面對暴風雪、雪崩等天然災害。當這些球員被困在海拔4,000公尺的高山時，飛機的機殼成了大家可以擋風、避雪的避風港，因此大家的生活起居都是在這個殘破的機殼附近，可是誰也沒有想到，居然會遭遇雪崩，且有8位同伴被活埋。

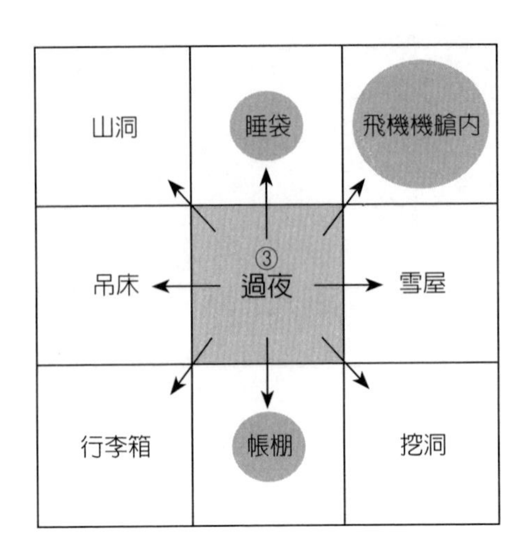

傷口適時治療處理

在飛機墜落的過程，因為搖晃太劇烈不免造成受傷，或者墜落的物品將人砸傷，也可能因為滑翔過的地方有植物而被割傷。總而言之，受傷後最要緊的就是趕快治療，可以用酒精將傷口稍微消毒，以降低再度感染的風險，再用布將傷口止血進而包紮傷口。或者可以用當下最多的資源「冰雪」進行冰敷，讓受傷的地方消腫，但如果傷口潰爛到不行，建議自行截肢。曾經有位登山客在山中失聯，他在墜落山谷之時，手臂受傷，為了繼續活命，他用隨身攜帶的瑞士刀，將自己已經失去神經感應的手截肢。

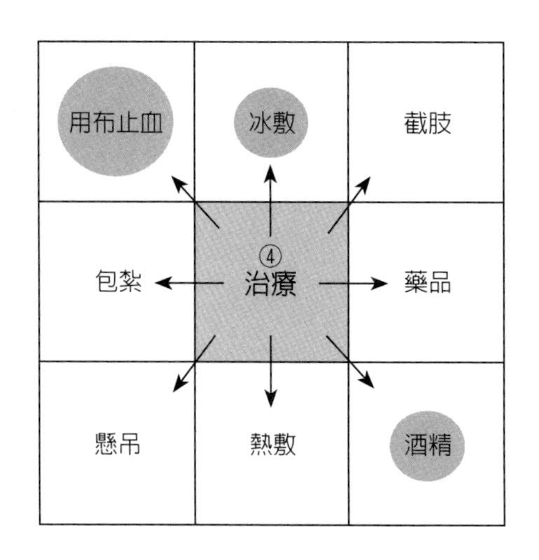

堅持信仰，突破心防求生存

當遇到災難時一定都會祈求上天的保佑，此時信仰會產生一定的作用。因此當大難臨頭時，除了要堅持我們的信仰，同時也要想辦法解決困境。在影片中，最讓人難以接受的以吃人肉莫屬，因為這嚴重違反文明人的表現，可是不吃東西將無法繼續生存下去，最後在球員南度的說服下，大家突破吃人肉的心防，並且同意如果自己死去了，同伴可以吃自己的肉。

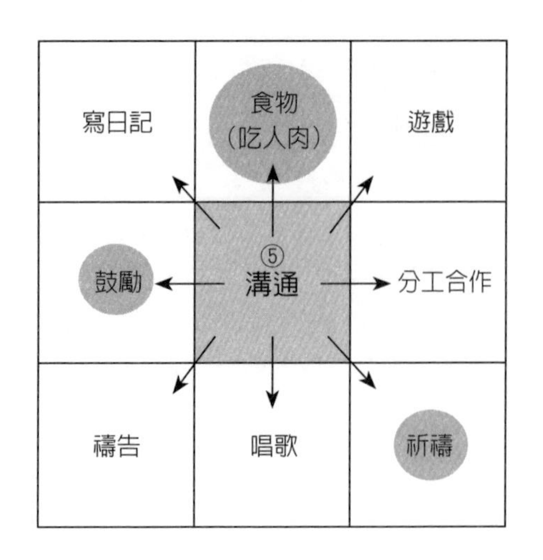

善用工具，是活下去的不二法則

當飛機墜落在白雪皚皚的山上時，我們可以利用坐墊作爲雪橇，不僅保護雙腳不被凍傷，更可以加快在雪中行走的速度。夜晚來臨時，手電筒可以作爲光源使用，除了照亮彼此外，也是對同伴或空中搜救隊發送信號的最佳工具。打火機可將東西燃燒，增加溫度。而多功能的瑞士刀，更可以運用在多樣的事情上，如將機上的椅墊割開、或將潰爛的身體部位割除，又或者當我們遇上動物攻擊時可以用瑞士刀保護自己。但近年來由於飛安意識的提高，瑞士刀已被列入禁止隨身攜帶之物品，故我們應該善用其他資源，來解決相關問題。

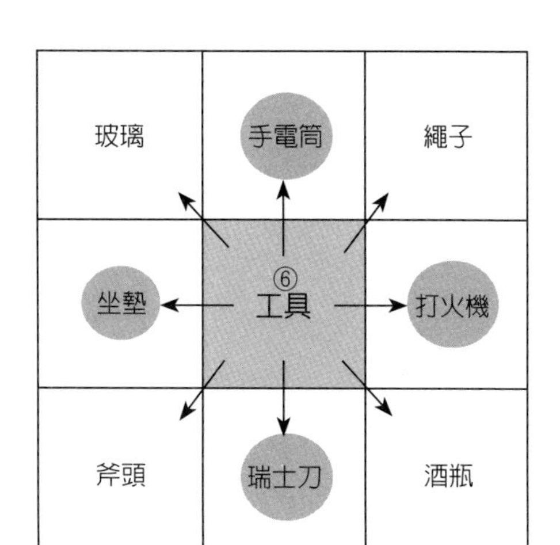

想辦法求救

保全自己的性命之後，接下來是對外求救。不管是利用狼煙、信號彈都好，就是要用盡最佳的方法讓搜救隊發現。所以，打火機或是任何可以點火的東西都顯得特別重要，因爲唯有黑煙或是光源較容易被搜救隊注意到。在沒有訊號的山上，手機是無法與外界聯繫的，必須利用發訊器讓外界也收到相同頻率訊號，如此才可與外界聯繫。而當搜救隊抵達附近時，更要大聲地呼喊、揮手求救，讓他們可以更順利地協助我們離開。

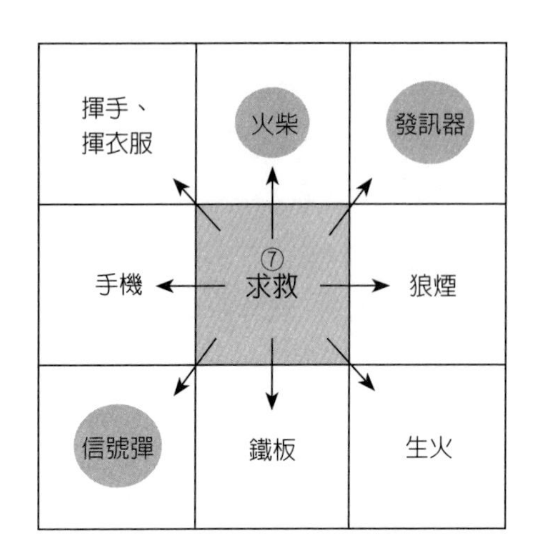

積極自救求生存

求人不如求己，等待救援是一個方式，但也可以用更積極的態度自救。遇到空難時，可以先從飛機上的駕駛艙中找出GPS和指南針等，協助我們判斷方向的工具。如果GPS可以直接為我們指引道路，當然是再好不過。可是如果沒有時，也可以藉由指南針和地圖，快速的知道下一步該往哪個方向走，可以最快速抵達有人群的地方。而假如這些東西都墜落於不知何處時，可以利用手上的手錶或太陽判斷方向，首先把手錶平置，時針指向太陽，時針與12時刻度平分線的反方向延伸，就是北方。

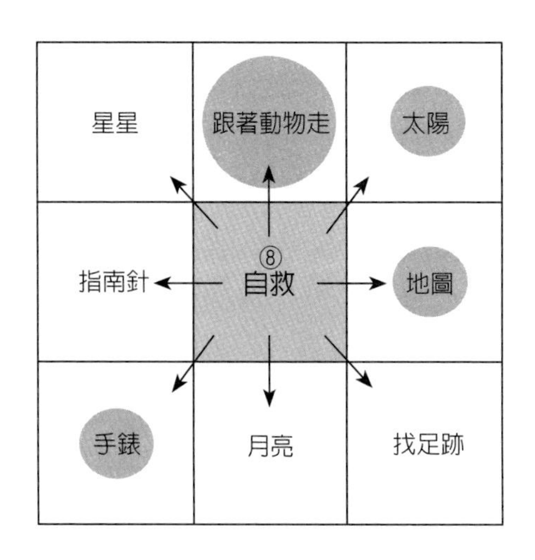

3. 整合空難者如何存活，再到求生的九宮格思考法

空難者如何存活再求生（分析結果）	
食物	水、巧克力、胺基酸棒、人肉
保暖	衣服、毛毯、喝酒
過夜	睡袋、飛機機艙內、帳棚
治療	用布止血、冰敷、酒精
溝通	食物（吃人肉）、祈禱、鼓勵
工具	手電筒、打火機、坐墊、瑞士刀
求救	火柴、發訊器、狼煙、信號彈
自救	指南針、地圖、太陽、手錶

跟著電影的劇情，再加上空難者生存的模擬，仍心有餘悸，彷彿自己眞的經歷了一場人生浩劫。對於企業而言，必須有目標的前進下去。爲了讓企業更進步，在企業方針中有四省四不原則，這八個原則爲：省材料、省人力、省時間、省能源、產品研發不省、市場開發不省、品質提升不省、教育訓練不省。不同的企業有不一樣的做法，以完成九宮格。

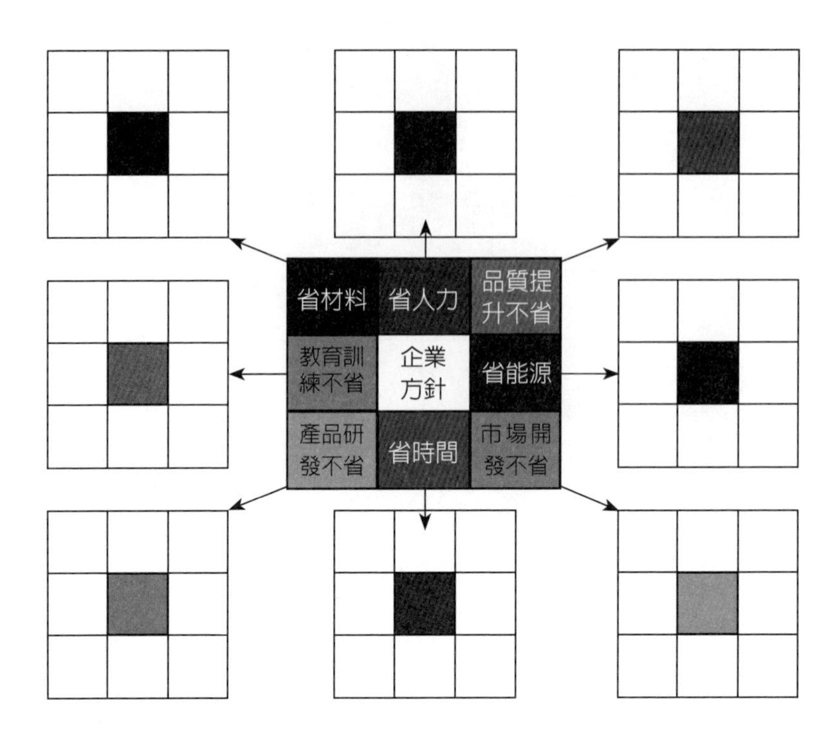
省材料
省人力
品質提升不省
教育訓練不省
企業方針
省能源
產品研發不省
省時間
市場開發不省

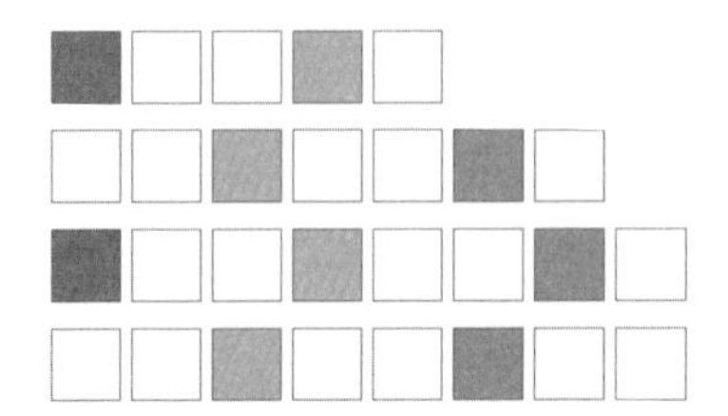

九宮格技法 案例 保健食品網路行銷

動 機

因為金融海嘯的影響，造成公司的訂單減少，而且訂單週期不斷的縮短，形成少量多樣、插單頻繁之情形。面對產品生命週期短、規格多變的經營環境，公司決定要往網路行銷的自有商品發展，以別於目前OEM 、ODM客戶的通路，藉此能夠提升公司的競爭優勢。

網路購物每年都在成長，也是未來新世代的消費主流，公司絕對不能缺席，必須投入相關資源來進行網路行銷，而且生產與研發是公司的優勢，趁此時要擴大公司的價值鏈，才能持續獲得平均以上的報酬。

金融海嘯的影響，造成M型社會的現象更為明顯。因此，公司決定保健食品的目標市場定在低價位，藉由較低成本的網路行銷，開拓公司未來的長期發展。

九宮格思考法運用

工具必須運用才有其價值，若能練習到熟能生巧，更是對個人及公司有莫大的幫助。想想公司目前的決策方式都沒有系統化，也許是與沒有受過這方面的訓練有關。藉由此次保健食品網路行銷的創意思考，能夠突破以往的思考模式，從中學習到九宮格思考法的精髓與成效。

公司沒有網路行銷的經驗，除了藉助專家、廠商的建言外，更要加速蒐集有關的資料，尤其是研發成功的網路行銷個案。若能夠登門拜訪請教，便可減少摸索準備的時間，亦能夠達到在三個月內正式營運的目標。

以下爲運用九宮格思考法，來進行保健食品網路行銷的放射性思考，先以八大主題來分析：

1. 首先定出保健食品網路行銷的八大主題

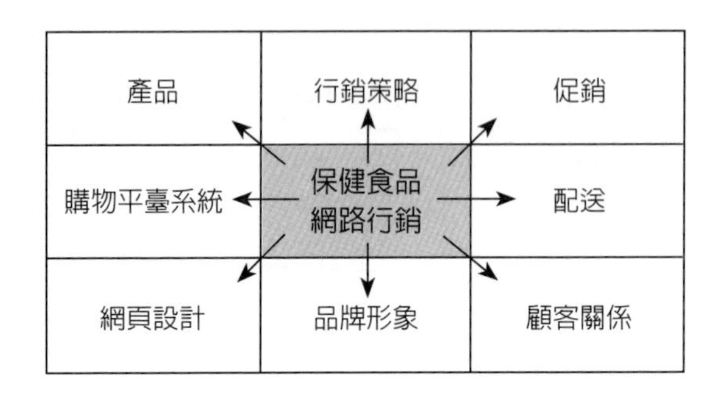

2. 進行各大主題的延伸

品牌形象

在品牌形象中，可分爲體力充沛、健康活力、生機盎然、年輕氣息、健步如飛、彩色人生、穩重如山、自然純眞等八個小主題。而公司的宗旨是爲了讓消費者擁有健康活力的身心，因此選擇健康活力作爲品牌形象。

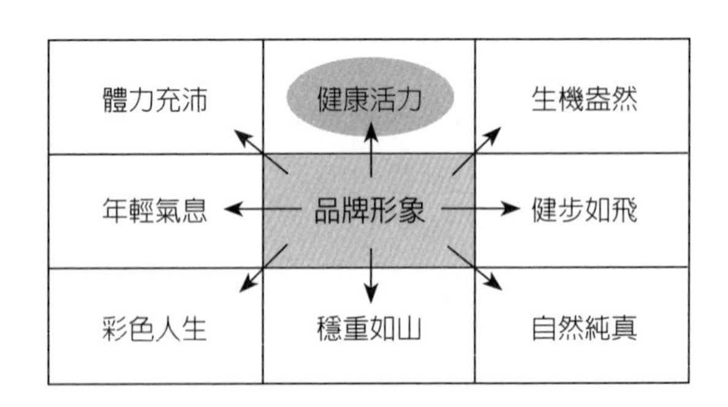

網頁設計

網頁設計的方法繁多，選擇自行設計、廣告設計公司、資訊公司、學生、SOHO族、廠商贊助、上班族、朋友公司作爲考慮的八個對象。經過討論後，決定將網頁設計交給廣告設計公司，因爲其專業度可以爲網頁設計加分。

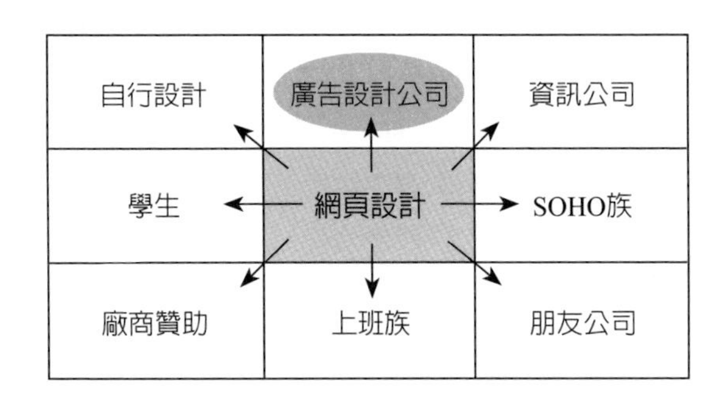

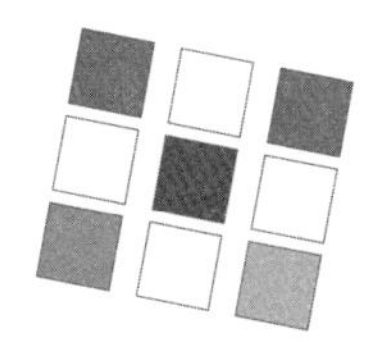

購物平臺系統

網路資訊世界中，最重要的就是快、狠、準，要讓顧客以最快速度找到自己想要的產品，且可以快速下單，以減少顧客猶豫的時間。再加上現今網路的購物平臺系統不再那麼難取得，但是要找到適合自己公司的系統與方法，才能夠幫公司節省成本，又可以賺取利潤。因此，在購物平臺方面有專用軟體、套裝軟體、套裝軟體修改、租用、聘請工程師開發、異業聯盟共享、網路拍賣取得、網路商店等八個選項，經過多項的評估，公司發現採用套裝軟體的方式最合適。

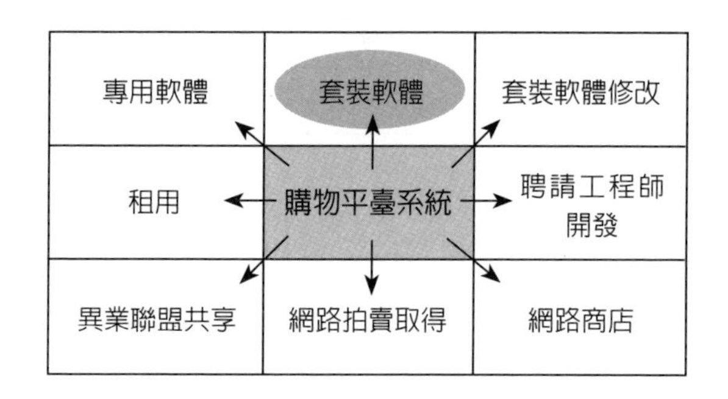

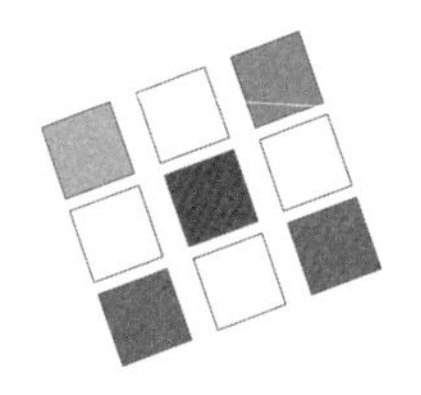

產　品

產品一階的延伸：產品層面較廣，一階的產品延伸無法將我們的產品定位清楚，因此有第二階的分析。在一階的延伸中，產品分為劑型、包裝、品質訴求、特色、建議售價、深度、知識、廣度。

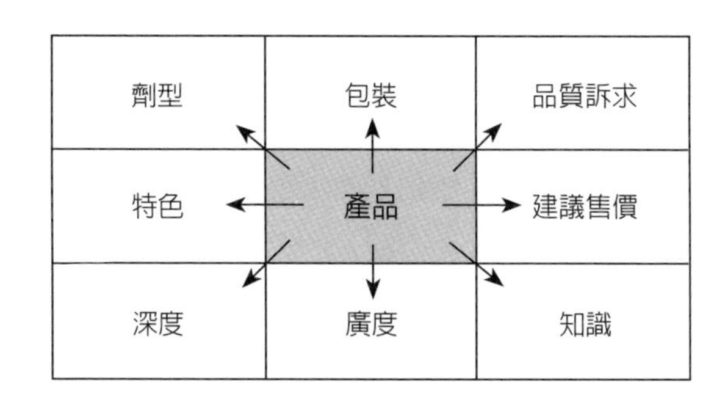

產品二階—廣度：即產品的品類數目或產品線的數目。在此，保健食品的產品廣度分為以下八類：鐵／鋅類、維生素類、鈣質類、纖維素類、蛋白質類、水分、醣類、脂質類。根據統計，鐵／鋅類、維生素類、鈣質類、纖維素類為顧客較喜歡購買的產品，因此在廣度方面，須注意以這四項產品為主。

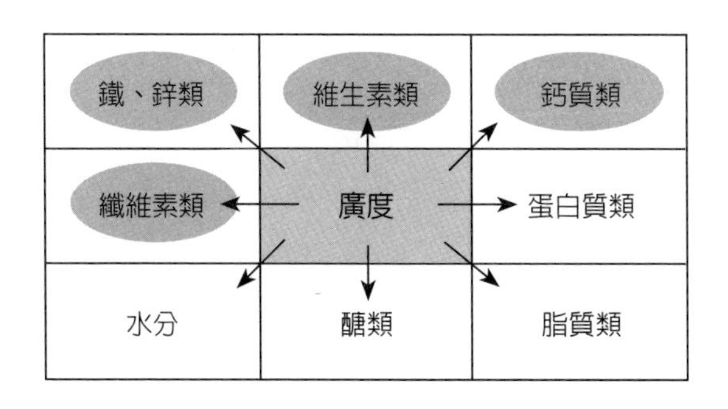

產品二階—深度：指同一類產品中，品項數目的多寡。而通常會將藥品分爲一種規格到七種規格，甚至是無限制的規格都有。但因爲藥品類的產品易混淆，故本公司的產品都定爲單一規格，方便顧客直接購買。

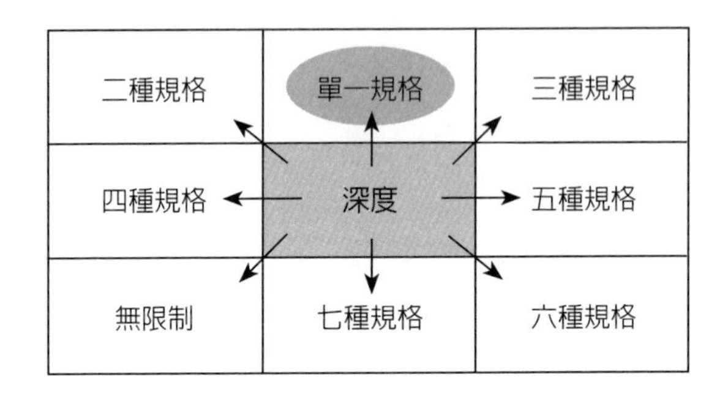

產品二階—特色：產品特色爲吸引顧客的最大原因，不管是獨家配方、物超所値、天天照顧您、醫學證明、便利性、和朋友分享、臺灣製造、或是全家人所需，都是常見的廣告特色。而我們的主題，會讓人聯想到用最物超所値，天天照顧自己。

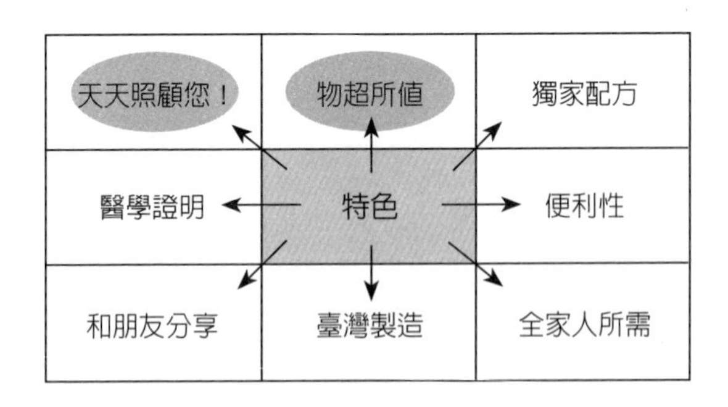

產品二階—劑型：藥品的劑型中，最常見的爲以下八種：錠劑、硬膠囊、軟膠囊、顆粒、粉體、膏狀、液體、沖泡包。一般而言，硬膠囊型與錠劑型的藥品爲大眾較習慣的。

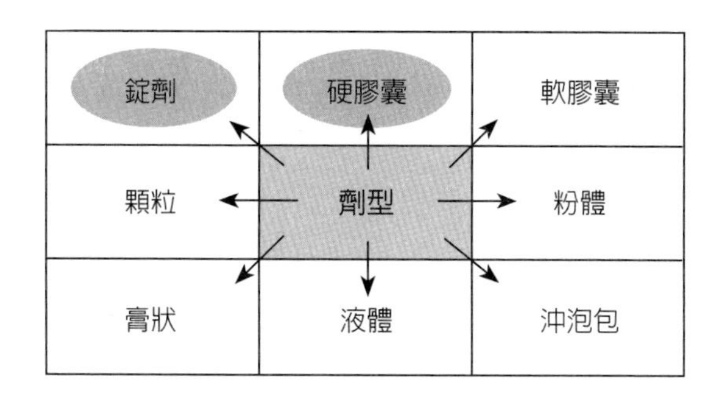

產品二階—包裝：在藥品的包裝方面，訴求方便拿取，有乾、溼分離的保存，如夾鏈袋裝、PP罐裝、PET罐裝、玻璃瓶裝、站立袋裝、紙盒裝、壓克力罐裝、紙罐裝等，其中又以夾鏈袋的小包裝最受青睞。

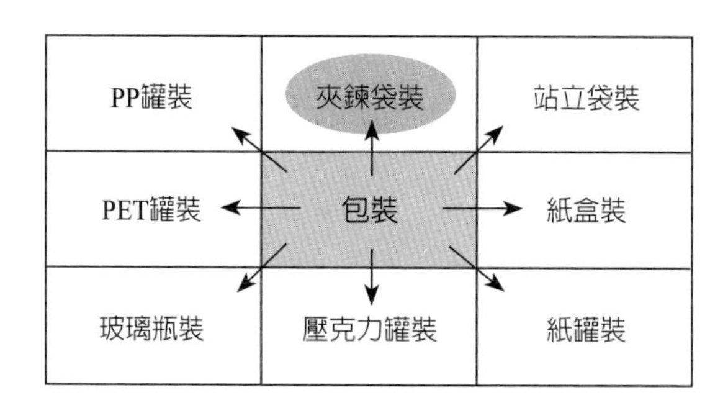

產品二階—品質訴求：本公司的藥品均有ISO和GMP工廠的認證，這兩項認證是醫界的最高品質認證，能夠讓顧客安心購買。

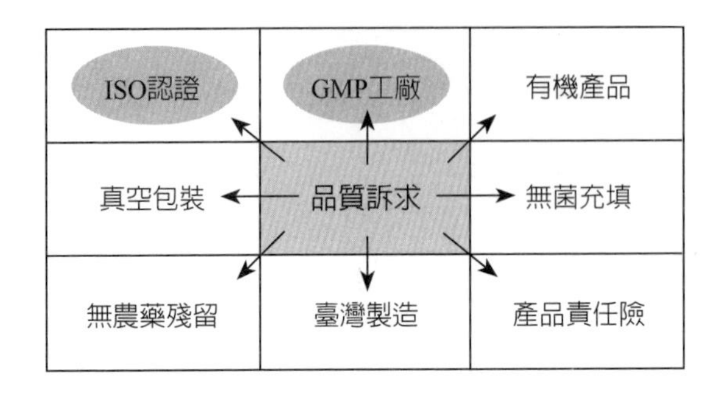

產品二階—建議售價：我們的目的是要讓消費者，可以用物超所值的藥品，幫助自己的身體更健康。又因爲大多數的消費者有種想占便宜、但又不想被別人占便宜的心態，因此以100元有找就可以照顧自己的價格最吸引人。

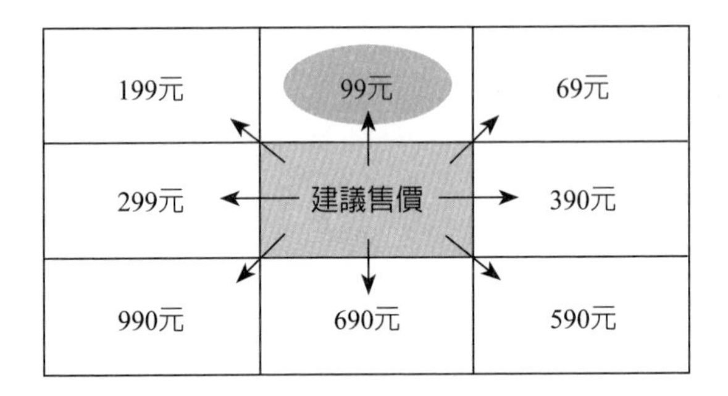

產品二階—知識：對於藥品的知識，可以從專家引言、研究報告、圖書館、知識集、說明書、網站詳述、書籍引薦、衛福部網站中得到。其中又以網站詳述的資訊，爲最快、最新的資訊；而專家的引言，可以增加對於藥品的信任度。故在知識方面，選擇這兩項作爲知識增進的主要來源。

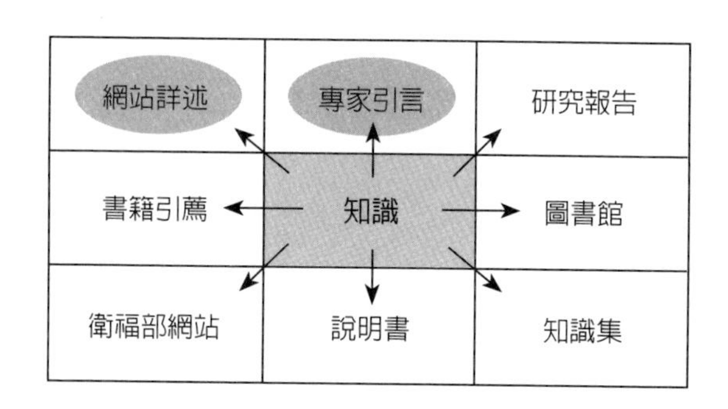

行銷策略

在科技日新月異的現代社會，網路成了最有力的行銷工具。因此，可運用網路SEO搜尋引擎優化、關鍵字行銷、網路廣告、超連結推廣、部落格行銷、電子報推廣、會員推廣、其他媒體廣告，來增加公司產品被看見的機會。

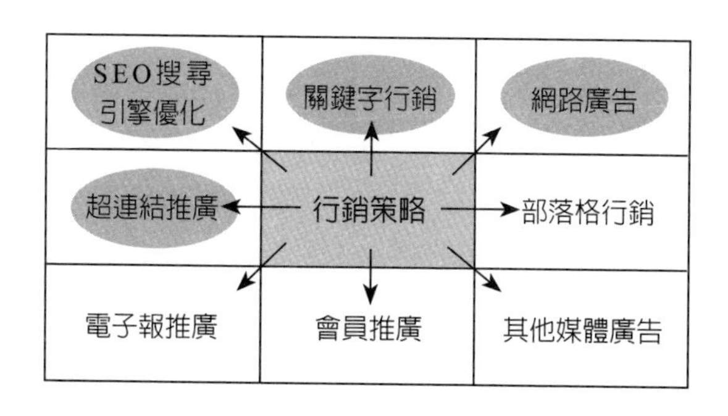

促　銷

促銷的方法有許多種，其中主要以會員紅利點數、團體購買、折價券、贈獎、贈品、分期付款、搭售促銷、加量不加價最爲常見。而本公司採取會員紅利點數、團體購買的方法，希望可藉此兩種主要方式，吸引顧客再次回購。

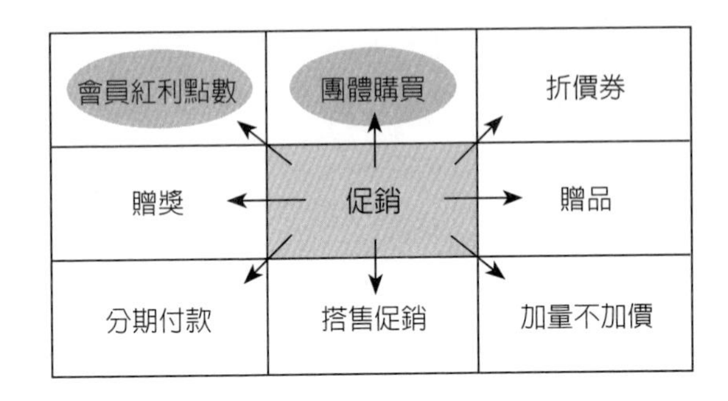

配　送

物流配送的方法愈來愈多元化，主要有新竹貨運、7-11取貨、全家超商取貨、大榮貨運、宅急便、經銷人員送貨、經銷點取貨、宅配通等方式。在眾多選擇中，選擇以7-11取貨和新竹貨運送到府爲配送的主要方式。

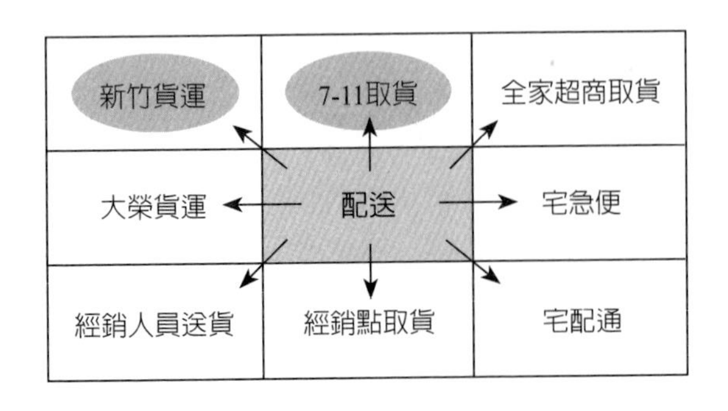

顧客關係

顧客關係中含有售後服務、訪客意見處理、查詢訂單進度、會員專區、新聞訊息發布、會員電子報、滿意度調查、健康知識等方法，而對於我們的顧客而言，以公司的售後服務、訪客意見處理、查詢訂單進度為最主要影響顧客關係的要素。

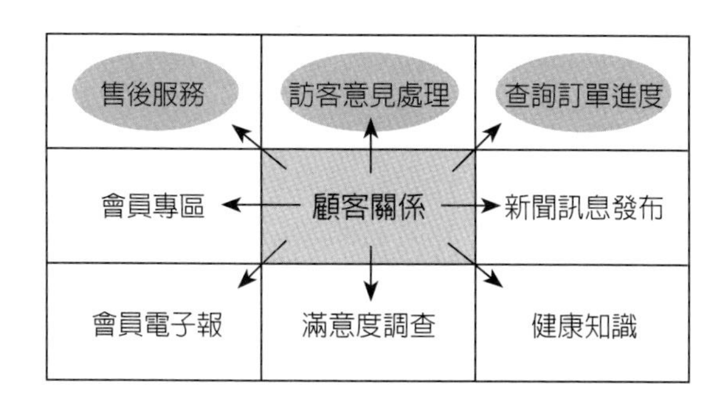

3. **整理分析結果**

一階主題分析

保健食品網路行銷——八大主題分析結果	
品牌形象	健康活力
網頁設計	廣告設計公司
購物平臺系統	套裝軟體
產品（再進行二階分析）	劑型、包裝、品質訴求、特色、建議售價、深度、知識和廣度
行銷策略	SEO搜尋引擎優化、關鍵字行銷、網路廣告、超連結推廣
促銷	會員紅利點數、團體購買
配送	7-11取貨和新竹貨運
顧客關係	售後服務、訪客意見處理、查詢訂單進度

產品二階分析

保健食品網路行銷——產品八個子分析結果	
廣度	鐵一鋅類、維生素類、鈣質類、纖維素類
深度	單一規格
特色	物超所值、天天照顧您
劑型	錠劑、硬膠囊
包裝	夾鏈袋裝
品質訴求	GMP工廠、ISO認證
建議售價	99元
知識	專家引言、網站詳述

4. 針對前述分析結果提出建議

- 時間緊迫，網路行銷的各項準備工作要核實其進度。
- 網路行銷會遇到一些問題，尤其行銷策略要有所改變，不能受之前的觀念所牽絆。
- 網路世界是個開放的空間，隨時都會有不同的創新產生，公司必須隨時有所應變。
- 要有好的提問，如「要怎樣才能在網路上接到訂單？」，而不是「網路架站與網路行銷需要多少錢？」，才不會因爲失望而打退堂鼓。
- 除了傳統行銷4P（Product產品、Price價格、Promotion促銷、Place通路）外，還要注重網路行銷4C（Customer顧客、Cost成本、Convenience方便、Communication溝通），亦即除了重視產品與市場外，還要以消費者之眞正需求爲主。

單元八

心智繪圖法運用得宜，成功逃出《第三集中營》

「字不如表，表不如圖」，密密麻麻的文字容易讓人感到煩躁，對於想法或是閱讀上不免比較難以表達或理解，此時若運用一些表格，甚至插畫或顏色，都會有助於我們進行思考或閱讀。在創新的過程中有諸多方法，其中心智繪圖法透過大量的圖片與顏色，讓我們在思考或是尋求解決方案時，可以輕鬆駕馭。

何謂心智繪圖法

心智繪圖法由英國著名腦力開發權威Tony Buzan在1970年代初期發明的，Tony Buzan於1974年出版《頭腦使用手冊》（*Use Your Head*）一書，介紹心智繪圖法（Mind Mapping）。運用顏色、符號、線條、圖畫、關鍵字詞等，把想法的概念表現出來的一種視覺化或圖像化筆記法，並依一種擴散思考方法來進行。

運用心智繪圖法解決問題時，建議將主題分為三個至八個子題，每一子題再細分成三個階層，不宜太多或太少，再搭配圖片和顏色作區分。如此一來，可以協助我們在尋找的過程中更加順利。

心智繪圖法的步驟	
1.	在紙的中央，畫出一個象徵式的符號或一幅圖，將主題寫上。
2.	由中央圖像往外拉線，把聯想到的概念用關鍵字迅速寫下。
3.	把關鍵字工整寫在線上，並盡量使每一個詞的長度和底下的線一樣長。
4.	各分支的層次從中心向外，字型由大至小分明呈現。
5.	各分支的關聯，可用畫線點明。
6.	利用顏色、圖形、字體、大小、層次和符號，盡量顯示重點。
7.	開心的玩，並加以美化。
8.	徵求意見，並與他人分享。

心智繪圖法　電影　《第三集中營》

心智繪圖法可以協助我們創新的思考或問題的解決，此外也可用此方法來探討電影內容。以下我們就將心智繪圖法套用於電影《第三集中營》（*The Great Escape*），探討200多名的戰俘，要如何逃離戒備森嚴的納粹監獄。

劇情內容

二次世界大戰期間以希特勒爲首的納粹主義令人畏懼，也讓人厭惡，尤其是戰俘營或集中營這一類的軍營更是令人可憎。第三集中營是令納粹主義者引以爲傲的監獄，地處偏遠、鐵壁銅牆且戒備森嚴，想要自由根本遙不可及。然而就在美國上校希特和英國軍官羅傑來到這個戰俘營後，出現了希望的曙光。逃亡、擾敵是身爲軍人的使命，不願意爲了一時的安逸而屈就於敵人的監獄，沒有所謂的等待，只有靠著自己的雙手贏回的自由，才是眞正的自由。此時在戰俘營裡的所有戰俘都是昔日一同作戰的夥伴，彼此之間有一定的情感和默契，在羅傑的指揮下展開逃亡的工程。

以挖地道的方式進行此次的逃亡，所有的計畫都必須得要瞻前顧後，例如：要掩飾挖掘地道時所發出的聲音，屋子的外頭就必須得要有同樣頻率的聲音，而這些聲音可以是唱歌、吵架、釘釘子，讓德軍巡察時不會輕易察覺。地道的挖掘會產生多餘的土堆，如何讓從地底下挖出來的土堆憑空消失是一個頭痛的問題，以及逃出後必須要有平民服裝和假證件的取得與製作，好瞞過相關的檢查等，大家爲了自由各施所長、畢力同心。眼看著原本獄中漫長的日子即將結束，大家的情緒愈來愈興奮，同時也愈來愈緊張，深怕被發現逃亡的動機，讓過去所

付出的一切心血，全都付諸流水。

8月7日的這一天晚上，是月蝕日，少了月亮的陰影就多了逃亡的機會，可是當希特鑽出地道的同時才發現，距離樹蔭的實際距離比丈量的距離還要多出20呎，但是如果這一天晚上不離開就無法逃離，因此用了最急救的方式，讓70多位戰俘成功逃離獄中。然而師父領進門修行在個人，逃出監獄後要怎麼逃離納粹的勢力範圍，就得憑個人的造化。例如：美國上校偷了德軍的機車，打算穿越柵欄前往瑞士。翻過阿爾卑斯山就可以抵達中立國瑞士，便可以確保自己的自由與安危，可是位在德國旁邊的瑞士怎麼突然變得那麼遙遠，怎麼走都走不到，還得躲開德軍的追擊，一切都沒有想像中來得容易。

這一次的逃亡，最後成功逃脫的只有3位，他們回到了自由的人生，其他人皆在逃亡過程中被德軍發現，其中有50多位成了德軍槍下的冤魂，有20多位再次被送回第三集中營。如此大工程的越獄活動，引來蓋世太保的關注，第三集中營的執行長被撤換，所有的一切回到剛來獄中的第一天，大家失去了方向，但心裡仍舊渴望自由。

電影內容與心智繪圖法的融合

人，生而平等、自由，爲了自由，要如何逃離第三集中營——一個德軍口中關滿戰爭失利者的地方，是一大考驗，但是只要大家同心協力、相互幫忙，逃亡成功的機率是可以被期待的。以下將如何逃出第三集中營分爲：1.成員、2.如何逃出、3.何時逃出、4.任務分配、5.如何對付德軍、6.所需的工具、7.逃出後如何順利離開德國等七個子題，再將此七個子題進行延伸，並探討最終方法。

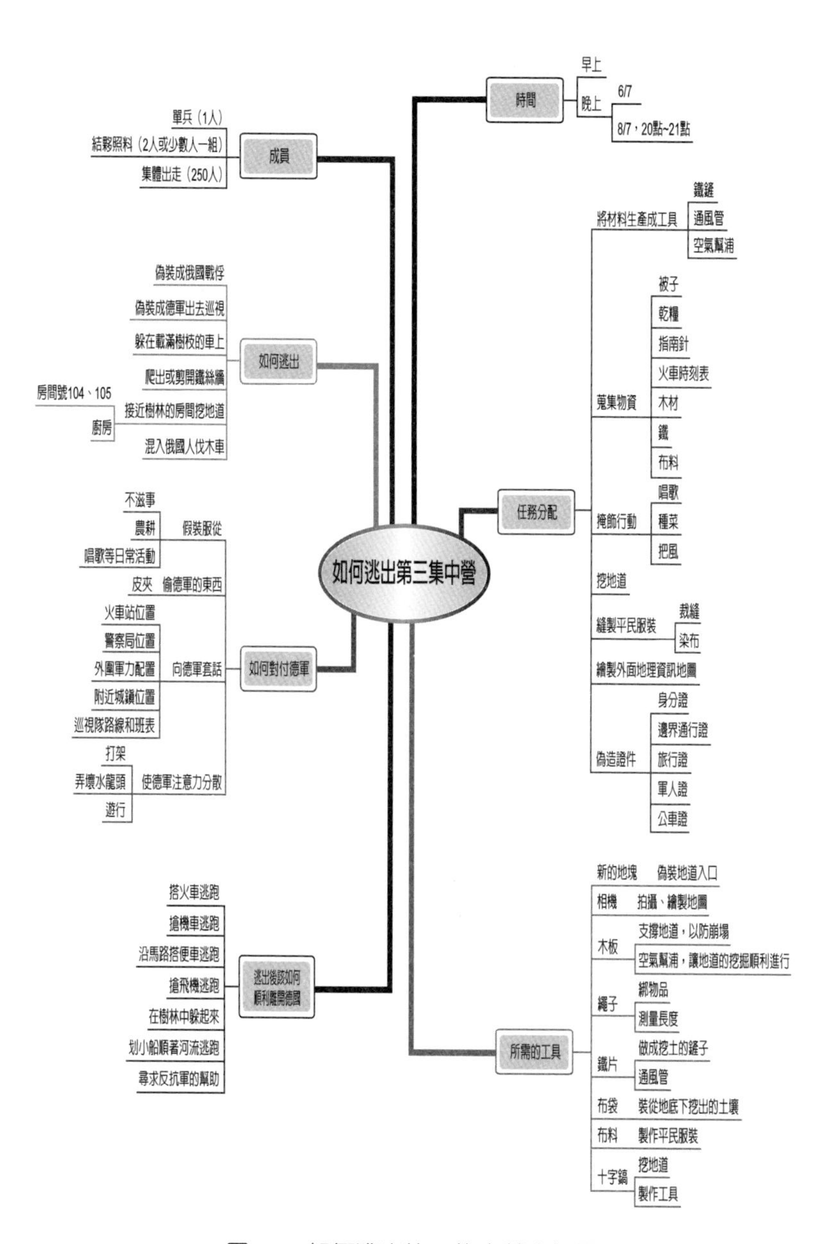

圖8-1　如何逃出第三集中營心智圖

第一層概念主題	第二層概念主題	第三層概念主
成員	單兵（1人） 結夥照料（2人或少數人一組） 集體出走（250人） 成員	
	單兵（1人）	
	結夥照料（2人或少數人一組）	
	⊡集體出走（250人）	
單兵1人逃亡的機會非常地高，電影的前半段，希特（美國上校）利用夜間時剪破鐵絲網成功逃離監獄，但這是在沒有人告密，且相互幫忙的情況下。一般而言，單兵或結夥照料都會擔心遭其他人的忌妒而告密，然而大家都知道希特是為了幫忙打探附近的地理位置轉而協助他。此番集體出走，大家心知肚明，唯有相互協助，讓逃出監獄的準備時間縮短且進行後續的安排，才是明智的選擇。		

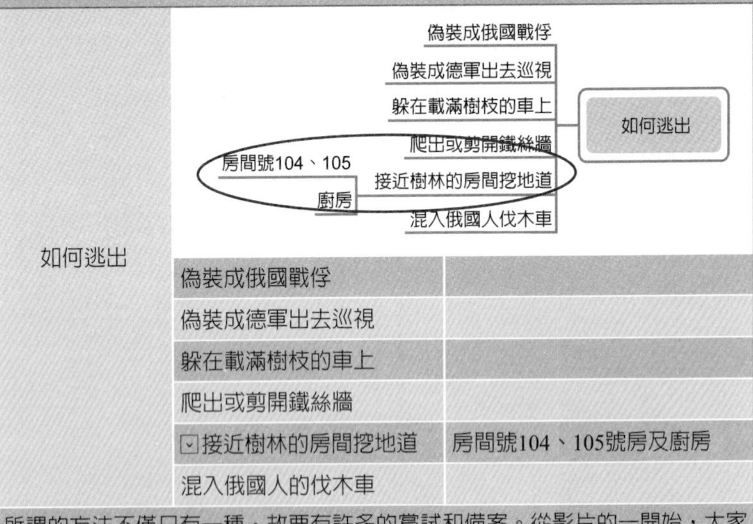

第一層概念主題	第二層概念主題	第三層概念主
如何逃出	偽裝成俄國戰俘	
	偽裝成德軍出去巡視	
	躲在載滿樹枝的車上	
	爬出或剪開鐵絲牆	
	⊡接近樹林的房間挖地道	房間號104、105號房及廚房
	混入俄國人的伐木車	
所謂的方法不僅只有一種，故要有許多的嘗試和備案。從影片的一開始，大家無所不用其極，偽裝、混入車輛、爬鐵絲，想盡各種辦法就是要逃離，然而一次次的被德軍發現，到最後唯有地道是最大的希望。		

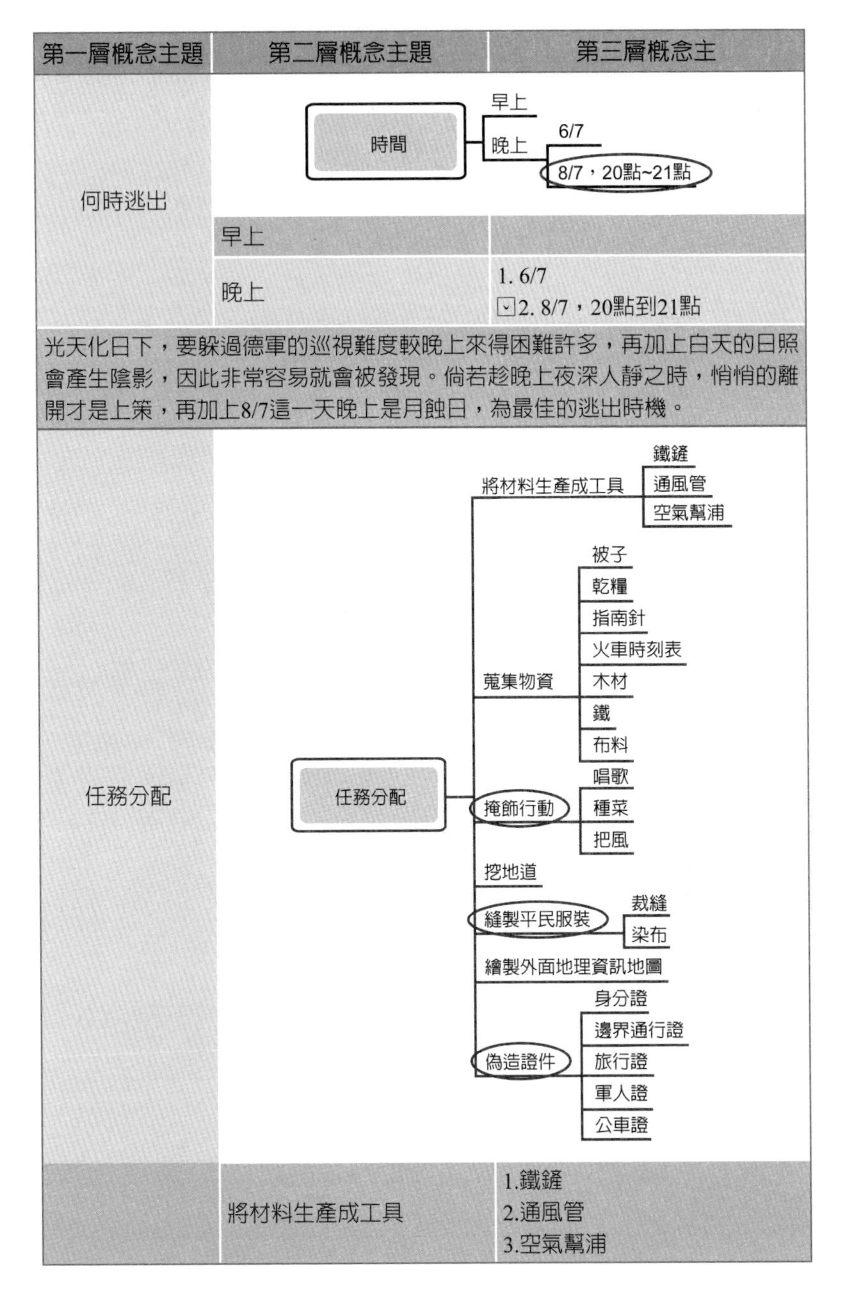

第一層概念主題	第二層概念主題	第三層概念主
何時逃出	時間 早上 晚上 6/7 8/7，20點~21點	
	早上	
	晚上	1. 6/7 ☑2. 8/7，20點到21點
光天化日下，要躲過德軍的巡視難度較晚上來得困難許多，再加上白天的日照會產生陰影，因此非常容易就會被發現。倘若趁晚上夜深人靜之時，悄悄的離開才是上策，再加上8/7這一天晚上是月蝕日，為最佳的逃出時機。		
任務分配	任務分配 將材料生產成工具 鐵鎚 通風管 空氣幫浦 蒐集物資 被子 乾糧 指南針 火車時刻表 木材 鐵 布料 掩飾行動 唱歌 種菜 把風 挖地道 縫製平民服裝 裁縫 染布 繪製外面地理資訊地圖 偽造證件 身分證 邊界通行證 旅行證 軍人證 公車證	
	將材料生產成工具	1.鐵鎚 2.通風管 3.空氣幫浦

第一層概念主題	第二層概念主題	第三層概念主
	蒐集物資	1.被子 2.乾糧 3.指南針 4.火車時刻表 5.木材 6.鐵 7.布料
	⊡掩飾行動	1.唱歌 2.種菜 3.把風
	⊡挖地道	
	縫製平民服裝	1.裁縫 2.染布
	繪製外面地理資訊地圖	
	⊡偽造證件	1.身分證 2.邊界通行證 3.旅行證 4.軍人證 5.公車證
從挖地道到偽造證件，每一件事情都必須有魚目混珠的掩蓋方法，以瞞過德軍，讓德軍無法起疑，就算有懷疑，也無法馬上猜透。此外，當德軍檢查時還要假裝鎮定，做到沒有破綻。		
如何對付德軍	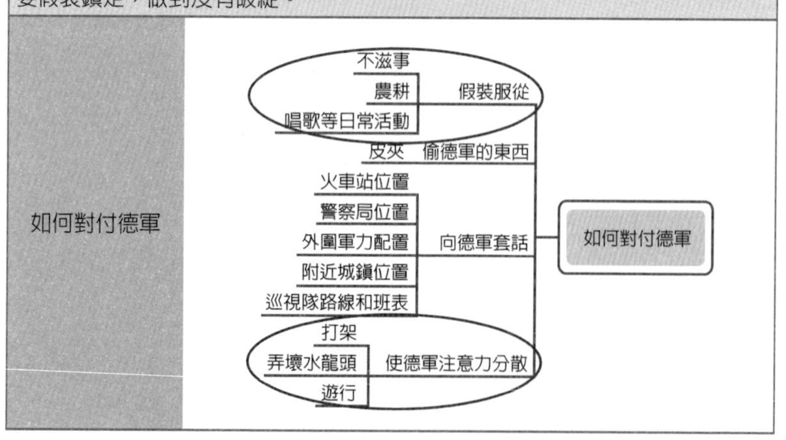	

第一層概念主題	第二層概念主題	第三層概念主
	⊡假裝服從	不滋事 農耕 唱歌或其他日常活動
	偷德軍的東西	皮夾
	向德軍套話	火車站位置 警察局位置 外圍軍力配置 附近城鎮位置 巡視隊路線和班表
	⊡使德軍注意力分散	打架 弄壞水龍頭 遊行

將任務及對付方式進行結合，例如：當房子外面的合唱團開始唱歌時，房子內的夥伴便開始敲打。從地底下挖出的土堆，裝在經由特殊設計的褲管，到田地時倒出，並混入田地的泥土。為了讓大家齊聚一堂，一起製作偽造的證件，必須得先讓大家一起聆聽鳥類介紹，讓德軍誤以為大家都對賞鳥非常有興趣等，這一些看似安分守己的背後，其實都藏著許多逃跑的工程。

所需要的工具

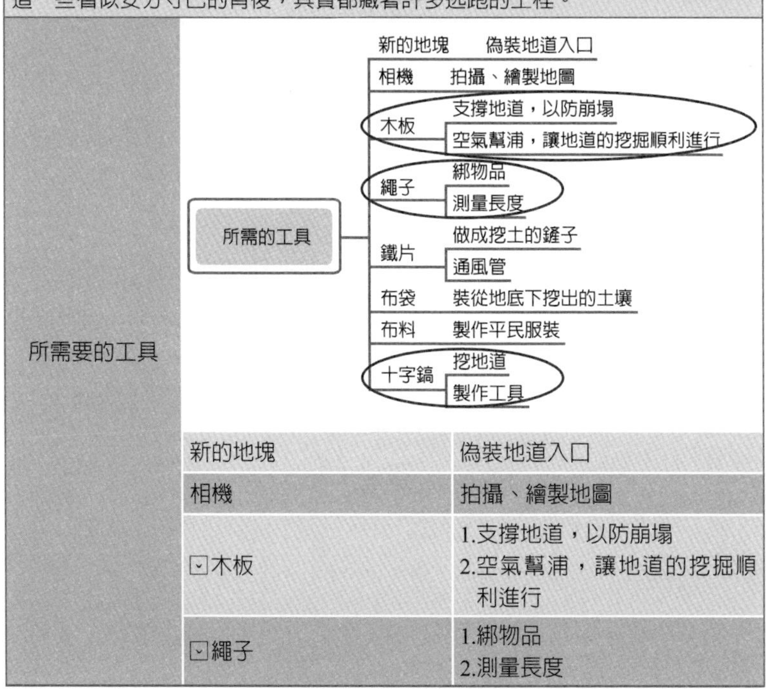

第一層概念主題	第二層概念主題	第三層概念主
所需要的工具	新的地塊	偽裝地道入口
	相機	拍攝、繪製地圖
	⊡木板	1.支撐地道，以防崩塌 2.空氣幫浦，讓地道的挖掘順利進行
	⊡繩子	1.綁物品 2.測量長度

第一層概念主題	第二層概念主題	第三層概念主
	鐵片	1.做成挖土的鏟子 2.通風管
	布袋	裝從地底下挖出的土壤
	布料	製作平民服裝
	⊡十字鎬	1.挖地道 2.製作工具

俗話說，最危險的地方就是最安全的地方。德軍將這一群被俘的同盟國軍人通通集中於第三集中營以方便管理，即便這些軍人過去都有著多次逃獄紀錄，也於事無補。而對於這些軍人而言，德軍將他們通通關在一起，不就更有利於大家相互合作，一起逃離這個沒有自由的集中營，偷東西、挖地道、縫製衣服等各施所長。看過電影後我們可以透過心智繪圖法思考，羅傑該如何瞞過這些看似有千里眼與順風耳的德國軍人，進而帶領這250位夥伴逃離監獄。謀事在人、成事在天，電影的結局非常的殘忍僅有3位順利離開，有些人再度被帶回集中營，還有50多位成了德軍槍下的冤魂。然而大家為了自由而努力的過程，那種決心與毅力是值得我們所學習的。

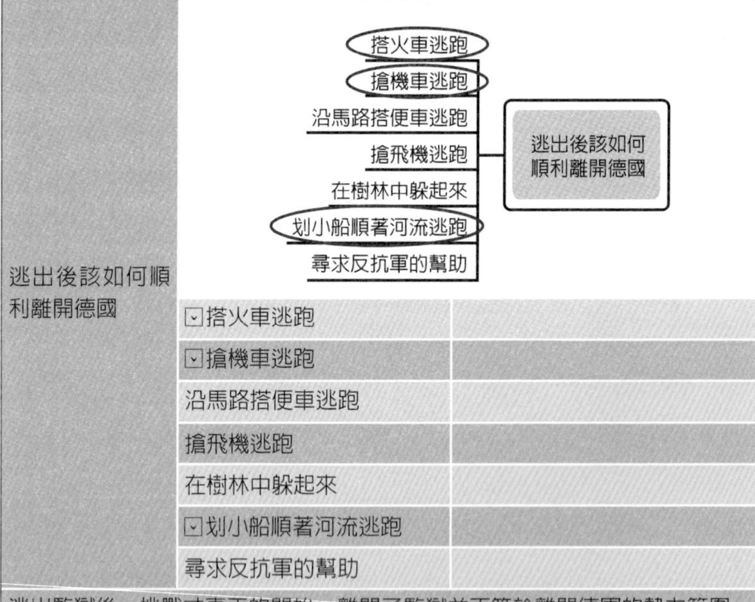

第一層概念主題	第二層概念主題	第三層概念主
逃出後該如何順利離開德國	⊡搭火車逃跑	
	⊡搶機車逃跑	
	沿馬路搭便車逃跑	
	搶飛機逃跑	
	在樹林中躲起來	
	⊡划小船順著河流逃跑	
	尋求反抗軍的幫助	

逃出監獄後，挑戰才真正的開始。離開了監獄並不等於離開德軍的勢力範圍，再加上多達70多人成功逃獄，使得路上的檢查更是嚴苛，因此在加緊腳步離開的同時，也必須格外小心。唯有到達中立國瑞士或甚至同盟國的國家，才能夠真正脫離德軍的控制重獲自由。最後，僅有3位順利獲得自由。

心智繪圖法 案例1 廣義的服務行銷：花東之旅

前 言

一段好的旅程有助於心靈及知識的成長，用心計畫並去實踐旅程，是讓自己增廣見聞、大開眼界的最佳機會。這一次我們選擇臺灣的後花園——花蓮和臺東作爲旅行的目的地，臺東和花蓮不僅保有許多純天然的環境外，更有許多的人文活動值得我們去體驗與學習。在現代生活步調如此緊張、壓力與日俱增的狀況下，大自然無非是我們最好的心靈調養師。呼吸新鮮的空氣、遠離都市的塵囂、用雙手雙腳用心去感受大自然的奧妙，或許會給予我們新的靈感，讓自己有重新振作的機會。學習過心智繪圖法後，我們運用心智繪圖法作爲這一次的事前準備，可以清楚地規劃出我們計畫拜訪的自然景觀或體驗人文活動、交通上的往來等，規劃出所有旅遊時會碰到的問題和解決方案，最終實現情感的凝聚、知識的活化、能力的精進、身心的放鬆等目的。

主題：花東之旅

首先將目的地花東置於中央，在第一層主概念的部分，分成：1.休閒類型或休閒方式、2.消費樂園、3.交通、4.住宿、5.人員，6.經費、7.時間。再由主概念延伸出次概念，利用放射線的方式，架構出本次旅遊的完整圖像。

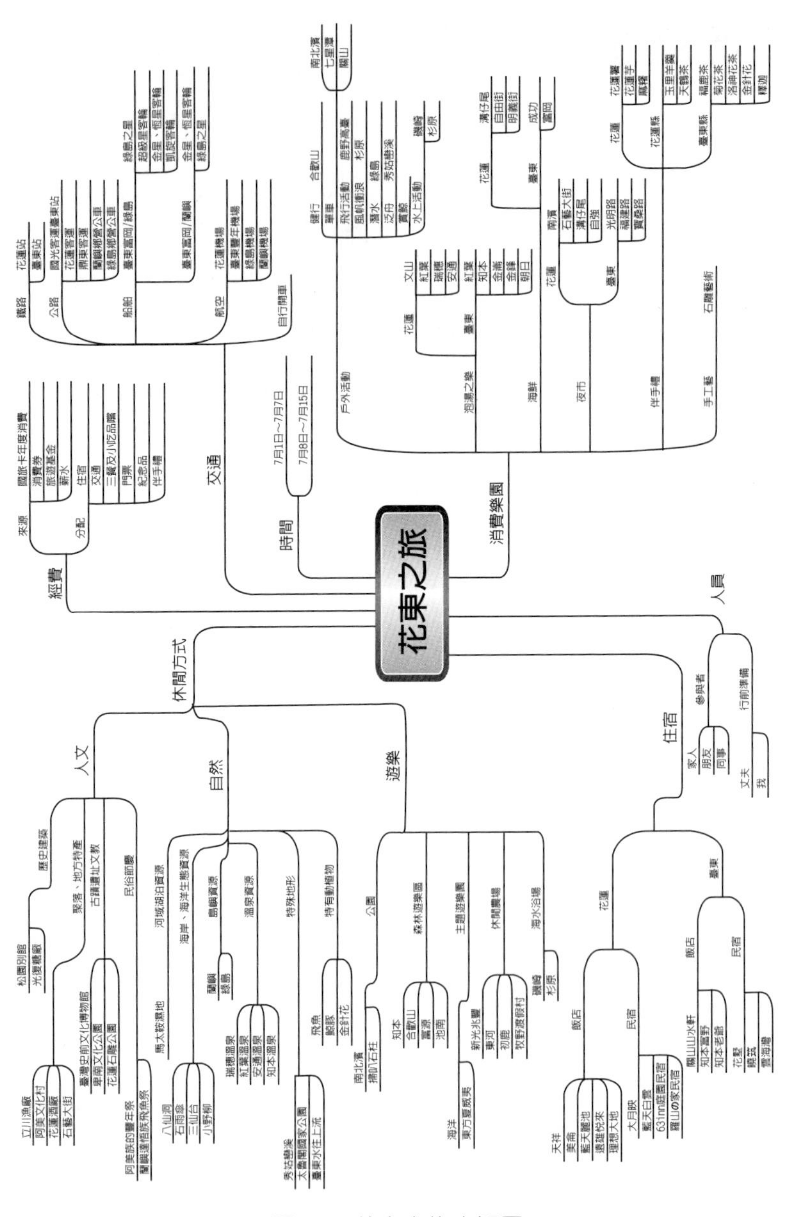

花東之旅
經費
來源
國旅卡年度消費
消費券
旅遊基金
薪水
分配
住宿
交通
三餐及小吃品嚐
門票
紀念品
伴手禮
交通
鐵路
花蓮站
臺東站
公路
國光客運臺東站
花蓮客運
鼎東客運
蘭嶼鄉營公車
綠島鄉營公車
船舶
臺東富岡/綠島
綠島之星
超級星客輪
金星、恆星客輪
凱旋客輪
臺東富岡/蘭嶼
金星、恆星客輪
綠島之星
航空
花蓮機場
臺東豐年機場
綠島機場
蘭嶼機場
自行開車
時間
7月1日~7月7日
7月8日~7月15日
消費樂園
戶外活動
健行
合歡山
單車
南北濱
七星潭
關山
飛行活動
鹿野高臺
風帆衝浪
杉原
潛水
綠島
泛舟
秀姑巒溪
賞鯨
水上活動
磯崎
杉原
泡湯之樂
花蓮
文山
紅葉
瑞穗
安通
臺東
紅葉
知本
金崙
金鋒
朝日
海鮮
花蓮
溝仔尾
自由街
明義街
臺東
成功
富岡
夜市
花蓮
南濱
石藝大街
溝仔尾
自強
臺東
光明路
福建路
寶桑路
伴手禮
花蓮
花蓮薯
花蓮芋
麻糬
花蓮縣
玉里羊羹
天鶴茶
臺東縣
福鹿茶
菊花茶
洛神花茶
金針花
釋迦
手工藝
石雕藝術
人員
參與者
家人
朋友
同事
行前準備
丈夫
我
住宿
花蓮
飯店
天祥
美侖
藍天麗池
遠雄悅來
理想大地
民宿
大月映
藍天白雲
63inn庭園民宿
羅山の家民宿
臺東
飯店
鸞山山水軒
知本富野
知本老爺
民宿
休閒方式
人文
歷史建築
松園別館
光復糖廠
聚落、地方特產
立川漁場
阿美文化村
花蓮酒廠
石藝大街
古蹟遺址文教
臺灣史前文化博物館
卑南文化公園
花蓮石雕公園
民俗節慶
阿美族的豐年祭
蘭嶼達悟族飛魚祭
自然
河域湖泊資源
馬太鞍濕地
海岸、海洋生態資源
八仙洞
石雨傘
三仙台
小野柳
島嶼資源
蘭嶼
綠島
溫泉資源
瑞穗溫泉
紅葉溫泉
安通溫泉
知本溫泉
特殊地形
秀姑巒溪
太魯閣國家公園
臺東水往上流
特有動植物
飛魚
鯨豚
金針花
遊樂
公園
南北濱
掃叭石柱
森林遊樂區
知本
合歡山
富源
池南
主題遊樂園
海洋
東方夏威夷
休閒農場
新光兆豐
東河
初鹿
牧野渡假村
海水浴場
磯崎
杉原

圖8-2 花東之旅心智圖

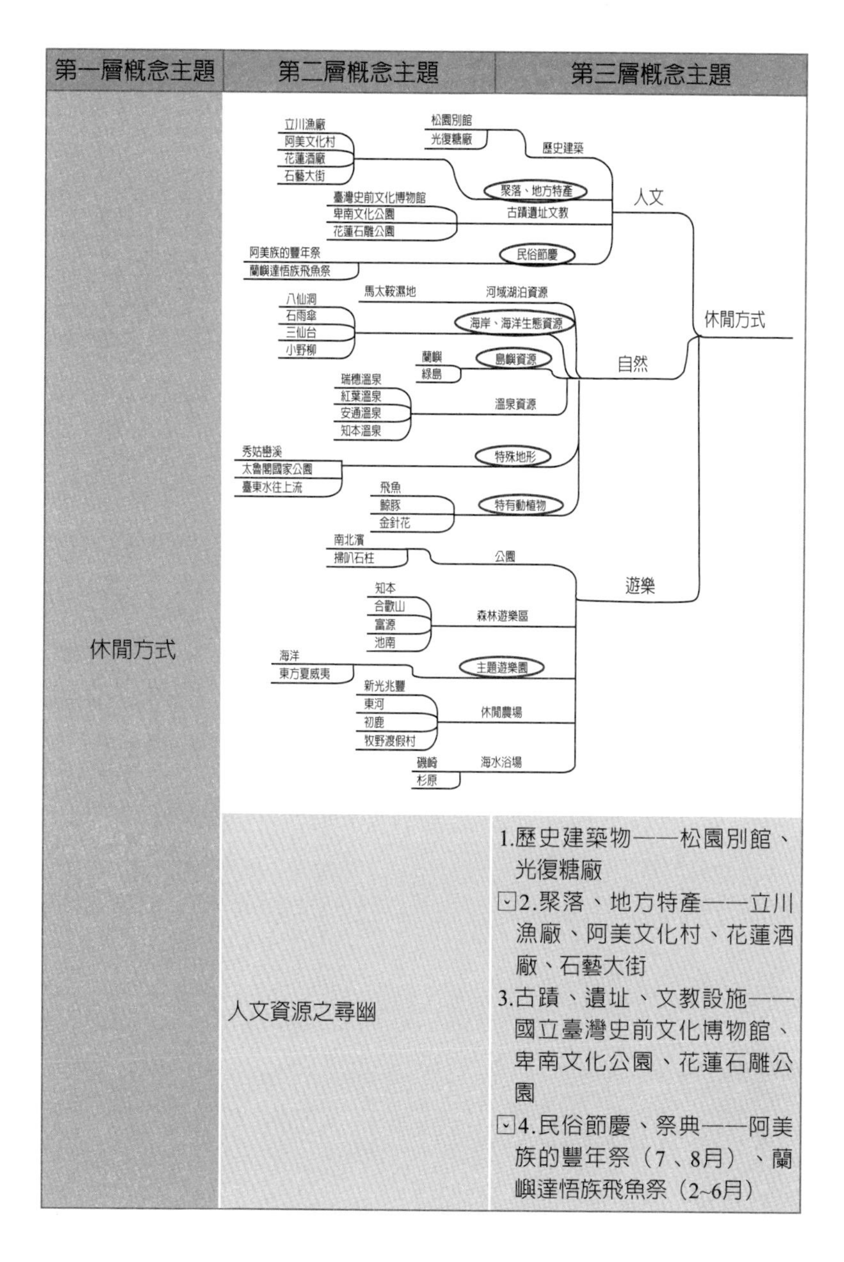

第一層概念主題	第二層概念主題	第三層概念主題
休閒方式	（心智圖）	
	人文資源之尋幽	1.歷史建築物——松園別館、光復糖廠 2.聚落、地方特產——立川漁廠、阿美文化村、花蓮酒廠、石藝大街 3.古蹟、遺址、文教設施——國立臺灣史前文化博物館、卑南文化公園、花蓮石雕公園 4.民俗節慶、祭典——阿美族的豐年祭（7、8月）、蘭嶼達悟族飛魚祭（2~6月）

第一層概念主題	第二層概念主題	第三層概念主題
	自然資源之探訪	1.河域湖泊資源——馬太鞍濕地 ☑2.海岸、海洋生態資源——八仙洞、石雨傘、三仙台、小野柳 ☑3.島嶼資源——蘭嶼、綠島 4.溫泉資源——瑞穗溫泉、紅葉溫泉、安通溫泉、知本溫泉 ☑5.特殊地形地質資源——秀姑巒溪（泛舟）、太魯閣國家公園、臺東水往上流 ☑6.特有動植物資源——飛魚、鯨豚、金針花
	遊樂資源之放縱	1.公園——花蓮南濱公園、花蓮北濱公園、掃叭石柱公園 2.森林遊樂區——知本國家森林遊樂區、合歡山國家森林遊樂區、富源國家森林遊樂區、池南國家森林遊樂區 ☑3.主題遊樂園——花蓮海洋公園、東方夏威夷遊樂園 4.休閒農場——新光兆豐休閒農場、東河休閒農場、台糖池上牧野渡假村、初鹿牧場 5.海水浴場——磯崎海濱遊樂區、杉原海水浴場

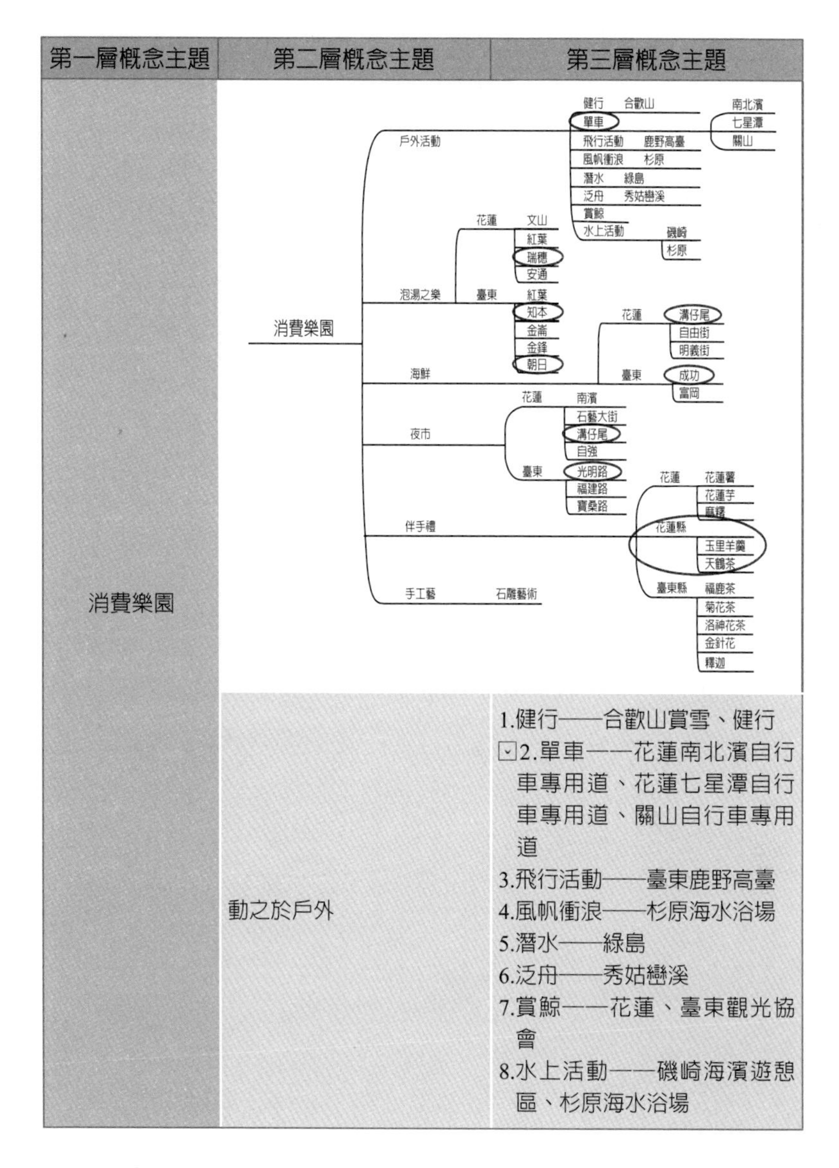

第一層概念主題	第二層概念主題	第三層概念主題
消費樂園	（心智圖）	
	動之於戶外	1.健行——合歡山賞雪、健行 2.單車——花蓮南北濱自行車專用道、花蓮七星潭自行車專用道、關山自行車專用道 3.飛行活動——臺東鹿野高臺 4.風帆衝浪——杉原海水浴場 5.潛水——綠島 6.泛舟——秀姑巒溪 7.賞鯨——花蓮、臺東觀光協會 8.水上活動——磯崎海濱遊憩區、杉原海水浴場

第一層概念主題	第二層概念主題	第三層概念主題
	泡之以湯樂	花蓮縣 1.秀林鄉文山溫泉 ☑2.瑞穗鄉紅葉溫泉 3.瑞穗鄉瑞穗溫泉 4.玉里鎮安通溫泉 臺東縣 1.延平鄉紅葉溫泉 ☑2.卑南鄉知本溫泉 3.太麻里金崙溫泉 4.金峰鄉金鋒溫泉 ☑5.綠島朝日溫泉
	啖之以海鮮	花蓮縣 ☑1.溝仔尾夜市 2.自由街 3.明義街 臺東縣 ☑1.成功漁市 2.富岡漁港
	逛之以夜市	花蓮縣 1.花蓮市南濱夜市 2.花蓮市石藝大街 ☑3.花蓮市溝仔尾夜市 4.花蓮縣自強夜市 臺東縣 ☑1.臺東光明路夜市 2.臺東福建路夜市 3.臺東寶桑路夜市
	伴之以手禮	花蓮市 花蓮薯、花蓮芋、麻糬 ☑花蓮縣 玉里羊羹、天鶴茶 臺東縣 福鹿茶、菊花茶、洛神花茶、金針花、釋迦
	巧之以手藝	石雕藝術

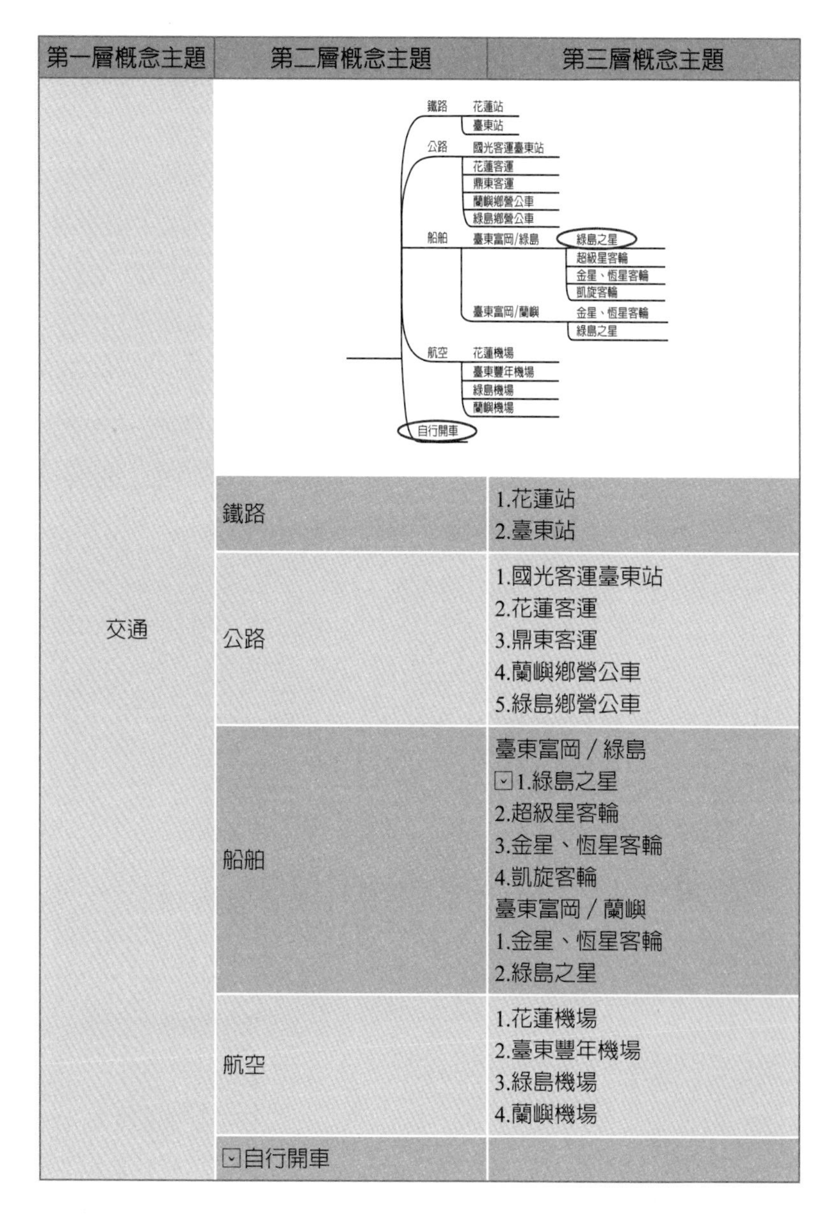

第一層概念主題	第二層概念主題	第三層概念主題
交通	（心智圖）	
	鐵路	1.花蓮站 2.臺東站
	公路	1.國光客運臺東站 2.花蓮客運 3.鼎東客運 4.蘭嶼鄉營公車 5.綠島鄉營公車
	船舶	臺東富岡／綠島 ☑1.綠島之星 2.超級星客輪 3.金星、恆星客輪 4.凱旋客輪 臺東富岡／蘭嶼 1.金星、恆星客輪 2.綠島之星
	航空	1.花蓮機場 2.臺東豐年機場 3.綠島機場 4.蘭嶼機場
	☑自行開車	

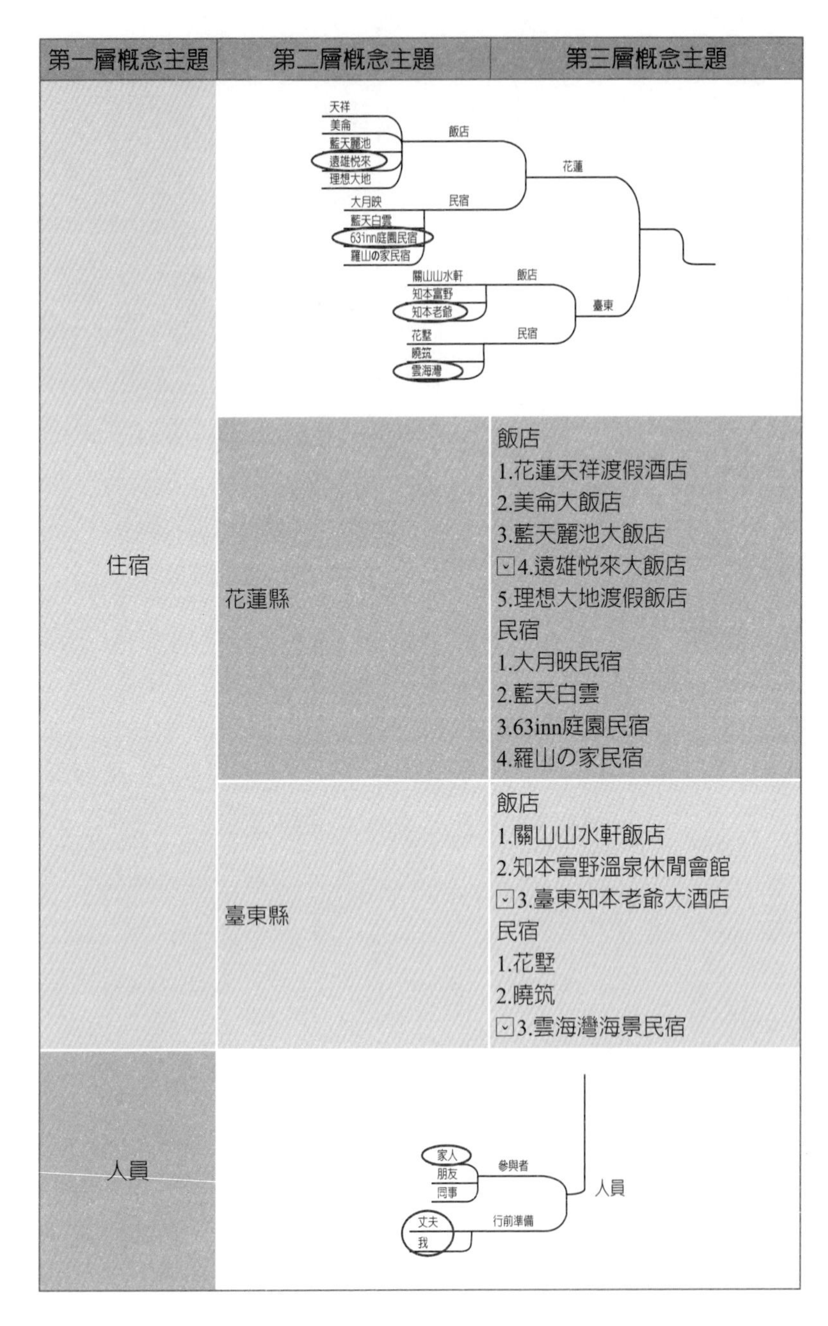

第一層概念主題	第二層概念主題	第三層概念主題
住宿		
	花蓮縣	飯店 1.花蓮天祥渡假酒店 2.美侖大飯店 3.藍天麗池大飯店 ☑4.遠雄悅來大飯店 5.理想大地渡假飯店 民宿 1.大月映民宿 2.藍天白雲 3.63inn庭園民宿 4.羅山の家民宿
	臺東縣	飯店 1.關山山水軒飯店 2.知本富野溫泉休閒會館 ☑3.臺東知本老爺大酒店 民宿 1.花墅 2.曉筑 ☑3.雲海灣海景民宿
人員		

第一層概念主題	第二層概念主題	第三層概念主題
	參與者	☑1.家人 2.朋友 3.同事
	行前準備	☑丈夫&我
	經費 來源：國旅卡年度消費、消費券、旅遊基金、薪水 分配：住宿、交通、三餐及小吃品嚐、門票、紀念品、伴手禮	
經費	來源	1.國旅卡年度消費 2.消費券 3.旅遊基金 ☑4.薪水
	分配	☑1.住宿 ☑2.交通 ☑3.三餐及小吃品嚐費用 4.門票 5.紀念品 6.伴手禮
	時間 7月1日~7月7日 7月8日~7月15日	
時間	7/1~7/7	
	☑7/8~7/15	

經由心智繪圖法的放射狀分析，最後我們決定於7月8日出發，進行8天7夜的花東之旅。參與者爲家人，旅程中的一切支出來自於薪水，主要的花費則以住宿、交通、小吃爲主，這一趟我們即將參觀高山族聚落、地方特產，並體驗當地的民俗節慶與祭典，沿著海岸線探訪如三仙台與太魯閣等自然資源，並到臺灣東岸的另外兩個小島觀賞特有的動植物、享受花蓮遠雄海洋公園的休閒類型活動。

東部旅遊當然免俗不了泡湯行程，因此特地安排了在花蓮的瑞穗和臺東的知本及綠島各有一段泡湯之樂、綠島潛水和朝日溫泉。擁有豐富資源的太平洋就在臺灣的東岸，在這裡當然就是要品嚐最鮮甜的海鮮，再加上不管在臺灣的哪一縣市，都有其幾個著名的夜市，當然花東也不例外，因此要大快朵頤最新鮮的海鮮，才不虛此行。

玩透了、吃足了，再來就是要帶些地方特產回家與親朋好友分享。而出門旅遊總免不了碰到想要去的地方太多，但是可以遊玩的時間卻太少，因此在出門前必須要做足功課，進行多次的研擬與規劃。

利用心智繪圖法架構出此次旅遊的系統表，將所有文字化繁爲簡，並以放射狀的方式將較細部的內容填上，再圈選出主要行程，待圈選完成後就開始進行前置步驟的準備，如訂房、船票購買、天氣查詢等。但是這一些在未實際上路前，都屬於紙上談兵，爲以防萬一所計畫好的行程泡湯，仍舊要有個備案，讓我們在旅遊的過程，可減少許多不必要的金錢與時間的浪費，並同時達到最大效益。

心智繪圖法 案例2 創意的行銷：同心圓紅豆餅

前言

熱呼呼的車輪餅又名爲紅豆餅，是老少咸宜的傳統臺灣小點心，每回走過賣車輪餅的小販，總要買上一、兩個來吃。烤熱的餅皮撒上幾粒芝麻，再加上香甜的奶油、紅豆、芋頭或是鹹味的鮪魚，總讓人食指大動。過去的紅豆餅都是以小販推車的方式販售，有的會再加賣雞蛋糕或者是蔥油餅，但是不管如何，紅豆餅依舊擁有最高的人氣，可見紅豆餅深植人們的心中。位在臺北市東區的一間同心圓紅豆餅是一對同患難、共享福的夫妻，他們曾因爲股票失利、生意失敗而欠債千萬，就在想要走向生命的另一端同時，一股不服輸的信念救了他們，於是開始學做自己最愛吃的點心之一——紅豆餅。而皇天不負苦心人，在幾年的學習與努力後，也將臺灣的點心紅豆餅發揚光大。

主題：同心圓紅豆餅企劃書

利用放射線的方式，將紅豆餅分成1.口味、2.口感、3.促銷、4.瓶頸、5.市場區隔、6.早餐&淡旺季、7.其他服務等七個小主題，再將這七個小主題進行概念延伸，規劃出行銷企劃書，有別於傳統小販的銷售方式。

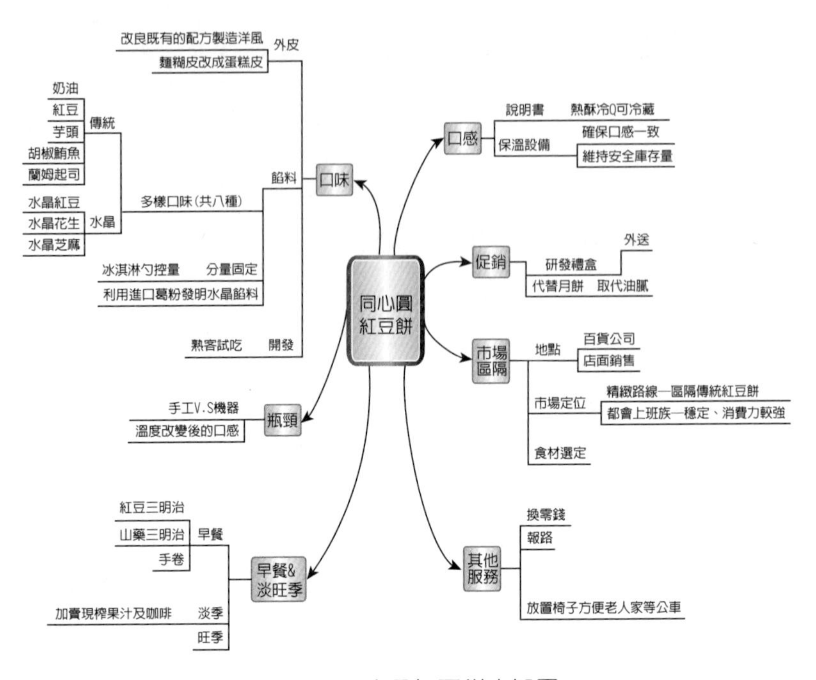

圖8-3　同心圓紅豆餅心智圖

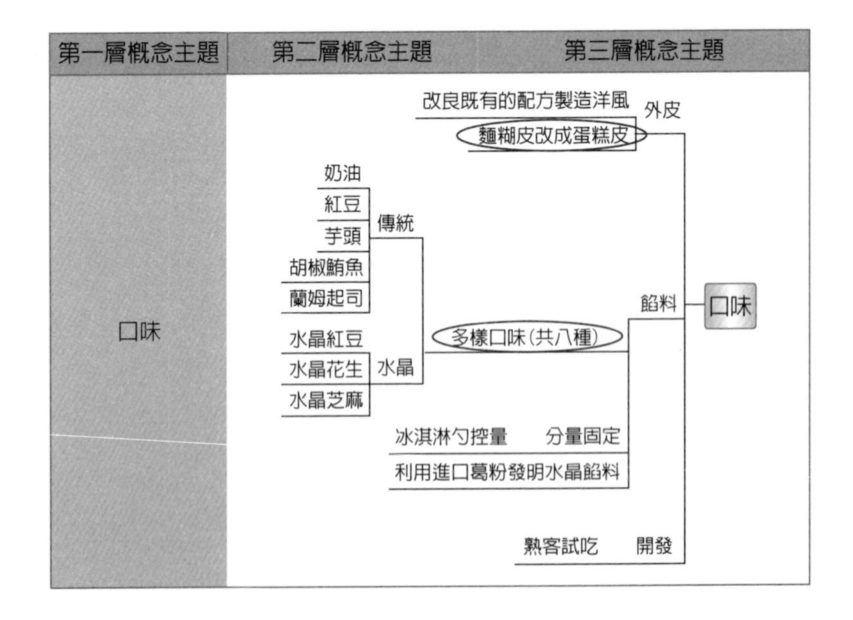

第一層概念主題	第二層概念主題	第三層概念主題
	外皮	1.改良既有的配方，製造洋風 ⊡2.麵糊皮改成蛋糕皮
	餡料	⊡1.多樣口味（奶油、紅豆、芋頭、胡椒鮪魚、蘭姆起司、水晶紅豆、水晶花生、水晶芝麻，共八種） 2.分量固定，使用冰淇淋勺控量 3.利用進口葛粉，發明水晶餡料
	開發	請熟客試吃
口感	口感 說明書：熱酥冷Q可冷藏 保溫設備：確保口感一致、維持安全庫存量	
	說明書	⊡熱酥冷Q，可冷藏
	保溫設備	1.確保口感一致 2.維持安全庫存量
早餐&淡旺季	早餐&淡旺季 早餐：紅豆三明治、山藥三明治、手卷 淡季：加賣現榨果汁及咖啡 旺季	
	早餐	1.紅豆三明治 2.山藥三明治 3.手卷
	淡季	⊡加賣現榨果汁及咖啡
	旺季	
瓶頸	瓶頸 手工V.S機器 溫度改變後的口感	
	手工V.S機器	
	⊡溫度改變後的口感	

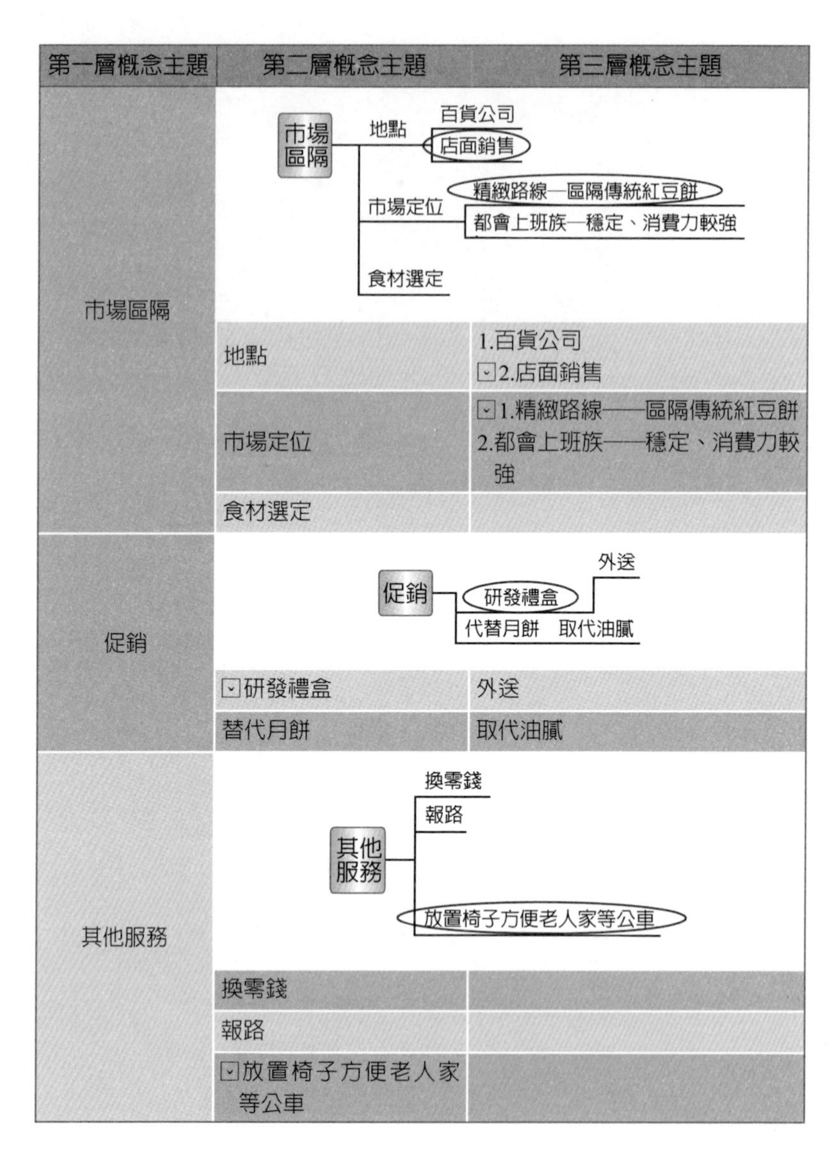

第一層概念主題	第二層概念主題	第三層概念主題
市場區隔	地點	1.百貨公司 ☑2.店面銷售
	市場定位	☑1.精緻路線——區隔傳統紅豆餅 2.都會上班族——穩定、消費力較強
	食材選定	
促銷	☑研發禮盒	外送
	替代月餅	取代油膩
其他服務	換零錢	
	報路	
	☑放置椅子方便老人家等公車	

紅豆餅的進入門檻較低，而且是許多人心中最甜的記憶。同心圓紅豆餅的老闆，在著手學習如何做出傳統美味的紅豆餅同時，在紅豆餅內加入新思維。例如：當傳統的餡料碰上新改良的蛋糕皮，會產生什麼樣的新滋味，我們可以從同心圓紅豆餅中發現，這樣的改變對於消費者而言是一個新奇的口感。此外，過去紅豆餅就是要趁熱吃，但現在同心圓紅豆餅推出一款熱酥冷Q、可冷藏的紅豆餅，讓我們不僅能吃到燙口的紅豆餅，更可以吃到冰涼冷Q的新口感。

過去紅豆餅都以一個小車鋪為店，環境的要求有限且大多下午才開始販售。然而同心圓紅豆餅擁有自己的店面，嚴格把關店裡的整體環境與衛生，從早上開始營業為的就是讓每個時刻都想吃紅豆餅的人，都可以吃到香甜的紅豆餅。同心圓紅豆餅位處於百貨公司附近、大樓林立的街口，同時也是公車的停靠站之一，為了要吸引顧客上門，因此走精緻路線與傳統的紅豆餅店做區隔，吸引更廣泛的客群。同心圓紅豆餅也提供許多貼心的服務，例如：設置椅子方便老人家等候公車，或者是開發紅豆餅禮盒，並提供外送服務，以節省大家等候的時間。

藉由心智繪圖法圈選結果，可以更清楚了解到紅豆餅的市場區隔以及創新的方向，最終規劃出同心圓紅豆餅的行銷企劃，讓即將消失的傳統紅豆餅再次殺出一條創新之路，並得以繼續傳承下去。

Note

單元九

施展奧斯朋創意技法，跟著《大小人國遊記》來趟冒險之旅

企業時常需要創造力來解決問題，在進行問題解決的過程，與其亂槍打鳥，不如先將重點寫下來，再進行思考與比較，問題更可獲得解決。

何謂奧斯朋創意技法

奧斯朋（Osborn）創意技法，是一個含有代替、組合、相似、其他用途、放大、縮小、倒置的七種創意技法，此技法也被稱爲「代倒組似他大小法」。不僅可以讓我們更清楚且快速的了解問題所在，更能夠協助我們進行創意性的思考或問題的解決。

一般而言，創意會先從「放大」與「縮小」開始進行，然而事實上除了這兩種方式可以進行創意行銷之外，美國創意大師奧斯朋（Osborn）再加入其他的五個元素做加強，得以加速創意的成果。山不轉，路轉；路不轉，人轉，只要進行多一步驟的思考，就可以讓創新產生。

電影《大小人國遊記》（*The 3 worlds of Gulliver*）中的格列佛醫生，在小人國與大人國及現實世界中，扮演著不一樣的角色。本片的拍攝手法奧妙，特技效果引人入勝，情節驚險有趣，運用「放大」、「縮小」的想像空間，可置身在虛構的童話般世界裡，也隱含作者對理想世界的追求。

奧斯朋創意技法的運用

奧斯朋（Osborn）創意技法的執行並不困難。首先，我們要思考這一項產品有沒有其他用途？可取代哪些東西？第二，若不具備其他用途，可以思考將原產品附加於其他產品上，

是否可以有其他新的改變，或是可以將多樣的東西組合成一個新的產品？猶如現在人手一支的觸控手機，觸控手機內含有多樣的功能，可以聽音樂、照相、上網等，滿足與方便我們生活上許多的需求，只要一機在手、樂趣無窮。如此神奇的應用，一開始的想法來自於將照相機、音樂播放器、網路等融入到手機內，是否可解決出門攜帶多樣電子產品的困擾？而觸控手機的觸控面板，則是來自於如果電話少了鍵盤可否正常撥打、通話，而進行使用的思考。

代替（Substitute）概念，如載運人的計程車運用在運載貨物上，就可以變成載運貨物的計程車。電視購物節目，是將電視節目、電話和配送進行組合（Combine），便可以一魚三吃。沒有水馬桶，則是來自於除掉水的馬桶的消除法（Eliminate）。顛倒（Reverse）的概念，則因鮮花會枯萎而創造出人造花，讓花可以一直存在美感。此外，還有如調整（Adapt）、修改（Modify），及其他用途（Put to other uses）等方法。借用「代倒組似他大小法」來思考生活周遭的每一種模式，是否有新的創新可能。

代倒組似他大小法各自涵義

1.㊀代替：想一想，物品交換的結果會變成如何？
2.倒置：想一想，將次序加以重新組合的話，會有什麼新的火花？
3.組合：對於一件事，組合成一套如何？
4.相似：想一想，以往有無相類似的東西？
5.其他用途：想一想，既有的一些方式是否有其他用途？
6.放大：利用思考力在某方面加強，比如把時間拖長等。
7.縮小：能否利用創造力加以縮小，比如變薄、變小等。

「代替」行銷實例

「代替」一詞是日常生活中時常聽到的。過去賣票、剪票是站務人員的主要工作，現在已經由一臺機器所取代，人類只是在一旁協助。自助式加油站，將加油人員撤去，改由顧客自助加油。勞力密集型產業改為機器化生產，因為機器可以連續不斷、不分晝夜製造生產，還有一些人類無法做到的事情，也可改由機器人來執行。在日本更有不少服務業是由機器人對人類進行服務，例如：陪伴照護老年人、銀行門口的服務員。

圖9-1　過去賣票、剪票是站務人員的主要工作，現在已經由一臺機器所取代，圖為台灣高鐵自動售票系統。

圖片來源：http://image.baidu.com/i ? ct=503316480&z=0&tn=baiduimagedetail&ipn=d&word=%E5%8F%B0%E6%B9%BE%E9%AB%98%E9%93%81%E5%94%AE%E7%A5%A8&step_word=&pn=14&spn=0&di=136989611550&pi=&rn=1&is=0%2C0&istype=0&ie=utf-8&oe=utf-8&in=24312&cl=2&lm=-1&st=-1&cs=4104761893%2C3069450884&os=2013490346%2C3279435133&adpicid=0&ln=1999&fr=%2C&fmq=1431600709900_R&ic=0&s=undefined&se=1&sme=0&tab=0&width=&height=&face=undefined&ist=&jit=&cg=&bdtype=0&objurl=http%3A%2F

%2Fwww.eztour.com.tw%2Fad%2Fsubject%2Fphoto%2Ftw_303.jpg&fromurl=ippr_z2C%24qAzdH3FAzdH3Fooo_z%26e3Bjzp576_z%26e3Bv54_z%26e3BpoAzdH3Fw1AzdH3Ff7k3jvpAzdH3Fpoan_z%26e3Brir

除了人力資源的替換，在產品上也有很大的改變。因爲個人衛生與方便的關係，如免洗筷、紙盤、紙杯等拋棄式的餐具，並無法馬上去除或更改使用環保的碗筷，因此研發出許多替代的材料。然而這些只能一次性使用的產品，會造成垃圾問題，進而改成可以回收的資源，或是更進一步以寶特瓶爲材料，製造絨布運動衫。

產品、人員的替代會隨著時代變遷而更改，而交易的場所也由過去的大賣場、菜市場、百貨公司，改爲以網購或郵購的方式替代。這些年因爲詐騙猖獗，人人爲了自保，習慣網路購物的人們開始轉爲利用便利商店、車站等地，作爲網路購物後交貨的地點。

「倒置」行銷實例

上下顚倒，可以讓我們重新去思考事情。角色的交換，也有助於我們對同一件事有不一樣的感受。在尚未有超市的時代，是無法想像人們推一臺購物車，自己拿商品去結帳的情況。對現代人而言，自己在店裡尋找商品已是再平常不過的事，找不到再詢問店員商品的陳列處即可，這就是將找商品的角色由店員改成顧客的結果。因此，日本的伊勢丹百貨公司或是唐吉訶德超市，都將陳列商品的空間稱爲「買場」，而非「賣場」，因爲並不是要將商品強迫推銷給顧客，而是「以買方爲主角」的意識進行銷售。

「組合」行銷實例

許多時候我們總感覺單一的商品總少了一點趣味，若能綜合兩種或兩種以上的商品時，就會令人感到相對有趣。就像品嚐單一口味的冰淇淋時，僅有單調口感，但如果有兩種的綜合口味或是加上其他的配料時，便能更吸引消費者的目光。一支冰淇淋兩種口味的享受，是另一種體驗。

所謂的「健康中心」，就是結合了溫泉設施、飲食設施、卡拉OK、遊戲等娛樂設施，讓消費者可以放鬆心情、舒緩壓力。又或者像是葡萄酒搭配高級火腿、輪胎與鋼圈、電腦與電腦桌等產品的組合。

圖9-2 品嚐單一口味的冰淇淋時，吃的是原香味。但如果有兩種的綜合口味或是加上其他的配料時，更能吸引消費者的目光。

圖片來源：http://image.baidu.com/i？ct=503316480&z=0&tn=baiduimagedetail&ipn=d&word=%E5%85%A8%E5%AE%B6%E9%9C%9C%E6%B7%87%E6%B7%8B&step_word=&pn=73&spn=0&di=154938044360&pi=&rn=1&is=0%2C0&istype=0&ie=utf-8&oe=utf-8&in=3282&cl=2&lm=-1&st=-1&cs

=3716288564%2C3512249947&os=1676803719%2C69557394&adpicid=0&ln=1916&fr=%2C&fmq=1431601404369_R&ic=0&s=undefined&se=1&sme=0&tab=0&width=&height=&face=undefined&ist=&jit=&cg=&bdtype=0&objurl=http%3A%2F%2Fsugar.easylife.tw%2Fpics%2F201404%2F0427%2FIMG_5279.jpg&fromurl=ippr_z2C%24qAzdH3FAzdH3Fsjtf76j_z%26e3Bjwfystuj_z%26e3BpoAzdH3Fjgp6y%3Frw2j%3Dn

除產品本身的物件進行組合之外，也可以將附加價值重新組合。例如：郵局裡的郵差除了送信外，同時兼任看顧獨居老人生活的服務，因為在每天送信的同時，可給予獨居老人關懷。若老人臨時有狀況時，郵差可以快速察覺，協助處理。在華人的世界裡，風水與裝潢有著密切關聯，在日本亦是如此，故有家日本芳香劑的廠商，為了增加芳香劑的價值，在行銷手法上加上風水的觀念。在室內芳香劑使用黃色包裝，並說明廚房擺放黃色芳香劑可以招財，進而使得該款芳香劑的銷售量暴增。

生活周遭有太多組合的例子，也愈來愈多人將不一樣的商品組合在一起。在辦公室看到的多功能事務機，就是將傳真機結合了掃描機、影印機、印表機的功能而誕生。隨時留心身邊的物品與事件，將其運用加以組合，或許能夠有意想不到的效果。

「相似」行銷實例

達爾文從英國經濟學者馬爾薩斯的「人口論」中得到靈感，而有了「進化論」。「相似」是指直接的參考或從不同的領域當中獲取靈感，藉由案例的學習可以更加了解實際狀況。

過去的歷史演進與現在是環環相扣，因此從中國的歷史、日本的戰國時代中，可獲得許多商場關係上的啓發，更可借用蘭徹斯特法則、克勞塞維茲的「戰爭論」等，經營策略與戰爭理論中得到許多相關與相似處。

物品、涵義、型態上的改變，也可藉由「相似」而來。像模仿電視購物臺的主持人，由他們的話術、重點提示等方式，來增進自己的提案技巧。行動電話的鈴聲從單音響鈴，轉變爲「下載鈴聲」，就是因爲注意到個人化需求，使鈴聲可以配合心情自行調整。此外，運用一些小技巧，就有不一樣的機會賺取利潤，例如：迴轉壽司店發現在店內播放的音樂若是旋律輕快時，客人進餐的速度無意識地也會跟著變快，進而使翻桌率提高而增加業績。

「其他用途」行銷實例

我們時常因習慣而抹煞了創意或思考，忽略了產品、價値、地理位置上的其他用途。Nike的運動鞋不單是鞋子，亦被認爲是運動鞋迷的收藏品，因此每一回Nike推出限量款運動鞋，總會在短時間內搶購一空。在農村有許多廢棄的小學，若將這些位在農村的小學改爲公共設施，如轉型爲觀光景點或是當地人的主要活動場所，就有希望找回過去的繁榮景象。口香糖吃多容易造成蛀牙，這是兒時就已經被告知的觀念，然而木糖醇口香糖突破了人們認爲口香糖會蛀牙的既有觀念，反而提出相反概念的口香糖，內含有益牙齒成分，而大受歡迎。

諸如此類的案例，不斷在生活周遭發生。在IT產業裡，有不少例子是將美國最尖端的資訊與技術，轉移到事業用途上。好比網路的發明，來自於將「軍用產業」的技術移轉到「民間

產業」後，賺取高額利潤，或者是跨國行銷。Soft Bank公司的孫正義社長在1979年，將日本過剩的入侵者遊戲機（Invader Game）拿到美國銷售，結果大受歡迎。

「放大」行銷實例

東西愈大、愈能夠吸引目光，因爲大家會對不一樣尺寸的東西感到好奇，因此我們在創新的過程，可以依循「放大」的模式來思考。試問可以將產品變大嗎？或者是將產品的內容物變多嗎？就像推出比現有的泡麵重量多出1.5倍的內容物，吸引許多年輕人的青睞，解決過去一碗泡麵吃不飽，兩碗泡麵又會太撐的窘境。

愈是厚、大的東西，手握起來感覺愈是滿足，因而許多商家在寄送商品目錄給消費者時，會不惜成本用大尺寸信封裝廣告函。如此一來，當消費者收到此信封時，便會因爲好奇裡面裝些什麼東西，需要用到如此大的信封袋，進而拆開來看，提高了拆信率。在時代的快速變遷下，不少廠商改使用網路或手機簡訊發送廣告給目標對象，創造資訊的即時性，讓消費者可以更快速收到消息。

統一超商（7-11），在日本爲了讓上班族可以更快速且方便購買物品，因此營業時間從早上七點到晚上十一點。引進臺灣之後，爲結合當地的生活作息模式與服務更多的消費者，開始思考如果延長營業時間是否會增加效益？進而便利商店從原本的營業時間改成24小時，事實證明當營業時間加長之後，便利商店的效益增加了，更擴大了消費族群。

圖9-3　7-11原本營業時間從早上七點到晚上十一點，思考如果延長營業時間是否會增加效益，進而將營業時間改成24小時。

圖片來源：http://image.baidu.com/i？ct=503316480&z=0&tn=baid
uimagedetail&ipn=d&word=7-11&step_word=&pn=2&
spn=0&di=142943569010&pi=&rn=1&is=0%2C0&isty
pe=0&ie=utf-8&oe=utf-8&in=14666&cl=2&lm=-1&st=
undefined&cs=2445836342%2C2399476065&os=3177-
175700%2C3397818938&adpicid=0&ln=1000&fr=%2C&f
mq=1431601622970_R&ic=undefined&s=undefined&se=1
&sme=0&tab=0&width=&height=&face=undefined&ist=&
jit=&cg=&bdtype=0&objurl=http%3A%2F%2Fs6.sinaimg.
cn%2Fbmiddle%2F001w5h6Czy6J4zP5uqV25%26690&fro
murl=ippr_z2C%24qAzdH3FAzdH3Fks52_z%26e3Bftgw_
z%26e3Bv54_z%26e3BvgAzdH3FfAzdH3Fks52_
cd119clma8adjoeb_z%26e3Bip4s

除了便利商店運用時間延長的做法外，證券公司也運用此做法延長網路上的交易使用時間，同樣帶來可觀的業績收益。現代人非常重視附加價值，對於附加價值愈高的產品，愈能吸引消費者爭相購買，科技、電器用品、汽車是最常見的案例。每一次新產品的推出，都比現有產品更高階，更貼近我們的日常生活。

好比拍賣會上，商品價格因多人競標而跟著水漲船高，進而形成話題、增加買氣。因此，不管是將物品放大、時間延長、增加附加價值，這些方法都屬於放大的行銷實例。

「縮小」行銷實例

除了將商品的功能放大外，也可以換個角度將商品縮小。其中最經典的例子爲SONY的隨身聽，因爲體積縮小，在戶外也可以隨時隨地享受聽音樂的樂趣。

圖9-4 SONY的隨身聽——因為縮小了隨身聽的體積，在戶外也可以隨時隨地享受聽音樂的樂趣。

圖片來源：http://image.baidu.com/i？ct=503316480&z=0&tn=baiduimagedetail&ipn=d&word=sony%20%E9%9A%8F%E8%BA%AB%E5%90%AC&step_word=&pn=57&spn=0&di=135678091450&pi=&rn=1&is=0%2C0&istype=0&ie=utf-8&oe=utf-8&in=20204&cl=2&lm=-1&st=-1&cs=3376923263%2C110694907&os=501690367%2C3576464866&adpicid=0&ln=1981&fr=%2C&fmq=1431601891430_R&ic=0&s=undefined&se=1&sme=0&tab=0&width=&height=&face=undefined&ist=&jit=&cg=&bdtype=0&objurl=http%3A%2F%2Fwww.carnews.com%2FFiles%2FNews%2FCar1%2F201208%2F29468%2F1346317491_550.jpg&fromurl=ippr_z2C%24qAzdH3FAzdH3Fooo_z%26e3Bvw6gjof_z%26e3Bv54AzdH3Fw6ptvsj_z%26e3Brir%3Ft1%3Ddl9mb

電子化的社會，連書本都可以電子書的方式呈現。帶電子書出門，不必像過去手上抱著一本又一本厚重的書，只要戴上閱讀器便可走到哪、看到哪。不只讀者感到便利，出版商更可運用此電子書，將更多的書籍介紹給讀者。此外，出版社提供書籍擷取的重點，再以電子郵件寄給讀者，如此一來，便大幅縮短讀者的閱讀時間，讓讀者可以閱讀更多的書籍，以提高更多的訂購率。

在時間及服務方面，也可以進而縮減。例如：對於緊張且時間緊迫的上班族而言，希望能夠縮短等餐時間，快速地食用午餐，進而增加午休時間或擁有更多的自由時間，因此站著吃拉麵、燒烤或是速食的漢堡店等油然而生。

不管在東方還是西方國家，在節慶時節相贈禮物是日常生活中不可缺少的習俗。在挑選一份禮物時需要用到許多的心思、心力，最重要的是，還要將禮物精心包裝，如此既花時間又耗腦力的事情曾困擾不少的消費者，所以有不少的店家順勢推出幫忙禮物包裝的服務，此時商家通常會酌收此項服務費用，對顧客而言，卻多了一筆負擔。為了節省彼此的成本，「百元商店」改用報紙替代包裝紙，因而降低服務的成本，再一次讓「便宜」成為了顧客購買的最佳說服力。

藉由了解消費者的需求，創造出有形與無形上的「縮小」概念，給消費者一個新的感受。在交通發達且講求快速的時代，對於搭乘短程飛行航線的消費者而言，僅僅只是做了地理位置上的移動，不少的旅客在飛行的途中，只是想養精蓄銳或是做自己的事情，對於航空公司所提供的餐點或是其他服務並不需要，美國西南航空、中國春秋航空、德國之翼等廉價航空看準此一消費者的需求，因此取消機上送咖啡、餐點、行李寄

放等服務，吸引只追求快速移動且低票價需求的旅客。

奧斯朋創意技法　電影　《大小人國遊記》

劇情內容

17世紀的英國是一個稱霸世界的國家，他們有許多的先進設備，並且在地球上擁有不少的殖民地，更被賦予海上馬車伕的稱號。此時格列佛醫生，因爲過於熱心助人而無錢娶未婚妻，爲了想要讓未來的妻子過更好的生活，他毅然決然地踏上航海的旅程。

航行途中的某天，船員發現格列佛醫生的未婚妻尾隨跟上了船，爲此他們在甲板上大吵，再加上暴風雨的襲擊讓船加倍搖晃，一個不小心格列佛跌入海中，而開始了他在大、小人國的旅程。

跌入波濤洶湧海水中的格列佛，當他醒來時已經在小人國的岸邊，此時小人國視他爲敵人派來的奸細，正準備趕盡殺絕，爲了保命，格列佛向小人國的國王效忠，且自告奮勇的參戰，也正因爲高大是他的優勢，可以輕易看透敵方的戰略，因此輕鬆地協助這一場戰爭獲得勝利。勝利後的格列佛認爲，整場戰役中最有功勞的是自己，因而夜郎自大開始對國王的所作所爲有意見，最後因爲諫言過多惹惱國王，還不小心將皇后的衣服弄髒而被通緝。

帶著傷心與憤怒情緒的格列佛離開了小人國，繼續隨波逐流。這一次他漂流到了大人國，在大人國裡尋找到當年在船上因爲賭氣，而跟自己分開的未婚妻，並喜出望外。在大人國的日子裡，格列佛因善用了自己的醫學知識與棋藝因而得寵，也

同時遭來忌妒，進而被看待成巫師再度被通緝，最後在小女孩格蘭達的幫助下才得以順利離開，回到自己原本所屬的世界。

電影內容與奧斯朋創意技法的融合

縮小技法

落海的格列佛在岸邊向小人國的人求救時，誤被當成是敵方派來的奸細，格列佛爲了保命，表示自己會效忠小人國的國王，並幫助他們興建國家。小人國正如其名，在這裡的人個子嬌小、動物也嬌小。所有的東西對格列佛而言，每一個都是迷你的、一碰就會碎的易碎物品。而格列佛對小人國來說巨大無比，格列佛一頓餐的食量，是小人國人的1,800倍，因此一串烤肉根本不夠塞他的牙縫、一杯紅酒解不了渴，他來到小人國的第一天，就吃掉了小人國許多的糧食，讓有心人士感到非常厭惡，想設法讓國王將他處死。但高個子的格列佛雖然吃掉了小人國的食物，卻替小人國栽種糧食、捕魚，讓百姓過更好的日子，國王勢必會將其留下好好利用。

格列佛在小人國的日子過得怡然自得，直到有一天，國王要格列佛參與戰爭，將對面小島上的小國占領，甚至滅族，但身爲醫生的格列佛認爲這樣是不人道的，但君命不可違，於是在戰爭開打的這一天，走到敵人的軍艦儲藏位置偷走所有的軍艦，讓敵人無法對小人國進行攻打，此後小人國國泰民安。立下大功的格列佛，自認爲比國王還要厲害，因諫言過多惹惱國王與不少朝中大臣，但礙於皇后與百姓對他的愛戴，無法將其驅逐出境。某天夜裡，皇后因爲陶醉在歌聲中，沒有注意到身旁的火焰而導致衣服著火，格列佛好心救助但方法不對，因此被皇后視爲無理因而憎恨，國王便逮到機會將格列佛判刑，

然而猶如大巨人的格列佛健步如飛，快速跳上先前準備離開的船，划船離開。

放大技法

經過一段時日後，格列佛發現自己漂流到另一個沙灘，沙灘上有兩個娃娃但跟自己差不多大，因而誤將他們視爲成人。此時大女孩格蘭達出現並將他帶回宮裡，格列佛這一次來到的是大人國，發現自己像娃娃般的嬌小，因此爲了活命，他再一次的向大人國的國王表示效忠。大人國的國王對格蘭達撿回的格列佛非常有興趣，因此給格蘭達賞賜，也帶格列佛去皇宮中的另一個小宮殿，宮殿裡住了一位跟自己差不多體型的女孩，仔細一看，竟然是自己的未婚妻伊莉莎白，格列佛高興至極，並感謝國王與皇后讓他們可以一起留在大人國。

在大人國的生活無憂無慮，熱心的格列佛爲大家的身體狀況給予建議並醫治，還救治了皇后的胃痛，讓許多人對格列佛的醫學知識敬佩不已，但也因此惹禍上身。國王及身旁的親信早已視格列佛爲眼中釘，就在格列佛與國王對奕西洋棋獲勝後，將他的頭髮染紅因而被視爲巫師，而巫師是要被處以死刑的，因此便讓格列佛與鱷魚搏鬥，沒想到機智的格列佛獲得勝利，國王的珍寶鱷魚在過程中死亡，國王勃然大怒要侍衛們將格列佛及他的未婚妻活捉，但是格蘭達在這一段過程中相救，並協助他們逃離大人國。

小　結

藉由奧斯朋創意技法可以發現，「放大」與「縮小」可以改變我們的生活、想法與態度。「巨人、小人他們隨時與我們在一起，他們藏在我們的心中，可怕的世界等著我們犯錯，以

奪取我們的生命。」這是格列佛在劇末的領悟。劇中他因爲跌入海洋，隨著洋流來到小人國與大人國，在兩國的一開始因爲要保全自己，因此將尊重擺在第一，之後了解詳情又在立下戰功後，逐漸變得自滿驕傲，最後都因爲觸怒底線的地雷，而成爲過街人人喊打的老鼠，讓自己惹來殺身之禍。小人國的人，代表短淺的見識與狹隘的心胸；大人國則代表因自大，而無法接受別人比自己好的事實。經由這一段旅程，讓我們了解到「大與小」無時無刻影響著我們的思維。

奧斯朋創意技法　案例1　產品行銷——新型原子筆

原子筆的發明源於1930年代，一位匈牙利的記者發現印刷油墨不易沾染稿紙且速乾，但是充填墨汁是一件麻煩事，因此他用一顆滾動的小球作爲原子筆的筆尖，這樣就可以輕鬆的在手帕、木材、紙張的表面上書寫。早期的原子筆，就只是一支原子筆，有紅色、黑色、藍色……顏色上的區別。然而在經過「代倒組似他大小法」後，如今市面上有許多富含不同功能的原子筆。

代倒組似他大小法

1. **代**：採形狀記憶合金，變成形狀可自由變化的原子筆。
2. **倒**：傳統原子筆書寫的字擦不掉，由此轉換爲可以擦掉的擦擦筆。
3. **組**：(1)從附加橡皮擦的鉛筆，聯想到附加橡皮擦的原子筆，或附加錄音的「錄音原子筆」。(2)將原子筆與筆型手電筒結合，發展出在陰暗場所也能寫字的「燈光原子筆」。
4. **似**：改造成投影機的紅外線光筆，做成附LED燈的原子筆。

5. **他**：改變墨水的香味，發展出香水原子筆。
6. **大**：把筆桿變粗，發展出不易疲累的好寫原子筆。
7. **小**：把筆桿變薄壓平，變成可兼作書籤的原子筆。

顛覆過去的傳統，發展出擦擦筆、錄音筆、雷射筆、香水筆、果凍筆、扁平筆等多樣化造型或是個性化的原子筆。原子筆寫出來的字，無法像鉛筆一樣寫了又擦、擦了又寫、一再的修改，只能夠書寫一次。在市面上出產了擦擦筆之後，重新洗牌了一次原子筆的市場。錄音筆與雷射筆則是現代人在進行簡報，如開會、報告、演講中時常會用到的文具，臺上的演講者運用雷射筆指出重點所在，臺下觀眾則以錄音筆記錄，以預防資料的遺失，以及可以做後續的補齊。

圖9-5　錄音筆是現代人在進行簡報，如開會、報告、演講中時常會用到的文具。

圖片來源：http://image.baidu.com/i？ct=503316480&z=0&tn=baiduimagedetail&ipn=d&word=%E5%BD%95%E9%9F%B3%E7%AC%94&step_word=&pn=0&spn=0&di=32090639790&pi=&rn=1&is=0%2C0&istype=0&ie=utf-8&oe=utf-8&in=10083&cl=2&lm=-1&st=-1&cs=3033347420%2C3878115968&os=256643106

%2C1306861841&adpicid=0&ln=1000&fr=%2C&fmq=1430573021388_R&ic=0&s=undefined&se=1&sme=0&tab=0&width=&height=&face=undefined&ist=&jit=&cg=&bdtype=0&objurl=http%3A%2F%2Fpic.baike.soso.com%2Fp%2F20130701%2F20130701140951-13022722.jpg&fromurl=ippr_z2C%24qAzdH3FAzdH3Fkwthj_z%26e3Bf5f5_z%26e3Bv54AzdH3Finl9amm_z%26e3Bip4%3Ffr%3Dsma0dc8bb

果凍筆是根據人體工學而改良的，將過去纖細的筆桿改由較寬、較粗的筆桿替代，並在握筆的地方加上一層厚的橡膠，讓握筆寫字的人可以感受到握筆的扎實感。扁平筆則跟果凍筆相反，是將圓、細的筆桿壓扁，大多數此種筆用在考試畫卡時，因爲這樣的筆芯寬度剛好符合畫答案卡的寬度。香水筆則是當書寫時，可以聞到類似香水的味道，目前以茉莉花香、水蜜桃香、藍莓香最爲人所知。

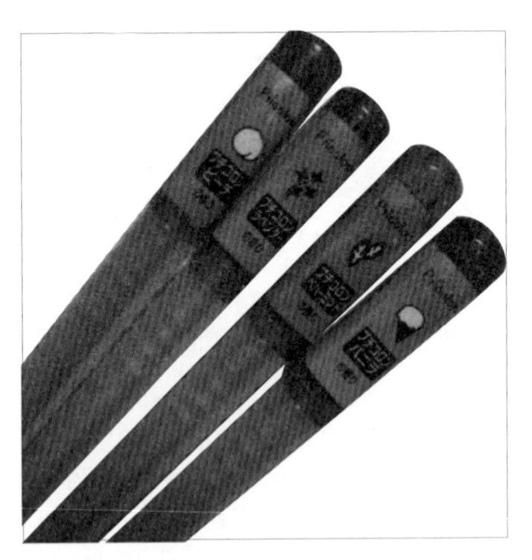

圖9-6　香水筆增添寫字時的趣味。

圖片來源：http://www.styletc.com/archives/29339

案例2　服務行銷——如何解決分身乏術

筆者先前已答應某晚一場在彰化的「創意思考」演講，但臨時需赴北參加會議，勢必趕不回來演講，急如熱鍋螞蟻，於是運用代倒組似他大小法，將兩邊的事情做取捨和做法上的調整作爲因應。

代倒組似他大小法

1. **代**：請在學校任教的太太，先進行客串一小段。
2. **倒**：活動流程原先安排的順序爲會餐—演講—交誼，因爲時間關係，把交誼放在演講之前。
3. **組**：不參加公司會餐，一邊開車、一邊吃麵包充飢。
4. **似**：晚餐不參與會餐，改在車內用餐。
5. **他**：準備幾則相關笑話，請太太在客串之空檔演出。
6. **大**：拿出當年的手機「黑金鋼」大哥大，隨時掌控全局。
7. **小**：情商主辦單位先讓自己於半小時前離席，避開塞車尖峰時段。

在演講會場中運用代替法，請在學校任教的太太先行客串一小段，並請演講的主辦單位將原先的活動流程由會餐、演講、交誼的順序，改爲交誼、演講、會餐的倒置方法，將演講的前置作業安排好後，緊接著進行筆者公司會議的安排。

會議結束後，公司另有安排會餐，但如果參加會餐勢必無法在整個演講的時間內趕回，因此運用相似和組合法，不參加會餐，一邊開車、一邊吃麵包充飢，暫時將晚餐於車內解決，一路由北部奔回中部。

當天的演講會場中，再請太太於演講前的空檔準備幾則相關的笑話，作爲其他的備案，因爲時間不可被白白浪費，且聆聽者還可以有額外收穫，一舉兩得。此外，再運用縮小的想法，與北部的會議主辦單位，情商提前半小時離席以避開塞車的尖峰時段，並且拿出「黑金剛」大哥大，與會場保持聯繫隨時掌控全局。運用代倒組似他大小法，不僅用於產品上的創新，在服務上使用雖然無法面面俱到，但也兩者兼顧、不失信於其中一方，讓兩邊都畫下完美句點。

奧斯朋創意技法　案例3　服務行銷——如何減少臨櫃客戶等候時間

動　機

當客戶來到銀行辦理相關事務時，最令人感到厭煩的是臨櫃的等候，等候的時間過久易造成客戶心浮氣躁，如此一來，銀行將會面臨客戶的流失。因此，銀行應採取因應對策，採用代倒組似他大小法的方式進行思考，讓臨櫃的客戶減少等候的時間。

代倒組似他大小法

1. **代**：設置自動化櫃檯，代替人工櫃檯的作業模式。
2. **倒**：可於網路或手機APP進行系統的登錄，臨櫃時僅需要繳交相關物件。
3. **組**：讓服務諮詢櫃檯可以隨時與櫃位組合，提升操作效率。
4. **似**：提供網路銀行、電話語音、手機APP等相關服務。
5. **他**：提供其他相關服務，如設置茶水、供應雜誌，以及理財

諮詢的協助。

6. 大：增加營業據點或是增開櫃位，並加派人力協助。

7. 小：將手續簡化，以減少每一位客戶的辦理時間。

到銀行辦理事務，最擔心的便是臨櫃等候的時間過久。客戶進入銀行時，首先便是抽取號碼牌，之後是等候櫃檯人員協助辦理相關手續。銀行了解，若是每一回都讓客戶久候，久而久之客戶便會流失，當務之急必須解決此一棘手問題。運用代倒組似他大小法的方式，可以設置替代人工櫃檯的自動化櫃檯，讓客戶進行自動化的操作。或者將順序稍微修改，以往是到了櫃檯才抽取號碼牌，再利用等候時間進行單據的填寫，最後再到櫃檯辦理；若改以APP系統登錄，先完成相關手續，到銀行時再進行相關物件的繳交，如此一來就算有排隊的人，也可以大幅減少相關手續的辦理時間。服務櫃檯隨時詢問臨櫃的客戶，是否有需要協助的地方，讓客戶在櫃檯辦理的時間縮短，或者提供網路銀行、語音電話、手機APP等相關服務，讓客戶不用到銀行，便能夠完成相關的手續。銀行的大廳設置茶水、報章雜誌櫃，以及理財諮詢的協助，讓客戶在等候的時間不再枯燥無味。另外，增加營業據點、增設多個櫃位與手續的簡化，也都有助於縮減客戶的等候時間。

Note

單元十

發揮類比技法聯想力，親身體驗《博物館驚魂夜》

英國學者培根曾說：「類比聯想支配發明。」點出類比技法對於創意思考的重要性，也代表了人類生活中少不了類比的聯想思考。

何謂類比技法

所謂類比技法是將陌生的物件與熟悉的物件或是未知的事物與已知的事物進行比較，並從中獲得啓發而解決問題的方法，過程中會大量的發揮想像力，而這樣解決問題的辦法之技巧，就稱爲類比技法，此種方法包含因果類比、仿生類比、直接類比和圖像類比。類比技法的運用不設限，每一個領域中都有類比技法，電影《博物館驚魂夜》用有趣的類比技法，記錄博物館裡的精采夜晚。

德國的裝備製造業領先全球，是最具競爭力的產業部門。順應時代的改革與發展，德國聯邦政府於2012年時提出「工業4.0」，「工業4.0」將大幅改變傳統生產製造價值創造鏈、商業模式、服務與現有分工形式。自17世紀工業革命時創下的佳績，稱爲「工業1.0」，爲機械取代手工的機械化過程；「工業2.0」爲電力技術提升，讓生產線推動大量生產；「工業3.0」爲訊息技術的發展，促成IT產業自動化；智慧化生產被視爲引發全球第四次工業革命「工業4.0」的契機。

因雲端、物聯網、大數據管理、智慧化設備，而改革的「工業4.0」，爲未來的工業趨勢，意旨從需求出發、智慧製造。繼德國「工業4.0」，臺灣將其類比運用至農業，祭出「農業4.0」，將農產品加以利用，增加其附加價值，進而獲利能力提升，耳熟能詳的莫過於大村葡萄與火龍果。顆粒飽滿的大村葡萄，富含維生素A、維生素C、礦物質、纖維素，能

夠養顏美容、青春永駐，更是滋養強身的補品。大村葡萄栽種出巨峰、金香、蜜紅等葡萄品種，早已推出葡萄禮盒，且進一步將葡萄加工為葡萄酒，更搭上網路銷售平臺的趨勢，在網路銷售平臺上進行行銷。

除了葡萄禮盒，近來火龍果禮盒也是榜上有名，艷麗的火龍果，營養價值很高，不僅含有鈣、磷、鐵等礦物質，還有植物少有的植物性蛋白質，而且花青素含量高，這種多酚類化合物可以抗氧化、清除自由基，讓人保持年輕健康。由火龍果所製成的火龍果酥與鳳梨酥，並列為臺灣的著名點心之一。而火龍果冰淇淋更是臺灣特有的冰淇淋口味，創造出冰品的差異化。火龍果和其他水果最與眾不同的地方，在於火龍果恰似曇花，只在夜間開花，開出另一境界。

大村葡萄		
農業1.0	一級生產	農作物——葡萄
農業2.0	二級加工	釀製成葡萄酒
農業3.0	三級通路	市面上直接銷售、禮盒包裝、搭建網路平臺銷售
農業4.0	四級服務	葡萄酒品酒會
火龍果		
農業1.0	一級生產	農作物——火龍果
農業2.0	二級加工	製成火龍果酥、火龍果冰淇淋
農業3.0	三級通路	市面上直接銷售、禮盒包裝
農業4.0	四級服務	摘取火龍果體驗、欣賞火龍果夜間開花

因果類比

因果類比是將兩個具有直接關係者做聯想，例如：在中東國家，糖尿病是國病，原因有二：一爲飲食、二爲治療。在當地由於缺少水與蔬菜、水果，唯有椰子水與甜棗，因此平時他們飲椰子水解渴、以甜棗代替其他水果。此外，甜棗更是齋戒月的白天，用來補充身體能量的食物，因此大多數的人對於甜棗愛不釋手。然而椰子水與甜棗二者皆屬於高糖分食物，容易使人罹患糖尿病。而治療糖尿病的胰島素主要成分源自於豬，然而伊斯蘭教國家的信仰，是不接觸任何與豬相關的東西，故在治療方面，只得依賴其他方式治療，但其效果大打折扣。

法國人對於咖啡與紅酒的熱衷程度不容小覷。在法國的咖啡比水、果汁或飲料都便宜，兩杯咖啡或許才等於一杯果汁的價格，與在美國的果汁、汽水、飲料喝到飽的狀況大相逕庭。因此走在法國街道上，眼見的都是身材姣好的人群。此外，每天一杯紅酒，就和每天都要吃飯、睡覺一樣重要，故在法國的心臟病患者相對而言較其他國家少。日本人喜歡吃納豆、海帶和海鮮，因此他們特別長壽；臺灣人喜歡吃檳榔，導致得到口腔癌的人數較多；德國人對於啤酒無法自拔，導致中年胖子多。諸如此類，都是來自於對該國家人民與生活習性，做最直接聯想的結果。

藉由飲食習慣探討國家的因果類比		
國家與人	原因	結果
中東人	1.椰子水與甜棗的高糖分 2.無法以胰島素治療	糖尿病是國病
義大利人	每樣食物內都加入番茄醬	男性攝護腺肥大偏低
法國人	好紅酒	心臟病患者少
德國人	好飲啤酒	中年過後胖子多
俄羅斯人	男性於冬天時，好飲伏特加酒	男性平均死亡年齡較女性小8歲（一般男性平均死亡年齡較女性小4歲）
日本人	喜歡吃海帶、納豆、海鮮	平均年齡較其他國家長
臺灣人	好嚼檳榔	口腔癌比例世界第一
印度人	三餐咖哩飯	阿茲海默症甚少

仿生類比

仿生類比是生活中最常使用的類比方法，此方法告訴我們不僅在教室裡授課的才叫老師，在大自然中也有許多值得我們學習的環境老師。古代諺語：「田螺含水好過冬」，是人類的祖先在大自然中找到的生存之道。以植物爲師，向植物學習寒冬過後，春天來臨時如何冒出枝椏生長；又或者以動物爲師，向動物學習讓自己冬眠，好迎接新的一年的到來，學以致用讓企業走過低潮再創高峰。

以植物爲師

通常我們說地平線上面是地上世界，地平線下面是地下世界。地上世界有多高，地下世界就有多深。然而在「加州紅衫」卻非常不同，加州紅杉是目前世界上最高大的植物，相當於30幾層樓的高度。依照一般狀況來看，加州紅衫應該有深的根部，但實質不然，加州紅衫屬於淺根型的植物，之所以能夠在大風大雨中仍舊屹立不搖，是因為在地底下，它們的地根緊密相連，形成一片根網，遇到大難時彼此相互牽引著，共同度過難關。不必扎太深的地根，而將扎根的能量用來大量生長，好比一個人或企業要廣交朋友、廣結善緣，與人之間緊密相連、互動、互通，不僅能夠增長知識、增加機會，更能夠在遇到困難時相互協助。

以動物為師

除了上述以植物為師的例子外，動物也可以是我們的老師。華碩集團董事長施崇棠曾說：「企業都向大自然的動物，學習生存法則」。

青蛙法則

動物的生存法則、精神與效應是企業最佳的借鏡，我們最熟悉的莫過於溫水煮青蛙的「青蛙法則」。這一項法則來自於19世紀末，美國康奈爾大學曾進行過一次青蛙試驗。他們將一隻青蛙放在煮沸的大鍋裡，青蛙觸電般地立即竄了出去，並安然落地。後來，又將青蛙放在一個裝滿涼水的大鍋裡，任其自由游動，再用小火慢慢加熱，青蛙雖然可以感覺外界溫度的變化，卻因惰性而沒有立即往外跳，等到感覺熱度難忍時，已經來不及了。從法則中可了解到「生於憂患、死於安樂」的道理。而對一個企業而言，最可怕的是緩慢漸進的危險降臨，而不是突然的危機降臨。

野鴨精神

除了青蛙法則，野鴨精神、犬獒效應、雁陣效應、羊群效應等都有其道理。「野鴨精神」中，讓企業了解到接納不同思維的重要性。翱翔天際的野鴨或許能被人馴服，然而一旦被馴服，就失去了牠的野性，再也無法海闊天空的自由飛翔。對於

企業而言，好的決策應以相互衝突的意見爲基礎，而不是從眾人口徑一致的意見中得出，同時這也是創新的本源。

犬獒效應

藏獒是生活在青藏高原的牧羊犬，在空氣稀薄、氣候寒冷的自然環境下，藏獒必須要能承受惡劣的氣候條件，以及具備耐飢、抗瘟病的生存能力。因此當幼犬長出牙齒並能撕咬時，主人就把牠們放在一個沒有食物和水的封閉環境中，讓這些幼犬互相撕咬，最後剩下一隻存活的犬，這隻犬就稱爲獒。「犬獒效應」意味著要有競爭才有高效率，競爭是造就強者的手段，沒有競爭就如同死水一灘。許多企業都在內部營造競爭機制，以保證員工與團隊隨時保持高昂的鬥志。

雁陣效應

除了鬥智鬥勇，團隊合作是企業快速發展的主要原因。雁群一般都是排列成「人」字形，並定時交換左右位置，「人」字形飛行陣勢，是飛得最快、最省力的方式。在飛行中，後面一隻雁的羽翼，能夠藉助於前一隻雁的羽翼所產生的空氣動力，使飛行省力。這樣的飛行方式，要比具有同樣能量而單獨飛行的雁，多飛70%的路程。「雁陣效應」目標爲強化團隊意識，要大家一起飛行，以確保團隊的目標與組員的目標平衡一致，發揮團隊目標對組員應有的吸引力，使組員體認到只要不落單就有希望。

羊群效應

此外，企業應當要能清晰判斷、避免盲從。「羊群效應」是比喻人都有一種從眾心理，因爲羊群是很散亂的組織，然而一旦有一隻領頭羊動起來，其他的羊也不假思索的一哄而上。然而「羊群效應」並非一無是處，在資訊不對稱及預期不確定的條件下，別人的做法確實可降低風險，因此也可以產生示範學習和聚集協同的作用，這對弱勢群體的保護與成長是很有幫助的。

直接類比

所謂直接類比是從找尋類似的事物、狀況、形狀、機能中，做最直接的連接。好比無殼蝸牛意指沒有房子（住宅）的人，這當中蝸牛和住宅便是直接類比。其他，如狗和誠實的人、冷飯和冷淡的待遇、燈泡和靈感等，都是我們看到或聽到時馬上聯想到的事情，更是生活中的代名詞。鴿子代表和平、工蜂代表上班族（英語俗諺Busy like bees）、歲月與流水、女神與火把（美國自由女神，一手握火把、一手握有人權宣言），諸如此類，都是想法與形象互通的東西。

圖像類比

顧名思義，在圖像類比中，圖片占有很大成分，此方法是要藉由圖片，進行想像或做解釋。APP軟體LINE是目前當紅的聊天程式，LINE之所以在臺灣紅透半邊天，有很大一部分原因來自於其生動又有趣的貼圖，這些貼圖將許多人的心聲表達得栩栩如生，不管是生氣的、憂鬱的或是興奮的，用文字無法闡述的感覺，都可藉由貼圖來表達，讓聊天的過程可以增加樂趣。

幼兒在學習階段所使用的書籍，都是富含豐富的圖片。同理可證，當我們進行簡報時，這便是派上用場的好方法。文字的敘述雖然重要，但不免讓臺下的觀眾覺得煩躁或想睡覺。因此，若改用圖片呈現時，更容易與臺下觀眾拉近距離，清楚知

道重點之所在。

發展類比法的要訣

使用隱喻法

用隱喻的方式呈現新創意。從「如果」開頭，進行問句的設想，例如： TiVo數位錄放影機，正是因爲「如果看電視就像閱讀雜誌，那會是什麼模樣？」這一句「如果……」帶來數位的全新體驗，讓觀眾像是在翻閱傳統雜誌一樣——「愛看就存，想看就播」。

強迫新聯繫的產生

聯想不同領域的事物，進行新的組合，有非常大的機率會激發出意想不到的新點子。例如：廚房小幫手（Kitchen Aid）公司，將微波爐的小型體積與洗碗機的洗碗作用結合，創造出微波爐大小的洗碗機，這兩個看似無關的組合，打破以往洗碗機必須占據非常大空間的印象。此外，微波爐大小的洗碗機不僅省水，比原先的大型洗碗機運作的更有效率。

打造專屬的創意箱

每一國家、每一鄉鎮，甚至每一條古老的街道，都有其獨特的魅力。當地的二手或跳蚤市場，更是當地文化的人文薈萃，從中蒐集當地奇特、有趣的物品，放入打造的創意箱中。每回遇到瓶頸時，將這一些蒐集而來的物品，拿出來擦一擦、看一看、想一想，可以有助於靈感的激發，進而創造出意想不到的新點子。例如：創意設計IDEO公司，有個放置數百個高

科技小玩意或益智遊戲的「科技箱」（Tech Box），是每一回新想法的創意來源。

角色扮演

站在他人的位置思考，除了是做人的道理，同時也是公司在面對挑戰時運用的方法。此方法將自己類比爲其他公司該項職務的負責人，如蘋果公司（Apple）或維京集團（Virgin）等以創意著名的公司成員，當負責的任務出現困難時應如何解決，而此問題發生在團隊上時，該如何借鏡解決辦法，將問題迎刃而解。美國共和黨總統參選人川普，曾運用多個實際案例拍攝成影集「誰是接班人？」（The Apprentice），讓各界菁英去挑戰，經過重重不斷的考驗，進而挑選出企業的CEO。

類比技法　電影　《博物館驚魂夜》

劇情內容

錢多事少離家近，是許多人的理想工作，此部電影的主角賴瑞也不例外。待業中的他，找到博物館警衛守夜的工作，原以爲可以每天輕輕鬆鬆地上班、悠悠哉哉地等待下班，因爲博物館自下午四點三十分左右開始清場關門後，館內就剩下他一人在博物館裡與雕像獨處。這一份看似簡單的工作，其實暗藏許多玄機，當夜晚來臨時，博物館內的展覽品都像被賦予眞實的生命一般復活過來。因此，當賴瑞與博物館的管理者道別，正要展開輕鬆的看管任務，回過頭他便感覺不妙，博物館的大廳好像少了什麼東西，仔細一想，才驚覺是大廳中的恐龍雕像不見了，接二連三的，他發現博物館裡的雕像、動物居然會

動、會說話，還有一隻調皮的猴子偷走他的鑰匙，整個博物館進入了一個根本不受他控制的世界，該如何化解這一場惡夢般的守夜工作，並且讓隔天一早的博物館恢復正常，都正考驗著他！

首部《博物館驚魂夜》（*Night at the Museum Collection*）在美國紐約大都會博物館告一個段落，第二部的背景來到華盛頓史密森尼博物館。主因是紐約大都會博物館即將改建爲3D的展覽館，因此要將紐約大都會博物館的鎮館之寶以及相關的典藏，全都運送至華盛頓史密森尼博物館封存。看著展示品的離開，賴瑞心中超級不捨但無奈，又沒有方法將他們留下。這一天晚上，賴瑞接到來自博物館的老朋友的電話，敘說華盛頓史密森尼博物館需要他的幫忙，因爲有人將埃及的復活黃金刻板帶到此地，而導致整個博物館驚魂未定。面對全世界最大的博物館，可想而知，博物館內館藏一定非常豐富，這一次又會碰到什麼樣的麻煩或遇到哪些令人哭笑不得的場景，再一次考驗著賴瑞。

在華盛頓史密森尼博物館畫下句點之後，第三部的《博物館驚魂夜》，爲了尋找刻板生鏽的原因和解決方法，而來到英國大英博物館，跨越大西洋的博物館，是否相同？大英博物館內陳列的場景與展品讓人眼睛爲之一亮，但是急著了解爲何刻板會生鏽的他們，並沒有心情多留下腳步參觀。刻板首次來到大英博物館，也因此所有的展示品是第一次在夜裡復活，而產生許多危險的緊張氣氛，有被三角龍追殺、與蛇搏鬥、法老不肯說出如何解救刻板的祕密等，一切都讓賴瑞急得跳腳，不想失去這一群朋友的他，最後是否能夠順利解決這一次的危機，繼續擔任博物館的警衛工作？

電影內容與類比技法的融合

電影《博物館驚魂夜》運用逗趣的手法，顛覆一般人對於博物館嚴肅的印象，「當太陽下山以後，刻板開始發光，一切就會復活！」是整齣戲的主軸。一般而言都說鬼魅叢生，鬼在白天是靜態不動、無聲無息的，到了夜晚則變成動態有靈魂的人物。例如：傳說吸血鬼總是在夜裡活動，避開白天，因為當吸血鬼被太陽照射到時，便會幻化成灰。正如電影中在博物館裡的標本，白天是靜止不動的，到了夜裡則開始活蹦亂跳，倘若離開博物館，來不及避開隔天的日出，將會化為灰燼，是類比技法的最佳運用。

電影《博物館驚魂夜》裡的類比技法運用

		白天	晚上
已知	鬼	靜態	動態
未知	標本	靜態	動態

第一部

電影中男主角賴瑞到博物館面試時遭到冷嘲熱諷，但這是自己贏回兒子監護權的機會，因此他不打算放棄；再說博物館夜裡的看守工作，並不需要太多的技巧與體力，輕鬆上班、等待下班，又有薪水可以領取，何樂而不為？因此，他接下這一個夜裡看管博物館的任務，並在管理員的引導下對於博物館的陳列有了初步的認識。博物館裡的標本，不管是羅馬史上的戰爭或是蒙古人的西征，甚至是非洲動物區裡的動物，各個都非

常逼眞。在白天，這些展示品靜靜的固定在位置上不會變動，甚至令人難以想像夜晚時的狀況，會多麼與眾不同。

管理員帶領賴瑞繞過一圈後，告訴他幾個特別注意事項，其中令他最困惑的是「不要讓任何東西進來或出去博物館」，這一句話讓賴瑞百思不得其解，博物館裡的展示品不是應該靜止不動？怎麼又會有東西出去的問題，直到他與管理員道別，回到工作崗位上時發現大廳中的恐龍不知去向了，卻聽到遠處走廊上傳來流水的聲音，走近一看才發現居然是大廳的恐龍正在喝水，如此嚇人的畫面讓賴瑞手上的手電筒滑落、狂聲尖叫，而引來恐龍的追殺，正當他誤以爲恐龍會吃了自己，才發現這隻恐龍像一隻小狗似的把手電筒撿來給他，希望他跟牠玩你丟我追的遊戲。

賴瑞將手電筒拋得遠遠的，恐龍則再次追向那支手電筒，隨後便趕緊轉身離開，卻沒想到不僅是這一隻恐龍，而是博物館內所有的事情都不受控制。白天看到的可愛猴子，卻是最陰險的小傢伙，總是有辦法偷走鑰匙，讓動物離開鐵籠，甚至打開許多的展示櫃，這一樁樁的事件都讓賴瑞倍感威脅。一下遭受羅馬大軍的火車攻擊、一下又逃不出匈奴人的追殺，這讓他不禁大嘆「這樣的鐘點費太不値得了！」。

經過了幾天的搏鬥，賴瑞終於學會如何與這些展示品相處，當他逐漸在工作上進入狀況時，卻得知博物館即將被解體的消息，因此感到不捨與憤怒，因爲只有他知道，夜晚的博物館比什麼都精采。當他告訴管理者不能將博物館拆除時，才知道這博物館的背後藏著驚人的利益，因此管理者對於拆除的決定態度堅定。最後在賴瑞與這一群博物館內的復活物的相互幫忙下，一起拯救了博物館的命運。

第二部

其實在賴瑞的心裡，一直有一個當發明家的夢想，因爲到紐約大都會博物館擔任警衛，他發明了發光手電筒，自己則辭去守衛的工作當了老闆，與大都會博物館的朋友們暫別。這一天他回到博物館，卻發現標本被一箱箱的打包準備送往華盛頓史密森尼博物館的資料庫封存，紐約大都會博物館則改爲3D立體展博物館，他極力想拯救，卻改變不了董事會已決定的策略。

24小時後，賴瑞接到了牛仔嘉地雅的電話，因爲捲尾猴偷走了阿卡曼拉的刻板，讓在華盛頓史密森尼博物館裡的標本復活，也因此他們在華盛頓史密森尼博物館面臨到阿卡曼拉的哥哥卡曼拉的強勢攻擊，卡曼拉與弟弟阿卡曼拉大不相同，自私自利且相當殘暴，爲達目的不擇手段。賴瑞來到全世界最大、最酷的華盛頓史密森尼博物館，爲了拯救這一群昔日志同道合的夥伴，他想盡辦法進到地下室的館藏室，找尋解決辦法。

時間一到，地下室死灰復燃，賴瑞直接與卡曼拉對上，卡曼拉爲了得到全世界開始招兵買馬，超級恐怖血腥的伊凡、野心超級強的拿破崙、流氓到不行的艾爾卡彭，通通成了他的手下。爲了拯救這無法控制的一切，賴瑞不斷被追殺，爲了躲避追兵來到林肯的紀念堂，跟牆壁上畫像中的紳士以物易物、從搖頭娃娃愛因斯坦身上知道刻板的密碼，整個博物館內戰火連連，甚至啓動飛機、火箭等攻擊。

但其實不管是法老王也好，拿破崙也罷，這一些血氣方剛的標本都曾是世界上的佼佼者，因此誰也不服輸。復活後的他們，第一個目標即是想著要如何統一全世界，而賴瑞自然也就成爲了他們首要面對的目標，因爲他也要拯救這一個博物館，

因此演變成了由紐約大都會博物館對抗華盛頓史密森尼博物館的轟動大場面。

最後在大家的幫助下，順利將卡曼拉送回陰間，擺平拿破崙、伊凡、艾爾卡彭等，讓華盛頓史密森尼博物館恢復正常。而賴瑞與原本來自紐約大都會博物館的標本，也回到了紐約大都會博物館。他發現這才是他的使命，因此他將公司賣掉，將此筆鉅額的款項都捐給紐約大都會博物館，並且要求所有的物品要在紐約大都會博物館原封不動，而他自己則回到這裡擔任警衛。

第三部

夜間的紐約大都會博物館自第二部的後半期，開始了夜間的營業型態，帶給觀眾感受到標本最栩栩如生的那一面。這一天，紐約大都會博物館的夜間將舉辦一場重大表演晚會，可是就在表演之前，阿卡曼拉發現刻板開始生鏽了，他趕緊找來賴瑞想將生鏽的地方處理，但是夜間的表演活動即將登場，賴瑞並沒有心思去理會。此時的會場裡已經坐滿了佳賓，活動也順利展開，突然間所有的一切因爲刻板的腐蝕而變了調，雕像變得有攻擊性，因此賴瑞不得不趕緊將賓客送回，並且開始展開追根究底的調查。

左思右想下，賴瑞還是不清楚到底這是怎麼一回事，於是他來到圖書館一窺有關埃及法老王的故事，才發現這一切都與他首次到紐約大都會博物館面試時，那一位白頭髮高個子的警衛——賽西・佛萊德里克脫不了關係。當年年僅12歲的賽西追隨父親到埃及尋找埃及法老王，在一次的意外中發現了阿卡曼拉家族的陵墓，並且在不顧當地人「末日將至」的警告下，強行取走了刻板。爲了便於研究，將阿卡曼拉的雙親送往大英博

物館，而阿卡曼拉與刻板則送到紐約大都會博物館。

雖然賽西不曉得如何解決生鏽的刻板，但是阿卡曼拉的雙親在大英博物館是個事實，因此賴瑞決定親自帶這一群同伴到大英博物館走一回，尋找阿卡曼拉的雙親和解決辦法。來到大英博物館，原以爲可以快速找到阿卡曼拉的雙親，讓即將消失神祕力量的刻板得到重生，沒想到卻意外連連。碰到了來自神怪傳說裡的九頭蛇、凶殘無比的三角龍、一心只想成爲英雄的蘭斯羅德爵士，最後終於找到阿卡曼拉的父親，但是他卻遲遲不肯說明該如何解決，突然間看到自己的兒子即將因爲黃金刻板的腐蝕而無法復活，才緊急的說出刻板、阿卡曼拉與月光的故事，並要賴瑞趕緊讓刻板照到月光，否則一切將無法復原。

在如此緊要的關頭，蘭斯羅德爵士卻奪走了刻板，以爲擁有刻板，就可以與自己心愛的人再一起回到古堡稱王，於是與賴瑞一行人開始了一連串的追逐。刻板所到之處，標本會復活，因此賴瑞一行人不僅要尋找蘭斯羅德爵士，更要將一路上因蘭斯羅德爵士所惹出的災禍給解決。終於在戲院中找到蘭斯羅德爵士，可是說什麼蘭斯羅德爵士都不肯將刻板交還給賴瑞，直到他看到其他雕像紛紛倒下，而賴瑞不顧一切要救回朋友的心感動了他，才將刻板交還，讓一切事情落幕。

最後刻板與阿卡曼拉一家留在大英博物館，其他人則回到紐約大都會博物館，而賴瑞則因承擔起上一回活動失敗的所有責任而離開博物館。三年後大英博物館因爲世界巡禮而來到紐約大都會博物館，阿卡曼拉與刻板再次回到紐約大都會博物館，所有的一切都回到當初，只是警衛已經不再是賴瑞。

類比技法　案例1　小香腸大發財

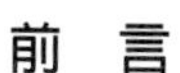

前　言

屋漏偏逢連夜雨，故事的主人翁阿銘在父母親生病倒下後，爲了要養家活口，於是他決定重新開張父親的烤香腸攤維持家計，但老天卻沒有被他的孝心感動，重新開張父親原來的烤香腸攤，原本的收入就非常微薄，又遇到許多新的競爭者出現，讓這一個小本生意愈來愈難維繫下去。

某一天他失意的騎著破50兜風，經過一條馬路，那裡有很多家檳榔攤業者在彼此競爭，看見很多人都停在馬路邊跟清涼辣妹買檳榔，生意好的不得了，頓時他靈機一動，想了幾個問題，難道賣烤香腸就不能賺大錢嗎？爲什麼烤香腸一定要用這種方式呈現呢？香腸爲什麼不能像檳榔一樣呢？

這樣靈光一閃的思考，是將已知的事件延伸到未知事件的思考，是類比思考中的其中一種思考模式，而有了想法，便要實際達成。因此，阿銘開始著手改造父親的烤香腸攤。

行銷	舊模式的香腸小販	新模式的香腸小販
地點（Place）	往恆春的路邊	墾丁大街
產品（Product）	(1)一般普通的烤香腸 (2)一般普通的大腸包小腸	(1)一般普通的烤香腸，改造成像檳榔的小香腸，並且增加為多種口味。 (2)一般普通的大腸包小腸，改造成像中式大亨堡。 (3)增加新產品：兼賣手調飲料。 餅乾花生口味香腸　青椒辣醬口味香腸 香腸裝在檳榔盒裡　檳榔香腸的包裝
價格（Price）	(1)一般普通的烤香腸（20元／條） (2)一般普通的大腸包小腸（40元／條）	(1)檳榔式小香腸（40元／包） (2)中式大亨堡（50元／條） (3)糯米腸（25元／條） (4)手調飲料（15元／杯）
通路（Place）	沒有店面，只有一個烤肉架攤子	(1)一個烤肉架攤子→租下一間檳榔攤 (2)阿銘一個老闆→請一位賣香腸的清涼辣妹
顧客群（Customer）	大卡車司機 老人家 遊客 游手好閒的人	遊客 好奇的年輕人 紅脣族 小朋友與老朋友（老少咸宜）

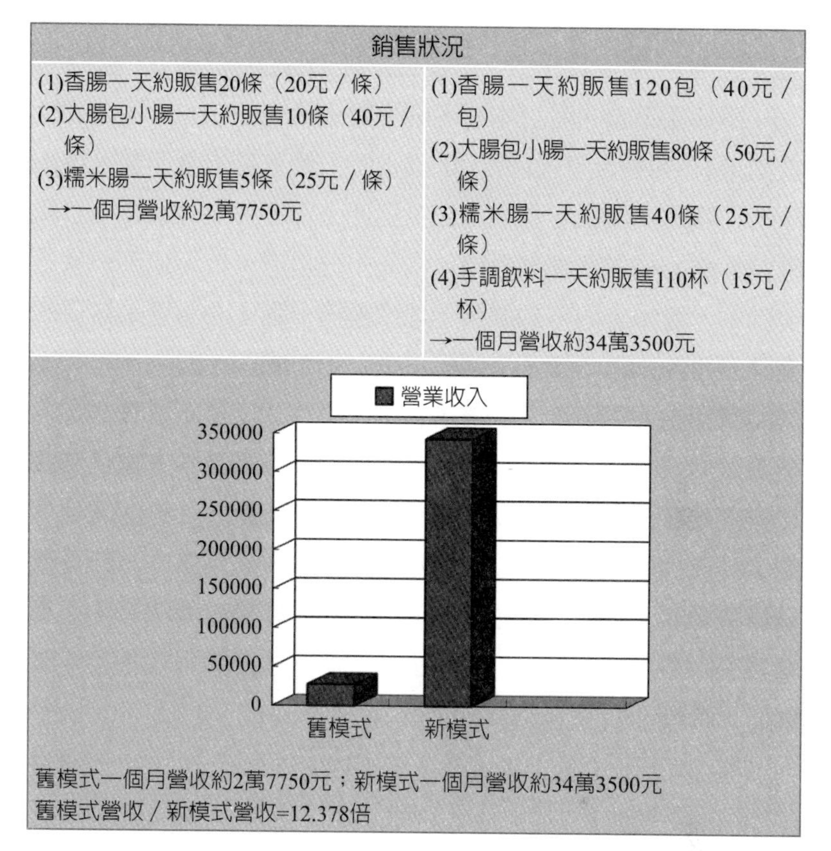

銷售狀況	
(1)香腸一天約販售20條（20元／條） (2)大腸包小腸一天約販售10條（40元／條） (3)糯米腸一天約販售5條（25元／條） →一個月營收約2萬7750元	(1)香腸一天約販售120包（40元／包） (2)大腸包小腸一天約販售80條（50元／條） (3)糯米腸一天約販售40條（25元／條） (4)手調飲料一天約販售110杯（15元／杯） →一個月營收約34萬3500元

舊模式一個月營收約2萬7750元；新模式一個月營收約34萬3500元
舊模式營收／新模式營收=12.378倍

小　結

在舊模式下，一個月營收約2萬7750元，此微薄的營收卻是養一家七口人所有支出。想要改善現況，勢必要改善幾個重要的要素，經過類比思考法後，再於行銷策略上做調整，讓阿銘的香腸攤聲名大噪、衝出高人氣，同時也讓攤位的營收從一個月的2萬多元，增加到34萬多元，成長了約12.3倍，家中經濟也大獲改善。最近又接到臺北友人想要加盟的消息，讓阿銘家中的經濟狀況更無後顧之憂。

類比技法 案例2 中藥茶館

伊倉產業公司是日本有名的中藥企業，卻在20世紀時面臨前所未有的嚴峻市場挑戰。因爲當時人們普遍信奉西醫，逐漸冷落中醫，中藥根本賣不出去，爲此公司經營十分艱難。石川社長看到公司業務漸漸萎縮，內心十分焦慮。有天他到一家茶館喝茶，看到店內熙熙攘攘，忽然靈機一動，心想要是自己的中藥店也像茶館一樣，那便可以吸引更多顧客上門。

回到中藥店，他開始著手將位於東京的中藥店進行改造，按照茶館式樣做了裝飾，店內豪華氣派、格調高雅，並且裝設了空調、燈光、音響等現代化設備。讓原來的中藥店搖身一變，既不幽暗深沉，更沒了濃重的中藥味。來到店內，只見牆壁綠瑩瑩的，給人清新感受。而裝中藥的壁櫃乾淨明亮，上面陳設著各色中藥飲料，一眼望去，散發著濃郁的現代都市生活氣息，帶來全新的感受。

	中藥店	中藥茶館
風格	幽暗深沉	豪華氣派、格調高雅
設備	僅有櫃檯	空調、燈光、音響、桌椅
環境	濃重的中藥味	清新
其他		壁櫃乾淨明亮

這樣一個全新的、生活化的經營模式，立即吸引了大量顧客，紛紛前來體驗中藥茶館。店內常常座無虛席，生意十分興旺，中藥茶館再次激發起人們對中藥飲料的信心，顧客也從四面八方寫信，希望公司提供配方和訂單。

從一個逐漸在人們心目中被淡忘、沒有人理會的中藥館，經過類比技法的方式進行改造，讓中藥的好處再次受到重視，也再次成了人們競相購買的珍品，銷售量迅速提升。其實開中藥店和開茶館是兩個完全不同性質的行業，把這兩個不同的行業組合在一起，產生了意想不到的效果。

結　語

創意發想並不是一個很特別的行爲，而是誰都可以辦到的，而且可以產生非凡效果的行爲。每個人都有最適合自己的思考架構，只要多運用各種思考架構，持續進行激發創意的活動，每個人都能很快的開發出最適合自己的系統。一旦成功，那往後在思考創意的時候，將會是如虎添翼。

Note

單元十一

《乞丐王子》採逆向思考技法，玩Cosplay

茅盾《霜葉紅似二月花》：「……然而趙守翁竟無奈她何，此謂人生萬物，**一物克一物**。」錢鐘書：「以酒解酒、以毒攻毒、豆燃豆萁、鷹羽射鷹」，都是代表會有另一種事物來制服原本的事物。自古正、邪不兩立，黑、白不同道，凡是世間之物都有利害相關，利能夠轉爲害，害也能夠成爲利，因此任何事物的因果關係、結構、功能，都能夠進行反方向的思考。

獨立的思考是現代人應具備的能力，但大多數的人都是以正向的直線思考的方式，來進行問題的解決或創新。其實轉換個角度想，從反向來思考將會出現另人瞠目結舌的效果也不一定。從《乞丐王子》（*The Prince And The Pauper*）電影中，我們更能夠看到換位思考的重要性。

何謂逆向思考技法

簡單來說，逆向思考技法就是利用既有的做法與想法，將之一一列舉出來後，再經由這些因子，進行反向的聯想與思考，並從大量的創意中做評價，尋求出可行的方法。逆向思考技法分爲三大類型，分別是缺點式逆向思考法、反轉式逆向思考法、轉換式逆向思考法。這三種類型的案例每天都在我們身邊發生，有人說逆向思考就是去批判現在所看到的東西；事實不然，逆向思考的確需要去批判，但並不是毫無根據或者是隨便加諸於某一事物上，而是對於常態所做的挑戰，過程必須反覆不斷的摸索和思考。

缺點式逆向思考法

缺點式逆向思考法則猶如易開罐，眾人皆知罐頭是可以長期保存食物，自從發明了罐頭之後，在乾糧的儲備上一定可以見到罐頭的蹤影。尤其是對於長期出海捕魚的漁夫、颱風天來襲時、或是災難過後家園的重建等，罐頭和我們的生活形影不離。初問世的罐頭不像現在的易開罐如此方便，而是必須使用開罐器才有辦法將罐頭打開，直到後來有人思考可否將開罐器安裝在罐頭上，讓它們合成一體，如此一來便可以減少開罐的麻煩。

反轉式逆向思考法

反轉式逆向思考法就如同講反話或是採用相反方式的做法。英國自1770年占領澳洲成爲英國的殖民地後，1788年開始把罪犯送到澳洲去。從英國出發到澳洲一趟長達三個多月的航程，對於英國政府而言，雇用私人船隻運送犯人，是最省事、省力的，因此按照上船的人數付費給船東。

這些私人船東只知道多載運、多賺錢，對於罪犯的存亡不屑一顧，因此罪犯的死亡率非常高，平均超過了10%。如此一來，對於英國政府是一項極大的損失。在進行反轉式逆向思考後，得到了一勞永逸的辦法。英國政府將付款方式由根據上船的人數付費，改爲根據下船的人數付費，馬上罪犯死亡率立竿見影降到了1%左右。後來船東爲了提高生存率，還在船上配備了醫生，爲的就是讓在澳洲下船的罪犯生存率提高，以收取更高的利潤。

轉換式逆向思考法

圖11-1　司馬光打破水缸救落水孩童，正是逆向思考的案例之一。

司馬光打破水缸救落水孩童的故事，是逆向思考中轉換式逆向思考法最佳案例。小孩從水缸上面跌進水缸裡，一般思考方式是從水缸口將水舀出來，或者由另一人爬進水缸救助小孩，此種直線思考或許在水還沒舀完，小孩早已在水中溺斃；也有可能是另外一人進入水缸中救人，卻同樣成爲需要被救助之人。此時，司馬光轉換救人手法，直接打破水缸讓水流出，順利救出小孩。

擺脫正向思考轉換為逆向思考

「想當然耳」，是大多數人的思考模式，順著固定的模式去思考，亦步亦趨沿著他人的思考習慣，沒有獨立思考能力，如此被人牽著鼻子走的模樣是日常生活中常見的。更有不少人常將「不用想就知道」的話掛在嘴邊，而錯過許多精采事物。孟子認爲「人性本善」、荀子認爲「人性本惡」，同樣都是人

卻有著不一樣的見解，善與惡就如同正向或反向的思考，都存在人類的思維當中。

通常我們會習慣性地用正向思維去思考事情，認爲每一件事都只有一種做法與思考法，可惜並不是每一次正向思維都管用，試著擺脫常規的思維去重新思考事情，將會發現事情的背後有豐富的創造性。

從反向思維的方式去思考事情，會驚覺「天啊！還可以這樣！」。反向思維具有批判性、一般性及新穎性三大特點，是一種破除過去經驗和習慣的思考模式。此模式在各領域或活動中，都有其適用性。例如：過去女孩子所使用的面膜都是白色款，敷在臉上顯得特別的突兀，因此若在公共場合敷面膜很容易另人尷尬。後來有人發明了透明款面膜，讓女孩子隨時隨地都可以敷面膜保濕自己的臉頰。但現在這兩款面膜都不夠看，最近在市面上販售的黑面膜，讓消費者對面膜又有一個全新的認識。黑面膜的原理來自竹炭，具有排毒、清理臉部角質的功能，再加上有許多的天然泥對於肌膚的美白和保濕都有非常明顯的效果，因此現在黑面膜成了女孩子的必囤之貨。面膜從白到黑，打破以往我們對於面膜的認識，從過去認爲面膜愈白功效愈大，到現在愈黑功效愈多。而黑面膜的創新，也是來自對面膜的批判性和普遍性視覺上的反差開始思考，面膜一定要白色的嗎？能否使用其他顏色代替？白色的對立色爲黑色，此逆向思考創造出新穎性。

白面膜	隱形面膜	黑面膜
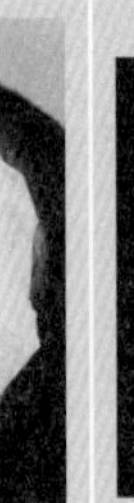	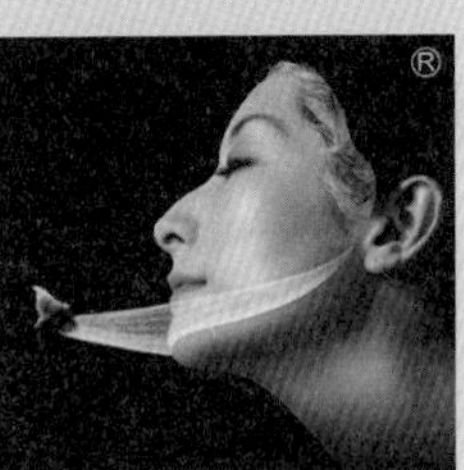	
資料來源：http：//image.baidu.com/i？ct=503316480&z=0&tn=baiduimagedetail&ipn=d&word=%E9%9D%A2%E8%86%9C&step_word=&pn=4&spn=0&di=154084314450&pi=&rn=1&is=0%2C0&istype=0&ie=utf-8&oe=utf-8&in=3549&cl=2&lm=-1&st=undefined&cs=1047527189%2C952677520&os=1845128100%2C3943137670&adpicid=0&ln=1000&fr=%2C&fmq=1432477282492_R&ic=undefined&s=undefined&se=1&sme=0&tab=0&width=&height=&face=undefined&ist=&jit=&cg=&bdtype=0&objurl=http%3A%2F%2Fimg.taopic.com%2Fuploads%2Fallimg%2F110112%2F1944-11011216262661jpg&fromurl=ippr_2C%24qAzdH3FAzdH3Fooo_z%26e3Bpw5rtv_z%26e3Bv54AzdH3Fp7h7AzdH3Fda88a8AzdH3F8lm8n_z%26e3Bip4s	資料來源：http：//image.baidu.com/i？ct=503316480&z=0&tn=baiduimagedetail&ipn=d&word=%E9%9A%90%E5%BD%A2%E9%9D%A2%E8%86%9C&step_word=&pn=175&spn=0&di=203924406070&pi=&rn=1&is=0%2C0&istype=0&ie=utf-8&oe=utf-8&in=8485&cl=2&lm=-1&st=-1&cs=2186456053%2C1421188262&os=556566076%2C3876738718&adpicid=0&ln=1993&fr=%2C&fmq=1432477495139_R_D&ic=0&s=undefined&se=1&sme=0&tab=0&width=&height=&face=undefined&ist=&jit=&cg=&bdtype=0&objurl=http%3A%2F%2Fwww.bei-hao.com%2Fupload%2Fmonth_1306%2F201306291515467391.jpg&fromurl=ippr_z2C%24qAzdH3FAzdH3Fooo_z%26e3Bkjt-iw5_z%26e3Bv54AzdH3Fr6517vp_fi5o_z%26e3Brir%3Ft1%3D8m	資料來源：http：//image.baidu.com/i？ct=503316480&z=0&tn=baiduimagedetail&ipn=d&word=%E9%9A%90%E5%BD%A2%E9%9D%A2%E8%86%9C&step_word=&pn=175&spn=0&di=203924406070&pi=&rn=1&is=0%2C0&istype=0&ie=utf-8&oe=utf-8&in=8485&cl=2&lm=-1&st=-1&cs=2186456053%2C1421188262&os=556566076%2C3876738718&adpicid=0&ln=1993&fr=%2C&fmq=1432477495139_R_D&ic=0&s=undefined&se=1&sme=0&tab=0&width=&height=&face=undefined&ist=&jit=&cg=&bdtype=0&objurl=http%3A%2F%2Fwww.bei-hao.com%2Fupload%2Fmonth_1306%2F201306291515467391.jpg&fromurl=ippr_z2C%2qAzdH3FAzdH3Fooo_z%26e3Bkjt-iw5_z%26e3Bv54AzdH3Fr6517vp_fi5o_z%26e3Brir%3Ft1%3D8m
過去的女孩子所使用的面膜都是白色款，後來有人發明了透明款面膜，讓女孩子隨時隨地都可以用面膜保濕自己的臉頰。最近在市面上販售的黑面膜，讓消費者對面膜又有一個全新的認識。		

子曰：「己所不欲，勿施於人」，但有的時候「以其人之道，還治其人之身」是一種逆向思考的方法，有助於我們在商場對供應商的要求。二戰期間美國空軍降落傘的合格率爲99.9%，概率上來說，每一千個跳傘的士兵中會有一個因爲降落傘不合格而喪命。爲了保全士兵的生命安全與國家人才的永續，軍方要求合格率必須達到100%才行，但是廠商回應99.9%已是極限。爲此軍方改變了檢查制度，每次交貨時從降落傘中隨機挑出幾個，讓廠商負責人親自跳傘檢測，從此之後，降落傘的合格率達到了100%。

逆向思考模式

在行銷上，逆向思考相較於中規中矩所產生的成效，更是令人跌破眼鏡。逆向思考的方法，從人與人的相處模式到由逆轉勝都有應戰模式，其分別爲屬性逆向法、方位逆向法、心理逆向法、因果逆向法、對立互補法、缺點逆用法，將這些方法運用在下一次的創新思考上，或許會有不一樣的收穫。

屬性逆向法

屬性逆向法意旨事情本身的多面向，對於不同價值觀的人，會賦予不同的感受與定義在同一件事情上。「三個臭皮匠，勝過一個諸葛亮」，藉由不同價值觀的交叉思考會激起不一樣的火花，但如果沒有多人共同一起參與討論時，可以先從該事情的反向進行思考。例如：大與小的對應、動與靜的對應、快與慢的對應等。溫泉顧名思義爲溫、熱，爲讓人放鬆的療癒勝地。在臺灣有許多地方都有不同特色的溫泉泉質，如北投的硫磺泉、中部的碳酸泉、南部的泥巴溫泉等。而在花東縱

谷、蘇澳一帶則是冷泉，顛覆了人們對於溫泉溫度的印象，而創下另類的商機。

方位逆向法

方位逆向法是我們最熟悉不過的，設身處地的爲他人思考。企業欲進行行銷，需思考顧客喜歡什麼東西，否則有可能賠了夫人又折兵。百事可樂與可口可樂在許多市場上的占有率都處伯仲之間，但有一年百事可樂將深藍色的商標改爲淡藍色，此顏色在某一部分國家暗喻邪運之意，因此不僅沒有得到市場的認同，還將市場白白送給了可口可樂。

心理逆向法

唱反調實爲人的性格之一，愈是得不到的東西愈是想要，其中「物以稀爲貴」更能突顯對於有限資源的渴望，這些都屬於心理逆向法。此方法被大量運用在生活必需品的行銷上，因爲了解到怕撞衫的原理，衣服、鞋子、包包除了經典款以外，品牌不時會推出季節、年度限量款，或是商品以限量來吸引消費者。此外，在食品銷售上也時常會出現，當季限量或是某一時段特定促銷等手法吸引買氣。如同過去風靡一時的米漢堡，是麥當勞一改過去漢堡的麵包材料，運用臺灣米飯所做成的，臺灣米的香Q口感搭配多汁的雞肉，創造出不一樣的口感，滿足許多消費者的味蕾。心理逆向法則爲反其道而行，需要更進一步將我的腦袋注入別人的腦袋，把別人的口袋放入我的口袋，讓對方與自己用同一種思考模式思考問題，搭配後先發制人，爲攻其不備策略模式。

因果逆向法

《漢摩拉比法典》「以牙還牙、以眼還眼」、《中庸》「以其人之道，還治其人之身」、佛法「輪迴轉世」，自古以來因果就存在於我們的生活中。逆向法中的因果逆向法為倒因為果、倒果為因的應用，與中醫相剋的道理雷同，試圖找出另一種的解救辦法。毒蛇的毒液除了方便獵食外，亦是重要的自我防衛利器。毒蛇的毒液若流經身體裡的血管或神經傳導，足以讓人在短時間內失去知覺，甚至斃命。如果要治療被毒蛇咬傷的人，必須用該蛇的血清才能夠救治。血清具有止血與溶血的作用，因此在醫療上除了救治中蛇毒之人，運用適量的血清，也可化解身體中血管阻塞之危機。

小　結

所謂當局者迷，旁觀者清，站在對立的立場更能夠看出不一樣的端倪。對立來自於羅馬神話中的雅努斯，相傳雅努斯擁有可以看見過去和未來的雙向臉孔。學習過去失敗的教訓，勇闖未來的美夢，所有的事情都是一體兩面的，而所有的事情也都有其互補性，藉由反覆的正、逆向思考，突破隔閡才能夠找到解決問題的方案。過去動物園因為怕動物誤傷遊客，故動物都是被關在鐵欄杆裡供人觀賞。但在臺灣的六福村主題樂園，承襲非洲大草原上動物的本能生活，在此園區內的圍欄有別以往，用開放式的經營模式讓人與動物零距離的相互了解。

唐太宗曾云：「夫以銅為鏡，可以正衣冠；以古為鏡，可以知興替；以人為鏡，可以明得失。朕常保此三鏡，以防己過。今魏徵殂逝，遂亡一鏡矣！」借鏡他人，檢討自己或化他

人的缺點爲優點的缺點逆用法，用於對每一項事情的分析後，了解其不足或是缺點加以歸納，許多時候會發現缺點本身很可能是事情的優點。在網路上流傳這麼一則故事：有位身穿豪華西裝、高級皮鞋、金領帶夾的富翁走進一家銀行的信貸部坐了下來，他向信貸部經理說：「想借1美元」，信貸部經理驚訝的看著他，並再次做確認：「什麼！1美元？」富翁說：「是的，就1美元，可以嗎？」信貸部經理：「當然可以，只要有抵押，再多些也無妨！」此時富翁打開了豪華皮包，拿出一疊又一疊的股票、債券，放在經理的桌上說：「這些共值50多萬美元，夠了吧？」信貸部經理說：「當然，當然，不過您眞的只借1美元嗎？」富翁說：「沒錯！就1美元」。信貸部經理說：「那麼年息爲6%，只要您按時付利息，到期我們就退給您抵押品！」當富翁辦完手續，拿著借來的1美元準備離開銀行時，在一旁觀察許久的分行長，前來向富翁探個究竟。此時富翁笑一笑並告訴分行長說：「來貴行前，已向多家的金庫打探過，但他們的保險箱租金極高，所以我就在貴行寄存這些證券，因爲這裡一年才6美分，實在太便宜了！」從故事中發現這位富翁跨越了一般的正向思考，改以逆向方式思考，用反常的方法達到租金減少的正常目的。

老子曾云：「有無相生、難易相成、長短相較、高下相頃、音聲相和」，此話語中透露出逆向思維的可操作性。時時轉換思考角度，有助於思路的靈活度與清晰，讓我們看待事情有所改觀。「從哪裡跌倒，就從哪裡站起來」是鼓勵人們別畏懼失敗，因爲失敗爲成功之母。同樣一件事情可以由正向思考，也可由逆向思考，兩種不同的陳述對成功與失敗的表達，給予我們不一樣的感受。

逆向思考技法　電影　《乞丐王子》

劇情內容

《乞丐王子》改編自馬克・吐溫原著，敘述兩位長相一模一樣的小男孩，但出生背景卻天差地別，一位是皇宮貴族王子、未來的國王（愛德華），另一位則是貧民窟的小孩（湯姆）。因緣際會下兩個小男孩碰面了，因爲對彼此生活環境的好奇而興起了角色互換的想法。當湯姆擦去臉上的灰塵，換上乾淨的衣裳後，兩位小男孩彼此驚訝地發現，原來他們這麼相像。

或許是老天給的考驗，在交換服裝後愛德華被趕出了皇宮，而湯姆則留在宮中。在這一天過後，緊接而來的是國王的去世、皇位的爭奪、大大小小的政策在湯姆的周圍盤旋。愛德華則得面對湯姆那個不講理的父親和他那群酒鬼朋友，成天在打架、搶劫、逃命中度過。

直到加冕皇位的這一天，仍舊沒有人相信國王是乞丐、乞丐是國王的事，最後愛德華憑藉著多次冒險換來的矯捷身手和智慧，阻止了這一場加冕，並拿出他在離開皇宮潛藏的玉璽，才化解這一場烏龍事件。

電影內容與逆向思考法的融合

愛德華王子從小在宮中的生活非常優渥，再加上擁有未來國王的身分，因此擁有極大無比的權利，大人們處處護著他、讓著他，生怕他有一點不高興，但含著金湯匙出生的他，爲了展現給父王看自己的能力，對於學習始終不遺餘力。而在社會的另一端，有一位和愛德華長得如同一個模子刻印出來的孩

子，整天生活在水深火熱之中，忍受父親的毒手、見識短淺的知識與咆哮，但他對於學習是眞摯熱愛，始終不遺餘力。

爲了躲避下雨天，湯姆在皇宮的入口處椅子下睡著了，醒來後發現自己已經被以潛入的罪名，正在花園遭侍衛處罰，湊巧愛德華王子從旁邊經過，解救了他，於是便將湯姆帶到自己的房裡。從未外出過皇宮的愛德華王子對外面的世界感到好奇，腦子靈活的他，想到玩角色互換的遊戲可以讓彼此認識對方。皇宮裡的一切對湯姆而言是那麼的美好，有香甜的水果、清淨的水、明亮的燈光……，正在欣賞之時，愛德華王子已經迫不及待地將他的項鍊、帽子、外套脫下與湯姆交換。當兩位小男孩換上不同的角色裝扮，來到鏡子前，彼此驚呼了一聲，才發現到原來他們長得這麼像。

兩位長得一模一樣的小男孩卻過著天壤之別的生活，對彼此感到無比的好奇。而愛德華王子因爲高興自己找到了玩伴，更要將自己的寵物介紹給湯姆認識，於是便再度跑出房間，此時的他已經脫下王子的服裝穿上乞丐的破衣裳，因此被侍衛誤以爲是剛剛潛入皇宮的湯姆，因而被抓走且被處罰，雖然嘴巴上說自己是王子，但由於人們的膚淺，因此並不當一回事，就這樣愛德華王子被趕出了皇宮，而留在房內的湯姆，不清楚是怎麼一回事，等到醒來時自己被稱爲王子，正面臨國王皇位的繼位問題，和許多的皇宮爭鬥。

愛德華王子的民間體驗

被逐出皇宮的愛德華王子對於街上居民的殘破感到害怕不已，因爲在宮裡的生活無憂無慮、隨時有人清潔、有人伺候，並不是像在街上沒有他人的保護。正當自己失落的走在街上時，一群小朋友包圍過來，看著這一些彷彿與自己認識的孩子

群，應該是湯姆平時的玩伴，而自己也正因爲不知何處落腳，便跟他們玩了起來，突然背後賞來了一巴掌，如此粗魯又野蠻的手法不是別人，正是湯姆的親生父親。

愛德華拼命掙扎，叫喊著自己是愛德華王子，無奈並沒有畏懼到湯姆的父親，反而被咆哮、訓斥，並將他帶回湯姆家中。日子一天天過去了，有一天教堂傳來國王去世的消息，愛德華王子好恨自己無法在父皇身邊陪伴他走完最後一程，只能夠在教堂外面默默地替自己的父親祈禱，期盼他早日上天堂。由於傷心過度沒有留心周遭而撞上他人，引來一陣爭議，所幸被沒落貴族Miles相救，才得撿回性命。

被扔出皇宮後的日子，愛德華王子看到了從不曾在皇宮內聽說過的民間疾苦，所有的人見錢眼開、仗勢欺人。在民不聊生的民間受盡一切磨難，更在湯姆那蠻橫不講理的權威父親威脅下，每一天愛德華王子都過得提心吊膽，不管是偷、拐、搶、騙所有的壞事都做盡了，甚至差點替自己引來牢獄之災，仍滿足不了湯姆父親的慾望。直到某一天，在偷竊的過程被發現了，發現局勢已經難以挽回的愛德華王子不斷跟著湯姆父親逃命，恰巧被皇宮的大臣發現，而出現轉圜，這一切的過程不只讓湯姆的父親傻眼，也讓Miles相信愛德華眞的是王子。誤以爲自己將回皇宮的愛德華王子，輕易的相信了這些皇宮大臣，殊不知被帶到了荒郊野外準備將他處死，Miles再一次的及時相救，才得以在最緊要關頭回到皇宮。

湯姆的宮中生活

此時湯姆在宮中的生活也不得安寧，因爲老國王的身體狀況一天不如一天，而宮中之人每個又爾虞我詐想盡辦法奪得權力，彼此之間明爭暗鬥，湯姆的身世很快地被國王的親信知

道，爲了杜絕以後皇位爭奪的後患，他告訴湯姆，會派人積極尋找王子的下落，但要湯姆先做王子的代理人，背地卻命人將愛德華王子趕盡殺絕。擁有王子代理權的湯姆，對此權益並不感興趣，但國王過世後，國家仍必須繼續運作，也不能將愛德華王子在民間的消息發布出去，否則軍心會渙散。來自社會貧困階層的湯姆深知民間疾苦，因此在暫代皇位最高權力的期間，阻止了許多傷及無辜百姓納稅的條款。

隨著加冕的日子到來，湯姆感覺壓力愈來愈大，成天盼著愛德華王子趕緊回到皇宮，可是卻不見愛德華王子歸來，直到皇位加冕的這一天，念著自己不熟悉的誓詞，眼看自己眞的要成爲國王的湯姆，感到非常緊張，就在此時愛德華王子打破了神聖的加冕儀式，湯姆便迫不及待地將皇位還給愛德華王子，然而在場的人唯獨湯姆，沒有人相信愛德華王子才是眞正的王子，直到他拿出玉璽，才得以證明。

愛德華國王逆向操作手法

經歷民間苦難的洗禮，了解到民間與宮中的生活有著極大差別。愛德華王子繼承皇位後，大刀闊斧進行改革、整頓民間，同時重用湯姆與Miles爲自己的左右手，落難見眞情加上身在皇宮多日的湯姆，揭發許多宮內不可告人的祕密，再加上愛德華國王逆向的操作手法，讓許多的貴族因而喪失權力。由於親身經歷，因而清楚知道民間的生活是多麼的困苦淒涼，且有多少人每天在垂死邊緣掙扎，市場上的大伯、大嬸一點都不像宮裡的僕人一樣和藹可親，而是跟朝中的大臣一樣掛著一張又一張的嘴臉。在朝中彼此勾心鬥角，在民間則是逞凶鬥狠互不相讓，這樣不斷的持續下去只會傷害國家元氣，對國家一點好處都沒有，秉持著換位思考的思維重新整頓國家，以國泰民安、恢復社稷安邦為目標。

逆向思考技法　案例1　和尚買梳子

甲、乙、丙三位推銷員，接到一個向和尚推銷梳子的任務，而我們都知道剃髮出家是和尚的戒條，那麼這三位推銷員要如何向和尚推銷梳子，和尚又因為什麼原因要購買梳子呢？

甲來到寺廟遊說和尚應當買把梳子，歷盡辛苦的講述，卻無效果，在下山途中遇到一個小和尚一邊曬太陽、一邊使勁搔著頭皮。甲靈機一動，遞上木梳，小和尚用後滿心歡喜，於是買下一把木梳。

乙說他去了一座名山古寺，由於山高風大，進香者的頭髮都被吹亂了，他找到寺院的住持說：「蓬頭垢面是對佛祖的不敬，應在每座寺廟的香案前放把木梳，供善男信女梳理鬢髮。」住持採納了他的建議，那山有十座寺廟，於是買下了十把木梳。

丙說他到了一個夙負盛名、香火鼎盛的深山寶剎，施主與香客絡繹不絕。丙對住持說：「凡來進香參觀者，都有一顆虔誠之心，寶剎應有所回贈，以做紀念，保佑其平安吉祥，鼓勵其多做善事。我有一批木梳，您的書法超群，可刻上『積善梳』三個字，便可當作贈品。」住持大喜，立即買下一千把木梳。得到「積善梳」的施主與香客也很高興，一傳十、十傳百，朝聖者更多、香火更旺。

由此看出，推銷員丙將逆向思考法運用到賣木梳一事上，先設定目標客群，並從了解民眾到廟裡拜拜的理由，到住持願助他人一臂之力的善念，藉由設身處地的模式將木梳賦予生命力，不僅香火傳承，木梳也有好的銷售業績。

逆向思考技法　案例2　安芯養生菜

在中部的安芯養生菜菜園，種植蔬菜的方式與過往大不相同，過去青菜種在田裡，必須得靠老天的眷顧才有好的收成。而安芯養生菜則是種在溫室箱裡，經由人類的控制讓收成維持。

春耕、夏耘、秋收、冬藏是老祖先們留下來的智慧，而在田裡的每一株蔬菜都像是農夫的小孩一樣，需要受到農夫細心的照料。然而在大自然環境中生存的蔬菜，就必須得面對天氣的瞬息萬變、病蟲害的干擾、他人的盜採與市場上價格的波動等影響因素。

近年來，有機、養生、健康的觀念高漲，讓以前噴灑農藥來遏止病蟲害干擾而種出漂亮蔬菜的菜農不知如何是好，因爲若想要種出高價的有機菜，從土壤到種籽再到播種方式，樣樣都必須講究且成本極高，因此傳統的菜農仍舊用以前的方式耕種，銷售通路也持續以菜市場爲主。除此之外，每當遇到旱季或是颱風天時，蔬菜是否能夠收成，就成爲農民心中最擔心的問題。

今非昔比，深知現代人對於蔬果的認知、消費習性等與以往有所不同，爲了讓自己和家人都能夠吃得安心，於是開始研究如何種出有機且天然無害的蔬菜。在此逆向思考法下，安芯養生菜發明出一種使用LED燈照明、潔淨室，來種植蔬菜的方式。封閉式的栽培方法，打破過往蔬菜與大自然合而爲一的觀念。

圖11-2　安芯養生菜使用潔淨室和LED燈照明種植蔬菜。

圖片來源：作者赴該公司所拍攝

蔬菜有栽種的季節性，例如：夏天時吃空心菜、冬天則吃菠菜與茼蒿。但如果使用潔淨室來種植蔬菜，就沒有季節性的問題，又剛好可以滿足消費者對非季節性蔬菜的需求。在速食業者與火鍋業者方面，通常需要使用到大量的萵苣，因爲萵苣是搭配漢堡重要的食材之一，但即便是有機萵苣都難逃硝酸鹽的魔掌，因此食用過多的生萵苣，將會造成身體另外的負擔。但經由人爲控制且室內栽種的安芯養生菜，將蔬菜的硝酸鹽控制在幾近於零的含量，成爲無毒、無害的新鮮蔬菜。

此外在園區內，工作人員必須穿著無塵衣才能夠進入作業，爲的就是全程控制生產環境，以降低病蟲害的發生，如此一來便不需要農藥，蔬菜就可以健康成長。安芯養生菜菜園裡的蔬菜，全天候藉由LED燈行光合作用，由於夜晚的電價較低，因此讓蔬菜沒有休息的時間，一直不斷的持續成長。在24小時不間斷的成長下，蔬菜以最快的腳步收成，維持市場上的供應量。

圖11-3　穿著無塵衣的工作人員。

圖片來源：安芯養生菜官網

「多吃蔬菜，有益身體健康！」然而蔬菜上若摻雜了過多的農藥，有可能會造成身體裡面毒素的累積，反而有害無益。針對此問題，安芯養生菜將高科技產業的工作認證運用到農業上，訂定出蔬菜的質量、數量、出售日期的目標，並且每一箱的蔬菜都有其生長認證，讓消費者可以安心購買、安心食用。

逆向思考技法　案例3　開喜烏龍茶

辦桌請客一定少不了開喜烏龍茶，開喜烏龍茶自1985年推出第一罐茶類飲料後，一路遙遙領先同業，屢創佳績。因爲開喜烏龍茶堅持原茶、原味、原泡，絕無添加任何香料、茶粉、濃縮液，與一般市售的茶飲料不同，是一種天然、安心之健康茶飲品！

其實在那個年代市面上已有不少的茶飲，而大家對於茶的觀念依舊保有濃厚的傳統，認爲是給年長者喝的，因爲泡茶的過程繁瑣，要沖出茶的原味必須要費一番功夫，而且喝熱茶才能喝出茶的濃、純、香，甚至回甘的感覺，只有年長者才有閒情逸致泡茶聊天。

但開喜烏龍茶創造出對烏龍茶新的詮釋，讓烏龍茶不再是由人們現泡現喝的熱茶，而是在工廠裡面經過加工處理泡好，可放在冰箱裡冷藏，隨時飲用的非現泡茶。因此，對於年輕人而言，忙裡偷閒來瓶開喜烏龍茶是一件令人開心的事。且開喜烏龍茶在茶裡面加了甜度，讓人可以馬上喝到茶的香甜，再加上冰鎮茶飲在炎熱夏天是一種消暑飲品，因此開喜烏龍茶闖出了名號。

圖11-4　開喜烏龍茶創造出對茶新的詮釋。

資料來源：http：//image.baidu.com/i？ct=503316480&z=undefined&tn=baiduimagedetail&ipn=d&word=%E5%BC%80%E5%96%9C%E4%B9%8C%E9%BE%99%E8%8C%B6&step_word=&ie=utf-8&in=1350&cl=2&lm=-1&st=undefined&cs=3668712456,3712911918&os=1175025769,1670254871&pn=11&rn=1&di=48885743830&ln=1169&fr=&fr=&fmq=14-

32478080009_R&ic=undefined&s=undefined&se=1&sme=0&tab=0&width=&height=&face=undefined&is=0,0&istype=0&ist=&jit=&objurl=http%3A%2F%2Fb.hiphotos.baidu.com%2Fbaike%2Fs%253D220%2Fsign%3D0d626ec82e2eb938e86d7df0e56385fe%2F32fa828ba61ea8d3a49a192d960a304e251f585a.jpg&bdtype=0

在品牌行銷上，開喜烏龍茶除了在公共場合大力宣傳外，更有別於以往，請來「俗擱有力」的超級歐巴桑進行廣告宣傳，讓人大開眼界。因爲過去茶類的代言人都是以俊男美女居多，但這位歐巴桑用最眞誠的心打動了消費者，此風趣又有點三八的風格，吸引了許多人的目光，打出「新新人類喝開喜烏龍茶」的名號。

現泡茶與非現泡茶、熱飲與冷飲、甘醇與微甜等，都與傳統品茶想法有所衝擊，如此逆向思考法下的新思維，讓產品與眾不同。

單元十二

追隨《來自星星的你》時尚感，走訪《海角七號》場景，置入行銷商機無限

當我們被螢光幕上的偶像明星吸引的同時，很難不去注意到他身邊搭配的物件，而當我們開始研究這些物件時，就代表我們被無聲無息的置入行銷給置入了。《來自星星的你》（*My Love From The Star*）讓時下的影視劇大轟動，不僅戲叫好叫座，所有置入的商品都成了當下最流行的商品，創下的商機至今無人能匹配。在臺灣的國片和本土劇中，也有許多置入行銷的例子，其中電影《海角七號》（*Cape No. 7*）的手法最令人印象深刻，讓當時許多快要走入歷史的商業，再度起死回生。

何謂置入行銷

肥皂劇是置入性行銷的領頭羊，運用在播出的電視劇、影片、綜藝節目……中不斷的重複出現，讓人很難不被其吸引。置入行銷指的是特意將想要進行行銷的事或物，運用媒體搭配巧妙的手法呈現，讓人在不知不覺中感受商品的魅力。生活中最常見的置入行銷手法，是來自於電視、電影、新聞等節目的播出中，企業提供拍攝的劇組道具，讓男、女主角在劇中使用，如男主角手腕上配戴的手錶、女主角的包包飾品、演員們使用的科技產品，甚至是享用的美食，都可算是置入行銷的一環。

置入行銷中將產品與媒體進行搭配，藉由媒體發揮功效。一般而言，消費者對於強迫推銷的廣告是抗拒的，但是運用置入行銷讓消費者自然而然對產品產生印象、接受產品，並且對產品有好感。想要達到置入行銷的效果，必須鎖定目標族群，在相對應的媒體上大力放送，並帶入與順應新的潮流趨勢，達到宣傳的效果，產生共鳴自然也就會愛屋及烏。

近年來的數據顯示，演唱會、電視劇、電影等娛樂產業成了帶動經濟的火車頭，而置入產品的企業更是從中獲益的受益者。置入行銷或稱產品置入（placement marketing或product placement），常用的說法有置入式廣告（embedded advertisement）、品牌置入（brand placement）或祕密行銷（stealth marketing）。根據美國行銷學會（American Marketing Association）對於廣告的定義中，「置入性」具有四個條件，分別是：付費購買媒體版面或時間；訊息必須透過媒體擴散來展示與推銷；推銷標的物可為具體商品、服務或抽象的概念（idea）；明示廣告主（sponsor）。

置入行銷的方法首次在1933年發生，當年販售家用清潔品的寶僑公司（Procter and Gamble, P&G），將Oxydol洗衣粉置入廣播節目「Oxydol's Own Ma Perkins」當中，此方法讓寶僑公司獲得相當高的收益。隨後於1970年代開始因廠商可直接將品牌置入電影中以達宣傳效果，連帶讓電影公司大幅節省製作預算，因此讓商品置入電影的行銷手法廣泛流行。其中最有名的莫過於1982年的美國電影《E.T.》（*The Extra-Terrestrial*），片中男主角與外星人分享Reese's品牌的糖果（Reese's Pieces candy），讓Reese's Pieces candy一炮而紅，且銷售量隨著電影水漲船高，提升65%，此讓廣告廠商驚覺置入性行銷的威力，置入性行銷的成本花費少，但效果實在驚人。

隨著拍攝效果的提升、科技技術的進步，將產品置入到適合的劇情或戲劇當中，適時的透過演員表情或臺詞來強調商品，置入行銷的手法已經被廣泛運用。除了電視、電影外，新聞置入或是部落格置入也刮起另一陣旋風，前者的成本費用雖然較後者高、收益也較高，但是新聞置入可以散播的範圍更廣、且話題性也十分足夠；而部落格置入更不容小覷，部落格置入是所有的置入成本當中最低的，且可以完整的敘述出產品的特性，加上現代人使用手機、電腦的頻率較電視高，更容易在無預警之下對產品產生好感，進而接受被置入的資訊。

置入行銷　電影1　《來自星星的你》

戲情內容

在1609年的某一天，韓國有一位十五歲的小女孩要出嫁，但是小女孩的丈夫卻在她還沒嫁入家門之前就已經過世。在當時的傳統年代韓國有一個不成文的規定，即便丈夫已經過世，訂親的女孩仍舊必須嫁到夫家，做一輩子的寡婦。然而就在小女孩出嫁的這一天，原看似不起眼，但突然之間上空中出現了不明物體，將迎娶的隊伍打散，新娘的轎子也差點掉入懸崖，就在此時的時間瞬間凍結，一位來自別顆星球的外星人，出手救了女孩子。從此之後每當女孩有危難時，他都會在後面默默出手相救。時間過得很快，當時來不及回到自己星球的他，走到四百年後的今天，這一天男主角的隔壁搬來一位女明星，對於她的傲慢與不講理，他打從心底的討厭，但在緣分的捉弄下男主角發現，這位女明星不是別人，正是一位與當年他在懸崖邊救出的小女孩長得一模一樣的女生，此後當女主角有性命的危險時他總能感應到，及時出手相救。漸漸的，男主角原本平靜的生活被打亂了，不打算在地球上留下任何感情、事物的他，對她動了心，一次又一次的打破自己的規則，從冤家路窄變成有情人終成眷屬。

電影內容與置入行銷的融合

通常一部電視劇或電影，走紅的除了演員，頂多再加上一、兩項主要產品，但是因《來自星星的你》一炮而紅的商品，有如一本大型目錄，從女主角手上的包包到男主角手上的書，每一項產品都在亞洲市場衝出亮麗的成績，且持續發燒、發熱。《來自星星的你》由編劇和核心製作團隊將這一部戲奠定基礎，而全智賢與金秀賢兩大實力派演員打下電視劇的江山。劇中彼此從陌生人走到兩人心中掛念的戀人，是觀眾最愛買單的劇情，而整齣戲不僅創下收視率的最高紀錄，更讓衍生的商機高達844億新臺幣。

有時氣勢凜人，有時又天真的像個小孩，全智賢將女孩子們的內心世界，幻化成真實的模樣，讓人很難不被她在劇中的情緒牽著走。千頌伊換裝的速度極快，有的時候還在思考這是哪一家國際品牌的款式時，下一個鏡頭她就換了另一套裝扮，但是眼尖的粉絲們也不是省油的燈，總會在最短的時間內，將千頌伊的穿著打扮與愛用品整理出來。而各家品牌的公關人員當然更不會放過如此好的宣傳機會，由此可見產品置入在《來自星星的你》中的高人氣。

無懈可擊的商機來自於全智賢對所有裝扮的駕馭和廠商的贊助，劇中女主角千頌伊猶如凡爾賽宮走出來的女主人，她的氣質與容貌搭配一件又一件華麗的衣裳，彷彿精靈在世一般，既時尚且引人注目。第一集的開場，就換了六套國際大品牌的服裝，更在第三集直接表態：「我不是會穿大眾品牌的隨意女子！」不僅將愛慕虛榮的女明星氣勢展現，更是直接了當說明，凡是我千頌伊身上穿的、用的、吃的通通都是好的，

不夠高規格水準的，通通映入不了我的眼簾。而千頌伊所使用的這些奢侈品，大多來自廠商的贊助，不管是CHANEL、CELINE、JIMMY CHOO等國際重量級品牌，都是這齣戲的幕後使者。

人生如戲，戲如人生，食、衣、育、樂、住、行，一般人生活之所需與劇中的男女主角沒有不同，但是因爲男女主角的身分特別，一個是高身價的女星、一個是絕頂聰明的黃金單身漢，兩個都是高冷的性格、不服輸的個性，彼此是針尖對麥芒。千頌伊一出場就以一個傲慢的女星姿態現身，身上的黑裙子與白外套正是Chloe 2013 秋季的秀服，加上腳上JIMMY CHOO的靴子與配戴的DIDIER DUBOT耳環和戒指，第一個鏡頭就包含了三大品牌。最短的出現幾秒鐘，最長的十多分鐘，在這短短的時間內，只要是千頌伊的穿搭都讓大家爲之瘋狂，簡潔俐落又不落俗套的搭配，正是現代人最欣賞的穿搭術。千頌伊的氣勢銳不可當，舉凡衣服、包包、太陽眼鏡、項鍊、耳環等，沒有一樣逃得過粉絲法眼，每一項都成了當紅商品。

服飾品牌置入

不同的場合有不同的穿搭，但穿搭術並非一門親切的學問，藉由千頌伊的帶領下，不但可以補足最新的品牌潮流資訊，還可以從她身上學習搭配技巧。千頌伊身上那些讓人過目不忘的單品，成了戲劇中最令人期待的，不免好奇這一集的千頌伊將換上多少套衣服、多少雙鞋子、多少個包包，甚至是所使用的化妝品。每當節目一結束，網路上便出現千頌伊款的字眼。

眾多衣服套裝中，最令人印象深刻的莫過於上學當天，千頌伊爲了證明自己除了身爲專業藝人外，對於學習也是不遺餘

力。在回到學校上課這一天，身穿CELINE格紋外套到學校的場景，羨煞許多人。格紋外套是學士風格的典範，是上學最貼切的穿搭，而學士風範一直以來都是以BURBERRY的格紋爲經典。劇中千頌伊隨著心情的轉換，有時以經典的格紋款或是單色系做最原本的自己，有時則用2014年春夏新品中新色系、新花樣的款式，展現出心花怒放的情感。

霸氣的黑白配除了是專業感的主流外，一直以來也是國際經典品牌CHNAEL的最經典風格。劇中千頌伊在多個鏡頭下，身穿CHANEL服飾、手握CHANEL包包。天生衣架子的千頌伊，幾乎每一場戲都穿著最吸睛的外套，不管是穿著還是披著，外套只要到了千頌伊身上都成了絕配。順應不同的場景，千頌伊有許多不同材質與剪裁風格的外套，皮革顯得俐落、尼絨顯得親切、全羊毛顯得高貴，每一件都讓人不禁也想擁有。隆重的晚會上，別出心裁的裝扮是一定要的，且要能夠征服全場，因此在朋友的婚禮上千頌伊自然不會落入俗套，選擇以DOLCE&GABBANA黑色蕾絲長裙披上BALMAIN西裝外套氣派亮相，占了全場的上風。戲中將時間延伸到了未來，千頌伊出席2017年電影獎時穿CAROLINA HERRERA白色蝴蝶結露背晚禮服，氣勢十足，女王氣場無人能比，在看板前的那凝結瞬間，男主角的出現也將整部戲的氣氛帶到最高點。

男主角都敏俊教授的魅力同樣也造成轟動，SOLID HOMME西裝套裝、COURONNE後背包、GOLDEN GOOSE球鞋、上課騎著ANAVEHI的自行車出門，或是威風凜凜的BURBEERY風衣、出門的賓士車；其中跌破許多出版商眼鏡的是，劇中都敏俊閱讀的書籍《愛德華的奇妙之旅》，童書裡的小兔子彷彿是男主角的化身，只想要守護女主角卻又不敢放

手大膽愛的場景，讓人看了非常揪心，這一本童書自播出後半個月賣出了五萬本，遠遠超過了過去五年只賣出一萬本的紀錄。

容貌彩妝品牌置入

除了魔鬼的身材，千頌伊還有一張天使的臉孔，不難發現紅唇是千頌伊的招牌，大膽而豔麗的紅唇妝，讓YSL的口紅爆紅，一夕之間各大百貨公司供不應求，亞洲部分國家斷貨。此條YSL奢華緞面唇膏#52在臺灣並未銷售。然而化妝品的彩妝市場中，口紅的顏色大同小異，因此相似款的CHANEL絲絨唇膏、BOBBI BROWN月紅唇膏、MAC柔礦迷光唇膏等，成了民眾購買時的參考選擇。「要化得看不見毛孔，水嫩得像能擠出水來」，千頌伊直接道破心機素顏的真諦，臉上的保養品不可隨意使用，要能夠保濕、抗老、除皺等功能集於一身，因此瓶瓶罐罐的保養品是生活中不可缺少的一部分。而上妝的粉底液、粉餅、蜜粉等更是不能有一點馬虎，要畫出好的氣色、臉部五官與稜角必須立體，又不能太做作，大大考驗著化妝師的功力。

平民美食置入

千頌伊曾說：「我看客人是什麼樣的姿態，就以什麼樣的打扮出場。」在外頭她是光鮮亮麗的女明星，連生病了都要打扮一番後才肯出門，但其實除了一線女演員的角色，在千頌伊的內心深處仍舊住著一位小女孩，小女孩喜歡看漫畫，在初雪時最喜歡吃炸雞配啤酒，讓人看到螢光幕後最眞實的千頌伊。而炸雞配啤酒在戲劇播出後成了當紅炸子雞，從高級餐廳到路邊小販大家都爭先恐後販賣，「Palm Palm Piano Dining Bar 팜

팜피아노」是劇中的炸雞店，自然也就吸引了無數的顧客上門。不僅如此，此番吃炸雞的小確幸拯救了中國大陸的養雞市場，因爲當時中國大陸的養雞市場，正因爲禽流感H7N9壟罩在一片烏雲下，「下初雪時，就是要吃炸雞配啤酒」令這個聞之色變的疫情，就在街頭上消失了。

帶動手機貼圖商機

智慧型手機儼然是現代生活中的必需品，然而在地球上生活將近四百年的男主角仍舊只使用B.B. Call，不順應時代潮流變化的他，爲了女主角而換了一支SAMSUNG手機，此舉引來交情超過三十年的好友張律師醋意大發，說道：「我跟你說過多少遍，該換手機了，但你就是不肯，怎麼現在，換了呢？」智慧型手機內的APP-LINE，當時在臺灣已經是最紅的APP聊天系統，但是在韓國及中國大陸並非如此，順應著劇情的發展，LINE的用戶暴增，雖然男女主角在劇中並未提及LINE的好用之處，但是已讀不回或是打了關心的話語卻又因爲彼此的冷戰而刪除的情節，深深刻印在觀眾的腦海。對此，LINE開發了幾款專門爲男女主角所設計的貼圖，主人翁兔兔與熊大是千頌伊與都敏俊的化身，劇中的橋段化身在貼圖的意境，或是全智賢的千頌伊款、金秀賢的都敏俊款，都讓貼圖的下載人數突破以往的使用量，創下歷史新高。

商品置入效應

每當女主角面臨膽戰心驚的危險，令觀眾不禁捏一把冷汗的同時，男主角總會有辦法在關鍵時刻救女主角一命，是愛情劇必定會有的情節，但《來自星星的你》除了愛情還綜合了親情、時尚、科幻等題材，而男女主角的不完美更貼近了人的

眞實性，觸動了許多電視機前粉絲的心弦，讓收視率不斷創新高。在製作團隊巧妙的安排下，劇中服飾、裝飾、代步的工具彷彿變成整齣戲的主角，讓人感受不到一點刻意的廣告，做到置入行銷的最高境界。只要是劇中的商品，幾乎是炙手可熱的搶購品，不管是正版或是修改版的，都成了消費者所指定的商品。

置入行銷 電影2 《海角七號》

戲情內容

那一年恆春墾丁的音樂祭，找來了日本療傷歌手中孝介做主唱，然而當公關友子來到臺灣替接下來的演唱會進行前置的安排時，才知道暖場的部分要讓在地的樂團進行表演，但問題是縱然當地有許多的即興音樂，但卻沒有完整的整合，讓她感到詫異。此時在臺北的失意青年阿嘉也回到墾丁，整天無所事事，因緣際會下，他成了這一個樂團的主唱、協助友子的團長。一開始對這一切根本不在乎的他，逐漸感受到墾丁的人情味，與樂團裡的人開始由冷漠轉向熱情，從一個不被看好的樂團到在演唱會當天留下令人印象深刻的表演。這中間由於茂伯的腳受傷無法送信，阿嘉便充當郵差先生幫忙送信。有一天，意外的發現一個來自日本的郵包，收件的地址爲：「屏東縣恆春郡海角七號」，而開啓另一段插曲，原來這是當時日本人統治臺灣將近五十年，於1945年戰敗，在一艘艘準備撤回日本的軍艦上載滿著濃濃的鄉愁和滿滿的不捨，其中一位日籍老師寫給臺灣女學生的七封情書。

電影內容與置入行銷的融合

隨著電影《海角七號》的熱映，讓恆春的美在人們的心中喚起，想起在炙熱的陽光下踩踏的清涼海水、太陽西下時落日的晚霞、恆春鎮上小販的招呼聲此起彼落。但這一些都僅是夏天的恆春，冬天的恆春較少爲人所知，因爲落山風不適合旅遊，所以冬天的恆春是寂靜的。劇中的音樂節意思同於墾丁的春吶，春吶顧名思義春天吶喊，是每一年墾丁迎接酷熱的暑假前的重頭戲，將過去僅有暑假的商機拉長自春天開始，爲恆春地區帶來另一片新的經濟效益。

《海角七號》中置入墾丁當地民宿、原住民的小米酒、原住民的勇士之珠，墾丁的熱情被賦予在這些置入的產品內，藉由電影完整的呈現出臺灣最自然的那一面，網路上還出現了《海角七號》專屬地圖。地圖裡，將劇中恆春的夏都飯店、阿嘉的家、茂伯的家、友子小姐的奶奶家等觀光景點，完整的收錄。

圖12-1 《海角七號》專屬地圖

墾丁風貌置入

影片中的墾丁民宿擁有美麗的沙灘場景，在柔軟的沙灘上奔跑、遠眺天海一線的美麗海景，還有來自世界各地的人在此戲水，讓原本一到放假便一房難求的夏都飯店，再次殺出重圍，連平常日都高朋滿座。此外，阿嘉的家、茂伯的家、友子

小姐的奶奶家，也都成了觀光景點，有不少影迷認爲到此地一遊時，一定要沿著阿嘉送信的路線走一圈，才不虛此行。

原住民文化置入

一位自外地到墾丁的銷售員馬拉桑，是劇中置入行銷中的最精華。當人們進到飯店聽到一聲「馬拉桑」，如此熱情又宏亮的聲音，讓人不禁懷疑自己是不是聽錯什麼。此時馬拉桑先生會面帶笑容且有耐心的向客人解釋：「原住民著名的小米酒，千年傳統，全新包裝！」看到客人大感疑惑的眼神時，他會快速地補上：「我先倒一杯給你喝喝看！」但此時通常會被拒絕。若是接受了他的推薦，他會反問：「有沒有感覺，酒香在嘴裡那種芬芳的感覺！」此問法加上他誇張的幸福感，令人好奇這酒眞的有那麼好喝嗎？答案是肯定的。劇中馬拉桑從乏人問津的銷售成績，到大家爭先恐後的購買，可知此款酒的特別之處。而其實「馬拉桑」是來自阿美族語中「喝醉了」，喝醉了就什麼煩惱都沒了，可以與大家同歡樂。這一款小米釀造而出的小米酒，在《海角七號》的推廣下，打下一戰亮麗的成績。本身對於小米酒有興趣的觀眾，在看到此齣戲時，重拾對小米酒的感覺；還讓從未接觸過小米酒的觀眾破例購買試喝，重振臺灣小米酒的風潮。馬拉桑的知名度很快地就傳到國外，小米酒成了風光送禮的著名產品。

琉璃之珠是古代的排灣族社會裡，代表擁有者的身分與地位，因此通常琉璃之珠的持有者爲排灣族的貴族。排灣族重視琉璃之珠的程度難以言喻，琉璃之珠是家中的傳家之寶，因此在結婚的聘禮中不可缺少。因手工製作，所以每一顆琉璃珠的紋路、色樣都不同，被賦予的意義也不同，其中高貴漂亮之

珠、孔雀之珠、勇士之珠是現在比較常見的。排灣族人相信琉璃珠具有靈異力量，能祈福、保護，而劇中琉璃之珠是友子離島前給予大家的祝福，有代表智慧的智慧之珠、勇氣的勇氣之珠、愛情的愛情之珠。

喚起書寫情書的感動

1945年，二次世界大戰結束，日軍戰敗準備撤軍離臺，一名日籍老師將隨著最後一支撤退的軍隊離開臺灣，但是他的心中還有一個放不下的牽掛，可是又沒有勇氣與她道別，甚至帶她離開，因此將心愛的她遺棄在相約私奔的碼頭，將她留在那心中最美的位置。登船以後的他每天寫一封信，記錄他對她的思念，七天的航程過後，船登陸日本，他將這些信一併寄了出去，希望海能夠將這些情書帶到他愛人的手中。

眞摯的道別、唯美的情書，還有那依依不捨的留戀，讓故事的一開始就感動了許多人。在現在科技發達的年代，提起筆寫情書是一件難能可貴的事，因爲電影，親手寫的情書再次令人回憶起情書的感動與眞誠。而書局裡的信紙與信封，還有郵局裡的郵票，再一次令人忘懷。

置入行銷 案例 英國皇室

皇室御用品證認商機

英國皇室的登基大典、婚禮喜慶、新生兒的誕生與受洗，都是全球觀眾的焦點，不僅英國人民與大英國協的居民，而是全世界的人都可透過電視、網路媒體的轉播共襄盛舉。被頒發皇室御用認證的品牌，不只品牌感到驕傲，就連消費者也與有

榮焉，可見英國皇室備受尊重的程度，英國皇室的穿戴成爲人民心中的嚮往，形成一股追隨風潮。

根據記載，有關皇室御用認證，首次案例是1155年，英國國王亨利二世授予織工公司英國皇室的委任認證。時至今日，從頭上的帽子到腳上的襪子／鞋子、餐桌上的紅茶點心到出門代步的工具，生活必需品都有皇室御用認證的品牌。能夠被頒發皇室御用認證者，代表皇室對於其商品和服務感到滿意，大多數爲英國當地的品牌，少部分爲外國的品牌。品牌必須連續提供皇室產品或服務超過五年以後，才有資格向皇室提出申請，因爲得到皇室的信任，而被頒發皇室御用認證的品牌將因此而身價倍增。同樣的，皇室會嚴格監督該品牌的狀況，可以隨時取消皇室御用認證的授予資格。

「皇室御用認證」（Royal Warrants）爲國際公認優質英國品牌的識別標示，當發現所購買的產品中印有「HRH The Price of Wales」、「HM The Queen」、「HRH The Duke of Edinburgh」的授權認證時，此商品代表爲皇室御用品牌。而有權力頒發此授權認證的，僅有英國皇室中最重要的四位成員，即女王、皇太后、女王丈夫菲利浦親王和查爾斯王子。女王是英國一個持之以恆的精神象徵，每一回皇室的登基大典，都是人們所關切的焦點，更是代表皇室屹立不搖的象徵。

「皇室御用認證」（Royal Warrants）	
	伊麗莎白二世女王於英格蘭、威爾斯和北愛爾蘭的徽章
	伊麗莎白二世女王於蘇格蘭的徽章
	愛丁堡公爵菲臘親王的徽章
	威爾斯親王的徽章
資料來源：https://zh.wikipedia.org/zh/%E7%9A%87%E5%AE%B6%E8%AA%8D%E8%AD%89	

英國皇室婚禮品牌置入

伴隨著2011年4月英國威廉王子與凱特王妃完婚，這一場世紀婚禮受到世人的注目，也讓皇室御用認證再度受到關注。婚禮當天凱特王妃穿著的婚紗邀請到Alexander McQueen現任創作總監莎拉．波頓（Sarah Burton）設計，婚紗輕盈優雅將王妃的氣質襯托而出。而王妃頭上所戴的王冠更是眾人矚目的焦點，此王冠為1936年卡地亞（Cartier）所設計及製作的Cartier Halo Tiara王冠，由女王伊麗莎白二世借出。以「皇帝的珠寶商，珠寶商的皇帝」作為宣言的Cartier來自法國，從歷史的記載上不難看出，Cartier早已和英國的皇室有淵源，更被頒發「皇室御用認證」，皇室成員出席活動時Cartier的珠寶成了重要配件。

婚禮的慶典上，有眾多的名人貴族參與其中，其打扮自然也成為螢光幕下大家共同討論的焦點。對於英國的女貴族而言，優雅得體的帽子是禮儀中的必備品，而有帽子魔術師之稱的Philip Treacy 所設計的款式，自然也就成為名媛的首選。此外，在英國傳統婚禮如此神聖的場合，為表示尊重，到場的來賓會穿著全套西服出席，代表者是GIEVES & HAWKES專賣店。這家擁有三大徽章的套裝專賣店，正是威廉王子宣布訂婚時與準王妃共同發布的合照中所穿著的服飾。三大徽章，分別由英國女王伊麗莎白二世、夫婿愛丁堡公爵及威爾斯親王授予，可見其地位不容小覷。

GIEVES & HAWKES專賣店有許多的皇室御用認證是自宮廷時代流傳下來的，除了這一些高規格、超頂級的皇室御用品，國際精品中的BURBERRY也獲頒皇室御用認證。BURBERRY 是普羅大眾較為知道的國際品牌，皇室對其的愛

用程度可以由徽章及授權認證中看出。如今BURBERRY品牌無人不知、無人不曉，有一大歸因來自於皇室御用認證的見證。

御用茶品置入

除服飾類是「皇室御用認證」中的一大看點外，英國人愛喝下午茶的風氣已經傳遍全球，下午茶中又以紅茶最為經典。高格調的英國百年老牌Fortnum & Mason是英國茶貴族的象徵，創辦人William Fortnum先生一身好品味，來自於當年曾為英國皇室的服務而練就。Fortnum & Mason早在維多利亞時代，就獲頒英國皇家頒發的皇室御用認證（Royal Warrants），店內所有產品都是英國皇室御用品，所進口的都是有口皆碑的高級食材用品，受到皇室與王公貴族青睞。

在227項被頒有「皇室御用認證」的御用品中，皇室的御用茶當然不只一家，英國皇室御用茶——Twinings也廣為人知，Twinings自1706年開始賣茶葉，1749年在兒子的接管下首次進行出口買賣，始料未及的是生意蒸蒸日上，1784年成功降低英國茶業的稅額，讓利潤更加提升，1787年有了自己的招牌，1831年Twinings經典的皇家伯爵茶誕生，一直流傳至今。2013年皇家寶寶喬治小王子的誕生，英國倫敦的希斯洛機場（Heathrow Airport）在寶寶誕生的這一天，提供一千份的皇家紀念禮盒給旅客搶購，一同分享喜悅。在這一個紀念禮盒內，含有CELEBRATING A VERY SPECIAL NEW ARRIVAL皇家T-shirt、Twinings英國茶和Walkers造型餅乾。

優雅、紳士、淑女是英國給人的第一印象，雖然英國皇室沒有政治上的實權，但皇室在人民的心目中有增無減的榮

譽感，讓「皇室御用認證」的被頒發者與有榮焉。這些By Appointment to開頭的「皇家御用保證」證書，從高級精品到街上的特色創意商店，全球超過一千多份的皇家認證，是人民心目中的首選。因爲擁有皇室的保證，其品質一定是可以被信賴的，同時也爲被頒發者做最有利的廣告宣傳，此正是置入行銷的運用典範，不只當地英國人愛用皇室御用品，慕名而來的遊客更是絡繹不絕。

結　語

2008年《海角七號》中的置入商品，成了大家的指定商品，背後帶動南臺灣的觀光與商機。2013年底到2014年初，韓劇《來自星星的你》男女主角的超高人氣，背後所促成的商機更是功不可沒，整齣戲將置入行銷的運用推向巔峰。安排顯得刻意，但又很自然的置入手法被廣泛的運用。

國際知名品牌（路易威登）Louis Vuitton，因電影《鐵達尼號》而舉世聞名。影片中，雖未曾介紹Louis Vuitton行李箱的耐用度有多高，但從貴族們人手一個，到鐵達尼號沉船後漂浮在海面上的眾多行李箱中，只有Louis Vuitton的行李箱滴水未滲，箱內的物品完好如初。

近年多部電影中運用的是「車」的置入，《變形金剛》中Peterbilt 389型卡車的柯博文（Optimus Prime）是博派變形金剛的首領，代表宇宙善良一面的力量；雪佛蘭跑車Camaro的大黃蜂（Bumble Bee）是博派大家族的小老弟，專門執行勘察任務；悍馬H2的飛輪（Ratchet）是博派變形金剛戰友的醫官等，是車型亦是人型，正義感的化身是車迷心之所向。馮迪

索和保羅沃克所率領的《玩命關頭》演員陣容，至今共有七部劇作，主演者各個都是賽車好手，透過表情的傳達、駕馭的技術，甚至演員的直接介紹，是最直接的展演，也讓劇中的車子成了車展中的焦點、影迷與車迷心中的驕傲。

置入行銷利用媒體灌輸資訊給消費者，藉由影片的播放傳達給消費者，藉此創造大眾關心的議題，達到吸引媒體報導或網友的熱烈討論，創造更多的商業效益。

單元十三

貫徹品牌行銷戰略，輕鬆駕馭《穿著PRADA的惡魔》

品牌術最早源自於藝術品方面的使用，在西方的雕刻、壁畫於作品完成後，大師會簽字留名於作品上；在中國，古代的詩、詞、書、畫大師，將其姓名或字號，以落款題字或蓋章的方式留在其作品上。這些創作者因爲留名在作品上，而得以名傳不朽，或甚至身價百倍。

何謂品牌行銷

根據美國行銷學會（AMA）的定義，品牌是一名稱、名詞、標記、符號或設計，或者聯合使用，作爲用來確認一個銷售或一群銷售者的產品或服務，並與競爭者的產品有所區別。文中將舉電影《穿著PRADA的惡魔》（*The Devil Wears Prada*）輔以說明，PRADA爲義大利經典品牌，享譽國際，凡是有能力又有世界觀的女人，幾乎都認同以擁有PRADA的產品爲榮。PRADA起家於優質皮件，運用行銷策略在短短的十幾年間，在時尚界立足站穩一席之地！

品牌行銷戰略

原先商品的行銷，是處於「無」品牌的時代，大多以一大桶、一箱、一袋的方式陳列銷售，或依需要量加以秤重，並未在商品加上任何品牌、品名或標示，只要有工廠就可以生產產品販售爲主要的趨勢。但近二十年來全球品牌行銷的最新觀念，則改以「擁有市場」比擁有工廠重要，若想要擁有市場就必須擁有強勢的領導品牌。

表13-1　近年全球最有價值的品牌TOP 10

排名	品牌企業	品牌價值（美元／億）	品牌價值（臺幣／億）
1.	Apple（蘋果公司）	2469	7兆7822
2.	GOOGLE（谷歌）	1736	5兆4718
3.	Microsoft（微軟公司）	1155	3兆6405
4.	IBM	939	2兆9597
5.	VISA	919	2兆8966
6.	AT&T	895	2兆8210
7.	VERIZON	860	2兆7107
8.	Coca-Cola（可口可樂公司）	838	2兆6413
9.	McDonald's（麥當勞公司）	811	2兆5562
10.	Marlboro	803	2兆5310

資料來源：http://www.wpp.com/wpp/press/2015/may/27/apple-overtakes-google-for-the-top-spot-in-the-10th-annual-brandz-top-100-brands-ranking/

根據BrandZ所公布，近年全球最有價值的百大品牌中，Apple（蘋果公司）、GOOGLE（谷歌）、Microsoft（微軟公司），爲全球最有價值的品牌中前三名。BrandZ的排名是根據企業現有買家品牌、潛在客戶的觀點與財務數據來計算，在全球廣告巨頭WPP的市場研究機構「明略行」（Millward Brown）下，所執行的品牌價值排行。Apple（蘋果公司）的iPhone 6與iPhone 6 Plus在全球熱銷，一季就讓蘋果淨賺180億美元，品牌價值增加了67%，一舉躍過前幾年的榜首GOOGLE（谷歌）。雖然GOOGLE（谷歌）的表現並沒有Apple（蘋果公司）來得耀眼，但GOOGLE（谷歌）的搜尋引擎仍舊是大眾所愛。而位居第三的Microsoft（微軟公司），在新上任的執行長大刀闊斧的改革下，超越了老品牌IBM。表現不如預期的IBM，相較去年品牌價值下滑了13%，跌出前三名。

隨著出國旅遊人數的增加以及網路的消費習慣席捲全球，讓信用卡VISA業務表現，超乎意外的亮眼，年年躍升。而排名第六與第七的美國電信老牌AT&T與年輕品牌VERIZON，兩者都爲了滿足消費者的數位與娛樂生活，正打得不可開交。曾經是由飲料大廠Coca-Cola（可口可樂公司）蟬聯冠軍，現今則由科技和網路品牌握有令牌，Coca-Cola（可口可樂公司）在已開發國家和新興市場的投資都不如以往，而今年的品牌價值相較去年更僅有增加4%。或許是飲食習慣的改變，也或許是養生觀念的提升，前十名中跌得最悽慘的非麥當勞莫屬，利潤與營業額的不斷萎縮，讓麥當勞措手不及，前陣子更有麥當勞欲將在臺灣的經營從直營改爲授權的消息，更可以從中了解到營業狀況大不如從前。全球的經濟、法律、政策都將影響一個品牌的價值，Marlboro爲全球最大的菸草公司，由於各國對菸品廣告的限制及菸品的管制，使得排名相較去年品牌價值退後一名。

品牌，都必須具備「品牌權益」，從表13-1「近年全球最有價值的品牌TOP 10」中可以了解到，對於消費者而言，這些品牌都是耳熟能詳的品牌；而對於品牌而言，則是擁有一群「死忠兼換帖」的忠誠消費者。首先從品牌的命名開始，緊接著品牌的延伸與品牌的市場區隔，再到品牌權益，一連串的過程，要讓消費者從其知名度，了解、認識該品牌，並指定購買該品牌。

品牌命名的原則

品牌命名時，要取得有技巧，以方便日後品牌的延伸。

表13-2　品牌命名的原則

方　法	說　明	案　例
簡短有力，發音容易	1.品牌名稱以兩個字或三個字為宜，且易寫易念。 2.不能有不雅或忌諱的諧音	1.百服寧「850」=保護您。 2.伏冒熱飲，熱熱喝、快快好。
容易辨識與記憶	別開生面，讓消費者過目不忘。	1.「乖乖」之於兒童食品。 2.「黑貓」之於殺蟲劑。
暗示法	表現或暗示產品的功能，用名稱或是圖樣暗示消費者，使用此產品後會有什麼樣的改變。	1.566洗髮精，讓秀髮看起來更柔、更順、烏溜溜。 2.Walkman隨身聽音樂。
能適合將來新增產品的發展	考慮到將來家族品牌的運用，命名不能偏頗而失去彈性。	1.味全一開始生產味精，之後用在醬油、醬菜食品罐頭，最後一系列發展到乳品、果汁等，「味全」兩字極適用於食品類。 2.順風牌崛起於電風扇市場，「順風」兩字對電扇非常之貼切。另外諸如大同、聲寶、東元、歌林之類的中性字眼，可以很容易地順勢延用為家族品牌。
適合目標消費者的意向	商品定位與市場區隔的行銷觀點，品牌命名自當迎合目標消費者之喜好。	1.勇士牌電鬍刀。 2.夢17洗面皂。
自我特色	不論是其他種類產品的品牌，或是同一類產品的品牌，原則上，都不宜與其近似、雷同，以建立自己品牌的特色。	1.PRADA、GUCCI、CHANEL國際大品牌，採用創作者自己的名字，展現自我品牌的特色。 2.「耐斯集團」旗下多款品牌名稱，在命名上就充分掌握了「傳播力」與「親和力」兩大關鍵要素。
依法註冊，取得商標專用權	在法律上，以申請註冊並取得註冊商標專用權為必要條件，否則少了註冊商標就等於一場空。	
替品牌命名時，別魚目混珠，或在相同領域中取太相近的名稱，會讓人沒有好感。除了上述的案例，生活中還有許多好的品牌命名，其背後都有著特殊的意義。 1.國內第一名沐浴乳產品「澎澎香浴乳」，當初在命名時，了解臺灣民眾喜歡用「洗澎澎」代表「洗澡」，因此把沐浴乳產品取名為「澎澎」，要讓民眾一想到洗澡，就立刻聯想到澎澎香浴乳。 2.洗碗精第一品牌泡舒（PAOS）的命名，其實是肥皂（SOAP）英文字母顛倒過來。 3.洗衣精品牌「白鴿」，則是源自於白鴿象徵和平、天然的含意，與現代環保的觀念不謀而合。		

不管是國外品牌或是國內品牌，命名的過程都需要不斷的篩選，並且經由法律的註冊來確保自身的財產權，而此過程也可藉由消費者的測試、挑選，再拍板定案。在女性衛生棉市場中，有個非常好的案例，過去「好自在」 與「靠得住」 都曾經穩坐冠、亞軍位置，但嬌聯旗下的熱銷品牌「蘇菲」卻異軍突起。爲了在衛生棉市場中創造差異化，以便和當時市場的三大巨頭「好自在」、「靠得住」、「雷妮亞」品名有所區隔，特別取名爲「蘇菲莎蕾」。「蘇菲莎蕾」雖然好聽，但實在是拗口難記，因此簡化爲「蘇菲」兩個字，將名字簡化後的「蘇菲」不僅品牌名稱更具親和力，產品搭配上「立體防漏側邊」的貼心功能，讓廣告Slogan「有了蘇菲，眞的好放心」的品牌形象，深植女性消費者心目中。

品牌命名的方法

表13-3　品牌命名的方法

方　法	說　明	案　例
企業名	以公司名稱作為品牌名。	1.統一 2.飛利浦 3.山葉
功能名	以產品本身的效用、品質水準、成分、用途等功能的範疇來命名，分為明示法與暗示法。	1.明示法 眼露 感冒靈 滅飛 2.暗示法 舒潔衛生紙 津津食品 順風牌電風扇
動物	以動物之名稱為品牌名。	1.白熊洗碗精 2.老鷹牌煉奶 3.黑貓殺蟲液

方法	說明	案例
植物	以植物名稱作為品牌名。	1.葡萄牌康貝特P 2.蘋果牌泳裝 3.Crabtree & Evelyn瑰柏翠
音譯	以外國語或其直譯音，作為品牌名。	1.Bath Clean巴斯克林 2.Pepsi 百事可樂 3.Pampers幫寶適尿布
字首	在西方語系（以字母拼成單字）常運用企業名或功能名的字首，來構成品牌名。	1.3M (Minnesota Mining Manufacturing) 2.BMW (Bayerische Motoren Werke) 3.RCA (Radio Corporation of America)
數字	品牌名稱的全部或前面，一部分為數字。	1.77巧克力 2.555香菸 3.566洗髮精
姓或人名	直接以人的姓氏或姓名，作為品牌名。	1.CO CO CHANEL 香奈兒 2.JILL STAURT 吉莉絲朵 3.Westinghouse 西屋
辭典中的詞句	辭典中，一般現有的詞語、字詞為品牌名。	1.永備電池 2.大同電器 3.如意襯衫
新詞、新句、新字	脫離辭典中現有的詞、句、字，創造一個新的詞、句、字作為品牌名。	1.Kodak柯達軟片 2.SONY新力 3.KLIM克寧奶粉 （源自於Milk牛奶，顛倒過來寫，而成為新字）

品牌延伸策略

表13-4　品牌延伸的方法

方法	說明	案例
新包裝	新包裝可以使消費者對於品牌印象煥然一新，增添銷售活力，亦有打擊競爭品牌、防止仿冒的作用。	金蘭醬油以五十年的老牌子與香味遠近馳名，其價格較一般醬油高出1倍有餘，但它的包裝都是使用所謂的三合瓶（公賣局之米酒瓶），而顯得不太相襯，故金蘭醬油乃以類似洋酒瓶的新包裝，藉以重新確立其高價位的格調。
數量／重量	商品銷售單位容量、重量的變化，分加大型、減少型。	加大型：如達美樂的PIZZA外帶時，買大送大。 減少型：如沐浴乳洗髮精等，推出小罐的旅行組。
新形式	為了推陳出新，每年都例行在形式上做局部改良。	舒適牌與吉列牌刮鬍刀，由傳統的薄片式演進到雙層彈匣式刀片，以及近來推出的鳥爪式刮鬍刀。
新口味	變換口味。	礦泉水是單調無味，若在水中加入草莓、檸檬的果汁，就會變成草莓水或檸檬水，讓喝水變得有趣味。
新配方	日用化學品配方的改良，往往使商品效益產生實質或心理上的改變。	漱口水通常含有大量的氟，因此會產生像薄荷般的勁涼感，小朋友較無法接受。進而改良後，加入一些水果或似糖果口味的味道，讓小朋友使用。
低價推廣	許多耐久性商品當銷售停滯或是為了出清存貨，常推出同品質但外型較簡略之廉價產品來刺激銷售。	福特汽車要停止生產，為了將剩餘的車子賣完，以較優惠的條件贈送高級音響來吸引買主。
品牌名稱變化	商品本身沒有任何改變情況下，有時為了配合某種需要而將名稱進行修改，希望達到改頭換面的目的。	功學社KHS機車，原先以「山葉YAMAHA」為品牌，為了國產化，擺脫對日方技術的依賴，乃自建品牌「功學社KHS」。主客從此易位，但銷售徹底失敗，因而回頭再與日本山葉技術合作，恢復山葉為品牌。

品牌行銷的目標市場策略

由市場區隔（Segmentation）、市場目標（Targeting）及市場定位（Positioning）所組成的目標市場策略STP分析，是企業進行挖掘市場定位時的重要策略之一。從人口結構到市場規模所有的因素，都將影響公司的選擇與決定，藉由定位讓消費者直接聯想。

品牌權益

品牌權益的內涵	品牌權益內涵的關係	
知覺品質	知覺品牌是基礎	知名度 ↓ 指名度
品牌知名度	品牌知名度是必要條件	
品牌聯想（愛屋及烏）	品牌聯想是品牌權益的核心	
品牌忠誠度	品牌忠誠度是最終目的	

知覺品質	五十年前在臺北雙連市場對面的賣滷肉飯攤子，五十年後愛屋及烏卻搖身一變為一個品牌，一個跨國公司連鎖企業。「人情味、臺灣味、古早味」，是「鬍鬚張」三個持久不變的美味。 品質高標準的要求，影響張永昌非常深遠。有一次忙於招呼客人，一時疏忽把一鍋飯煮得有點焦，毫不猶豫對顧客說：「這鍋飯煮壞了。」並請問顧客是否能再等下一鍋飯，立刻把這鍋飯倒掉。這在當年民生艱困的時代，真的感動了顧客，同時也讓張永昌學到「再忙也要兼顧品質」的理念。 愛屋及烏從門市的色調、亮度、桌椅材質等設計都更新，並有SOP標準規範和設計，讓顧客能充分感受到所帶來「物超所值」的價值，也建立了其品牌形象。
品牌知名度	一個廠商在市場上已經建立了良好的品牌地位，則後續上市的產品使用相同品牌，往往可以連帶獲得消費者好感。創新品牌上市是一項極為艱鉅的任務，需要投入大量廣告，經過無數次耐心的教育、示範、推廣，方能獲致消費者的認識、了解、信服與購買行動，其成敗很難預料，是風險極大的投資。 如果利用家族品牌，便較易於獲得消費者的接受，消費者對原品牌的認識、好感、信心，一股腦都可透過品牌轉嫁到新產品身上，對市場的銷售不但可以爭取先機，而且更能節省可觀的廣告與推廣費用。

品牌聯想（愛屋及烏）	發展自有品牌除了產品本身要豐富之外，行銷手法更需不斷更新。每隔一段時間，就要為品牌創造「故事」，創造新的話題，讓品牌能廣被討論。 在麗嬰房25週年時，將品牌LOGO大象改為蠟筆筆觸，讓品牌形象更顯童真，也更能貼近孩子的喜好。滿30週年時，則將麗嬰房三個字改為電腦字體，不斷為品牌製造話題，要讓品牌永續經營。
品牌忠誠度	迪斯尼堅持遊客必須被當成座上賓一樣對待，塑造一個夢想國度。迪斯尼產品總給人一種愉悅與夢想，遊客不管是去哪一個主題樂園，有問題時都會得到令人愉快的回答，奇觀、令人興奮的事物、產品的廣泛性，都對塑造迪斯尼的傳奇貢獻良多。每一次的到訪，都會得到美好的體驗，讓遊客不斷回流。

除了農、林、漁、牧、礦的初級產品，大多數的商品如服飾、皮包、飲料食品、交通工具等有了品牌後，品牌對企業具有多方面的行銷功能。在企業產銷規模不斷擴大及包裝技術日新月異的進步等因素影響下，品牌呈現快速且高度發展。帶有品牌的商品，較能夠輕易確認供應來源和確保品質，也較能夠獲取消費者的信任，並提高消費者的購買慾望。因爲品牌對消費者而言是具有價値的，對於沒有品牌的商品難以斷定其品質的好壞、或者是不清楚其原物料的來源，因而不敢輕易購買。

品牌行銷　電影　《穿著PRADA的惡魔》

劇情內容

「伸展臺」是紐約時尚界的化身，是所有對時尚充滿熱情年輕紐約女孩夢寐以求的工作，然而安德莉雅・沙區「小安」卻不是如此認爲。大學剛畢業的她夢想成爲記者，因此將目標放在《紐約客》或《浮華世界》（*Vanity Fair*）雜誌工作上，這一次的工作只是作爲實踐夢想的跳板，對她而言，根本沒有

聽過伸展臺和總編輯米蘭達，這樣對於時尚界完全不了解的一個小女生，居然會被錄取，成爲米蘭達・普瑞斯特的個人助理，實爲跌破眾人眼鏡。

米蘭達在時尚界呼風喚雨，但尖酸刻薄、心狠手辣的工作態度，也掀起無數腥風血雨，爲了讓自己適應工作、適應時尚圈，小安首度穿上JIMMY CHOO的高跟鞋，逐漸披上時尚的外衣卻失去原本單純的她。整天忙於工作的結果，讓她與家人、朋友，甚至是親密愛人的關係漸漸變質，甚至讓人感覺到小安就是惡魔上司米蘭達的翻版，除了工作，對於生活的一切變得冷漠，爲了出國考察的機會犧牲自己的同事，甚至爲了工作而忘記朋友的聚會、男友的生日會等。

一開始小安不懂爲何大家離她而去，但是經過與米蘭達一次又一次的對話中，小安了解到自己已經不再是過去的她，而爲了不要步上米蘭達的後塵，小安毅然決然離開伸展臺，並找回原本的自己，同時也找回了家人、朋友與愛情。

電影內容與品牌行銷的融合

PRADA代表著時尚與權勢兼備的女強人，劇中米蘭達氣勢凌人的出場，手上提著的正是寫有PRADA LOGO的銀灰色手提包，象徵女權高貴的地位，所有人見到米蘭達都識相的讓路、開門生怕擋到她。米蘭達是*RUNWAY*雜誌的女主編，是時尚的象徵，所有想與時尚沾上邊的女孩，都期望可以當上米蘭達的助理，只需一年，不僅可得到多到數不清的國際品牌衣裳、飾品、鞋子等，甚至對於未來的求職工作可更加順遂。

「快、效率、要求完美」是米蘭達的工作性格，所有擔任她的助理都必須練就一手工作績效，不僅要達到米蘭達的要

求、不得詢問任何問題，更不能讓米蘭達在大眾面前出糗。因此剛升任助理的小安感到非常挫折，米蘭達每天到辦公室的第一件事便是將外套、包包丟在助理桌上，每一件外套、每一個包包，甚至腳上的每一雙鞋都大有來頭，都是國際品牌設計師的作品，在米蘭達的身上只看得到時尚、高貴與典雅，沒有任何一點低俗的氣息，永遠表現出高人一等的姿態，令所有人對她是又愛又恨。

「PRADA」命名來自於創辦人Mario Prada的姓氏，爲品牌命名中以姓或人名作爲命名，代表著家族，同時也是精品的象徵。自1913年創辦以來，PRADA細緻的手工、時尚的規格、復古的品味，早已成了奢侈品的代表之一。70年代的時尚界大風吹，當時還只是私家小皮革鋪子的PRADA，差一點就退出此奢侈品的戰場，幸好在Mario Prada的孫女Miuccia Prada及其夫婿Patrizio Bertelli共同接管後，帶領PRADA邁向全新的里程碑。

PRADA之所以備受喜愛來自於其對皮革品質的堅持，使用最好的皮革所製成的皮革製品，經典、耐用、具備時尚，缺點是皮革有一定的重量，倘若只是在家中使用或是鄰近國家攜帶PRADA並不會感到太多的負擔。然而隨著時代走向國際化，當年來往歐美的頻繁度極高，帶上PRADA出門會變得負重累累，然而代代相傳的家族並沒有創新與突破之意，在沒落的邊緣，Miuccia Prada找到辦法解救即將沒落的家族。

Miuccia Prada製作出「黑色的尼龍包」，被視爲PRADA品牌的經典。當年爲了改善皮革重量過重的問題，歷經多方嘗試並尋找和傳統皮料不同的新穎材質，最後在空軍降落傘中找到尼龍布料。使用尼龍布料質輕、耐用爲根基，改善重量、承

襲過去的精緻風格，讓PRADA得以繼續品牌延伸，帶領品牌走過低潮。

表13-5 PRADA目標市場策略

目標市場策略	說 明
市場區隔（Segmentation）	從PRADA創始人Mario Prada 創立這間皮革鋪子起，注定會走向高消費路線，顧客多為義大利當時的名門閨秀。
市場目標（Targeting）	1930年代美洲與歐洲之間的交通往來頻繁，於是PRADA便決定設計生產一系列針對旅行使用的皮革產品。
市場定位（Positioning）	以精細、精簡為名，簡約的設計風格，沒有多變俏麗的裝飾。70年代，PRADA推出尼龍面料手提包，質輕又實用，再搭配上皮革流蘇，與金屬材質的「PRADA」 標牌，造就PRADA專屬風格。

表13-6 PRADA品牌權益的內涵

品牌權益的內涵	說 明
知覺品質	在運輸工具稱不上便捷的時代，為了要求最好的品質，PRADA堅持向英國進口純銀、向中國進口最好的魚皮、從波希米亞運來水晶，甚至親自設計好的皮革，轉交給一向以嚴格控制品質著稱的德國進行生產。現今PRADA全新真品的產品，一定有特殊的皮革味道，此皮革味道為PRADA特殊的皮革防腐藥水，根本無法仿製，而其配飾都是來自義大利最高水準的工廠所製水晶，品質一直維持嚴格把關，因而建立品牌形象，獲得極高的美名。
品牌知名度	最初的PRADA行李箱採用海象皮來製造，重量不輕，實在不適合帶它上飛機去旅行。因此改採用輕便而耐用皮革，又研製出防水布料來製造行李箱。1978年一炮而紅的黑色尼龍包是從空軍降落傘使用的材質中找到靈感，以尼龍布料質輕、耐用為根基，替PRADA家族再添一創史。

品牌權益的內涵	說　明
品牌聯想（愛屋及烏）	簡約風格、用料別緻的PRADA，在手提包、皮革配件、旅行箱上，已經成為高消費族群的重要選擇。1989年PRADA首次推出秋冬服裝秀，一反當時潮流的設計贏得不少讚美，演變至今成為高級女裝用料，如雙面開司米外套、貂皮邊的尼龍風雪衣、斑點圖案的絲質雨衣等，都是PRADA服飾的特徵。
品牌忠誠度	PRADA設計背後的生活哲學，正巧契合現代人追求切身實用與流行美觀的雙重心態，在機能與美學之間取得完美平衡，是時尚潮流的展現，更是現代美學的極致。Miuccia Prada說：「這是唯一可能的事物，典雅、好女人、非常時髦」。

小　結

原本對於時尚界一竅不通、穿著普通沒特色的小安，在*RUNWAY*雜誌社的耳濡目染下，蛻變成一個懂得打扮、懂得時尚的精明女孩。要對時尚界了解，不單只有穿上國際品牌衣裳如此簡單，還需要具備品牌的知識、設計師的設計理念、獨到的眼光水準，這一些並非一時半刻可以達成的，過程中不斷的學習、了解、眞實的感受，同時對老闆的要求做到完美無缺，才讓代表時尚的老闆對她逐漸另眼相看，相信自己的直覺雇用這一位聰明女孩是對的選擇。

品牌行銷 案例1 長榮航空

長榮航空秉承長榮集團下公司的統合名稱，中文名註冊爲「長榮航空公司」外，英文名也一直努力爭取Evergreen Airways Corporation飛航全球，但此名與一家美籍航空公司Evergreen International Aviation（INC）相似，多次與其磋商協調未果。最終，以EVA三個英文大寫字母向國際航空運輸協會（IATA）登記爲長榮航空英文三碼的代碼，並同時決定將英文公司名稱定爲 EVA Airways Corporation，呈現傳承Evergreen與代表Airline的雙重涵義。

美國知名浪濤策略設計顧問公司，設計出突破航空業界的形象，將長榮集團的象徵——經緯線勾勒的地球圖形和鑲嵌於內的羅盤針，以超越圖面的方式表現在飛機尾翼上。長榮航空特別將飛機翼的標誌圖案，改用長榮集團橘色反白的地球圖形，並用長榮綠襯托，看起來更加醒目，也展現出長榮集團貫徹海陸空服務網的永續經營目標。尾翼邊上的橘色以昂首向上的衝勢，引領視覺直上雲霄，與長榮集團旗下企業的標誌密切呼應，並突顯航空事業無遠弗屆的特性。

圖13-1 長榮航空的標誌圖案，用長榮集團橘色反白的地球圖形，並用長榮綠襯托。

圖片來源：http://cache.baiducontent.com/c?m=9f65cb4a8c8507ed4fece763105e8d711923c538658c9242298fc05f93130601127babe13a35670fc4ce7b7071aa5e2beee74576207057a0ecc29f40d7ace15b38ff22230317913161c75cf28b102ad6579b24fea413a6adf14284dea1c4af2244ba27120c87e78a2a454f9334&p=882a9643d09415ec0abe9b7c13059c&newp=ce728b5f99904ead11bd9b7d0b10c1231610db2151d7d65c&user=baidu&fm=sc&query=%E9L%98s%BA%BD%BF%D5wiki&qid=e0e7253700029c9c&p1=1

品牌經營 I——飛航安全

飛航安全是航空運輸業最基本的要求，否則飛機的設備再好，如果是一架危險客機，乘客也會畏懼搭乘。飛航安全是以不發生任何災難爲目標，因此對於飛機的組裝過程及機師，還有地勤組裝人員的訓練都是十分嚴謹的。一架飛機乘載的不僅僅是機長、副機長兩人的性命，還有一組機組的服務人員及上百位乘客。一段飛行航程是不應該讓災難發生的，空服人員的危機意識處理也非常重要，如此一來在遇到突發狀況時，才能夠協助乘客盡速逃離災難現場。因此，不管是機長還是服務人員，都必須進行嚴格的教育訓練與實況模擬。

品牌經營 II——親切服務

長榮航空品牌口號——從「長榮眞情，縮短你我距離」、「搭乘長榮，感受不同」、「臺灣之翼」、「安心如意長榮情」、「分享讓飛行更愉悅」及近期的「I See You 你的眼界可以轉動世界」，這些親切的服務是在基本條件——飛航安全——達到後所要做到的，讓顧客有賓至如歸的感受，一直以來長榮航空的服務是大家有目共睹的。

當許多航空公司不尊重顧客行李的同時，長榮航空加派更多人員，讓行李在載運的過程中也備受關注，使顧客安心託運行李。小朋友跟隨家長搭乘長榮航空，在飛機起飛後都可以收到來自長榮航空精心準備的兒童玩具，陪伴他在飛航中可以有更多趣味。而在國民外交上長榮航空也不遺餘力，運用燈籠將臺灣的特殊文化傳送到國外，讓更多外國人可以看到臺灣的特色。

不管是國外旅遊返國、出差、回家，有許多人在搭飛機時最期待的便是機上的餐點，過去不少航空公司，提供的餐點只有一塊麵包、一杯飲料，且衛生問題有疑慮。而長榮航空則主打乾淨衛生、新鮮健康的食材，端出熱騰騰的飯菜，更在商務艙及頭等艙的部分推出臺灣特色餐點，如：素有包子界LV之稱的鼎泰豐小籠包與清粥小菜。

了解到顧客搭乘長途飛機時，長達將近10個小時的時間要坐在位子上，是一件讓人覺得壓抑的事情，因此讓顧客乘坐一張舒適的椅子比什麼都來得重要。因此長榮航空將位置加大，並以較舒適的沙發作爲機艙座椅。此外，也提供商務艙或頭等艙旅客將大衣掛置後方的衣櫃，以減少飛行途中物品所占的空間，讓旅客有更寬敞的座位。

飛機起飛、降落的滑行與飛行途中不免遭遇亂流，都是考驗著機師的飛行技術。早期不少航空公司以開戰鬥機退休的軍官擔任民航機機師，但畢竟民航機與戰鬥機不同，民航機上的乘客希望的是一段平穩的起飛、降落，而非充滿技術性的挑戰，而長榮航空的機師們則特別受過此訓練，穩定的飛航讓人感到較安心。

品牌經營III——品牌延伸

長榮航空近幾年推出長榮假期，伴隨著全世界的交通網絡愈來愈便利與繁忙，針對商務人士提供短期的旅遊規劃與協助，讓短期出差可以省去不少的時間與麻煩。而現在有許多的父母會帶著小孩出國，藉由接觸不同文化而展開不同眼界，並提早與國際接軌，長榮假期是一趟家長安心、小朋友開心的溫馨之旅。

Hello Kitty彩繪機爲長榮航空與日本三麗鷗合作共同推出的飛行客機，除了飛機的外殼上漆有Hello Kitty 外，舉凡機上的椅背上不織布頭靠墊、送餐時空服員的圍兜、餐點或是刀叉包裝，都有Hello Kitty的圖案。有些航班還附有Hello Kitty冰淇淋、Hello Kitty果凍，身在機艙內都可以感受到Kitty正在對你我微笑。Hello Kitty 彩繪機從一開始的日本航線，逐漸飛抵香港、法國、美國等地，讓國際線多一道不一樣的色彩。

國泰航空的娘家香港赤鱲角機場，備有許多針對高級旅客而設置的VIP室——「爾雅堂、寰宇堂、玉衡堂」各有各的特色，在VIP室內是對旅客許多貼心的服務。而臺灣長榮航空在桃園國際機場也設有獨樹一格的VIP室，提供無微不至的照顧，如點餐、淋浴間、網路設備等。長榮航空設有四種不同裝潢的VIP Lounge，分別爲花園渡假風格的The Garden、星光閃爍的The Infinity、寬敞大器的The Star、簡約的The Club，讓旅客可以在喧囂的機場中獨享一片寧靜。

圖13-2　長榮航空2008年擔任熊貓團團、圓圓來臺的護送使者。

圖片來源：長榮刊物

運輸業起家的長榮，在貨物的運送上不僅僅運送一般的商品貨物，1995年首度載運法國羅浮宮珍藏畫作來臺展出後，長榮航空成爲空運藝術作品的首選，更在2008年擔任熊貓團團、圓圓與2011年澳洲無尾熊來臺的護送使者。如此重要的藝文與交流活動選擇長榮航空作爲運輸角色，大力突顯出長榮航空的平穩飛行與可被信任度。

長榮航空積極在世界各地增設新航點，致力成爲國際型航空公司，人才的培育深深地影響公司未來的發展。近年來，全世界的航空路線圖愈顯繁忙，全球的航空公司都面臨「機師荒」，對此長榮航空決定開辦航空教育培訓學校，自行培訓飛行人才，嚴格的把關機師的訓練，以確保飛行的安全。

品牌備受肯定

全球有三大航空聯盟（Airline Alliance），以星空聯盟（Star Alliance）規模最大，另外兩個是天合聯盟（SkyTeam Alliance）及寰宇一家（One World）。航空聯盟（Airline

Alliance）主要藉由航空公司合作，提供旅客更大的航網服務，航班更彈性，轉機也更方便。航空公司則透過資源共享方式，降低營運成本。2013年長榮航空成爲「星空聯盟」會員的一員，藉此可以擴大服務更多的消費者，提供更多的航班與航站給顧客選擇。

長榮航空歷年來獲獎無數，不管是「亞太地區最佳長程線航空公司」、「全球60名最安全航空公司」，長榮航空必定榜上有名。2014年更榮獲「十大最佳航空公司」第七名，與阿提哈德航空、國泰航空、阿聯航空、澳洲航空、漢莎航空、紐西蘭航空、全日空、英國航空以及新加坡航空等全球知名航空公司並列齊名。

SKYTRAX（全球航空公司的評比機構）每一年都會針對全球航空公司的飛安、旅客觀點、創新服務等進行評比，長榮航空拿下「2015全球航空公司大獎」第九名，「全球航空公司大獎」素有「航空界奧斯卡獎」之稱，能夠榮獲無非是對於長榮航空最佳的肯定。此外，長榮航空還抱走了「最佳機艙清潔航空公司」第一名、「最佳機場服務」第二名、「最佳經濟艙座椅」第三名、「全球最佳空服人員」第七名、「亞洲最佳航空服務人員」第七名等獎項，刷新的每一項獎項，都是進步的紀錄，更是長榮航空最好的證明。

品牌行銷　案例2　寶島眼鏡

「寶島眼鏡」在臺灣已是30年以上歷史的眼鏡品牌，這超過半甲子的歲月裡，「寶島眼鏡」走過許多的風風雨雨，而現在的「寶島眼鏡」已經成了大家心目中的眼鏡品牌，配眼鏡到

「寶島」已經是臺灣人的直接反應。

「寶島眼鏡」所屬的金可國際集團，是唯一在亞洲地區能夠做到在製造領域中，上、中、下游完全整合的眼鏡集團，集團內部涵蓋**隱形眼鏡、醫學生化、光學鏡架、零售通路、策略投資**五大跨領域事業群，除了「寶島眼鏡」外，集團中還有「海昌隱形眼鏡」、「小林眼鏡」、「米蘭眼鏡」等，也都是享譽國際的大品牌。

圖13-3　寶島眼鏡在臺灣已有30年以上的歷史，是大家心目中的眼鏡品牌。

圖片來源：寶島眼鏡刊物

品牌管理Ｉ——經營創新

「寶島眼鏡」創立之時，眼鏡市場處於暴利行業階段，因爲眼鏡不再單單是一個銷售品，而是要配合驗光及協助配鏡才有路繼續向前走。然而驗光、配鏡都是有一定的技術門檻，因此運用了1+1>2的策略將兩者相互結合，替消費者節省了許多

的時間、金錢，消費者不用到眼科驗光後再到眼鏡行配眼鏡，只要到「寶島」配眼鏡就可以得到一氣呵成的效果，而「寶島」在眼鏡零售通路上，也獲得相當可觀的利潤。

「寶島眼鏡」占據臺灣眼鏡市場上的絕大多數，爲了服務更多的消費大眾，開始採用多品牌策略，「寶島眼鏡」併購了「小林眼鏡」，目標是將眼鏡市場的桶子塡補滿。「寶島眼鏡」主要的目標市場是中高檔的消費族群，「小林眼鏡」的主要目標市場則是中低檔的消費族群。「小林眼鏡」雖有一段不堪回首的過去，但在寶島眼鏡的經營管理下，秉持「經營現代化、技術專業化、服務親切化」的三大經營理念，現今不再是當年充滿經營危機的「小林眼鏡」，金可集團也在併購「小林眼鏡」後，更一躍成爲臺灣最大的眼鏡零售通路商。此外，金可集團在向高價目標市場邁進時，開創了「米蘭眼鏡」，這是一個眼鏡品牌的金字塔頂端品牌，是由設計師專爲消費者量身打造，讓眼鏡不單單只是矯正視力之用，而是一個可以突顯個人品味，同時兼具時尚意義的配件，每一副動輒上萬元的眼鏡，替集團帶來不少的收益。

眼鏡市場是「寶島」的天下，隱形眼鏡則是「海昌」的天下，隱形眼鏡雖然也屬於眼鏡的一環，然而隱形眼鏡與我們平時所配戴的鏡框眼鏡有非常大的差別，是一種「接觸性醫療器材」，因此受到政府法規的嚴格限制，若想要拓展這一塊版圖，就必須重新深入了解相關的產業模式、技術、設備等。「海昌隱形眼鏡」是中國第一家擁有全套隱形眼鏡研發與生產技術的公司，在國際間屬於知名的隱形眼鏡品牌，其品牌形象與名聲讓過去許多隱形眼鏡的經營者，都曾向「海昌」拜師學藝。但「寶島眼鏡」在接手「海昌」之際，「海昌」已經是個

由盈轉虧的企業，爲了將「海昌」重新擦亮招牌，集團付出了許多的成本代價。現今「海昌」已經打敗了嬌生、博士倫，除了獲選爲中國大陸學生最受歡迎的品牌，更成爲中國大陸市占率第一名的隱形眼鏡品牌，讓「海昌」不僅回到過往的光榮，並再創高峰。

「海昌隱形眼鏡」仿效「寶島眼鏡」建立雙品牌制，用此方法建立大家對品牌的認識，「海昌隱形眼鏡」的目標市場以中、高客群爲主，但隨著價格與品質逐年的提高，相對於中、低客群出現了一個斷層，爲了避免錯失良機或讓同業對手有機可乘，故推出第二個品牌「海儷恩」，鎖定中、低客群的目標市場，這樣的做法在隱形眼鏡的領域中非常罕見。當「海昌」在中國大陸逐漸走向一、二線城市的高端消費者的同時，「海儷恩」則鎖定中國大陸二、三線城市的學生族群作爲主要目標，同時「海儷恩」在幅員廣大的中國大陸採取移動式服務，讓多部的驗光車在城鄉之間提供專業的視力保健。

品牌管理II——產品策略

「海昌隱形眼鏡」將研發與製造拉回臺灣，在臺灣持續開發新產品，並提升開發技術，同時爲了避免核心技術外流，位處臺中的永勝光學就是製造隱形眼鏡的最大廠，臺灣製造與垂直供應是對隱形眼鏡的最佳保證。此外，「海昌隱形眼鏡」大量的使用品牌戰略的創新戰，在服務、產品、價格等方面都有許多不一樣的創新策略。在產品上，隱形眼鏡產品線涵蓋不同配戴週期及各種需求，如日拋、月拋、常戴型等及矯正近視、散光，更有各種美觀需求的彩片產品讓消費者選擇。

過去市場上的護理液都是250-500毫升的大瓶容量，然而

就在美國911恐怖攻擊事件後，航空手提行李的法規中規定，禁止攜帶超過瓶裝標誌100毫升的液體登機，此項法令一出對於搭乘長途飛機的旅客造成極大的不便，因爲護理液對於搭飛機的人而言極爲重要。此時「海昌」隱形眼鏡順水推舟，推出了100毫升小瓶裝的護理液，大幅的吸引消費者前往購買。100毫升的小瓶裝護理液雖然是以長途旅客作爲出發點，乍看之下會以爲此做法是一個不明智之舉，但仔細觀察後會發現，並非只有長途旅客會購買，一般民眾也對此100毫升小瓶裝的護理液愛不釋手。因爲四瓶小瓶裝的護理液，給人一種其容量超過一瓶500毫升裝的感覺。此外在家中的各個角落擺上一瓶，就可以方便隨時取用，再加上使用率的提高，此嬌小的護理液成了消費者的最愛，也替金可集團帶來極大的收益。

品牌管理III——行銷策略

雙管齊下的戰略模式，雖然是不同的主要目標市場，但是兩邊都一樣有大量促銷和偶像崇拜的行銷方式，吸引更多的買氣。在行銷方面，「海昌隱形眼鏡」首要面對的對手，不外是「嬌生」、「博士倫」、「視康」等國際知名隱形眼鏡大廠，而這些大廠早已占有一線城市的市場，因此「海昌」採以鄉村包圍城市的方式，從二線城市穩定的成長後，再擴展至一線城市。成功在一線城市立足後，爲因應市場快速變化的需求，「海昌」從消費者的角度出發，每個月多達50種新產品包裝，進而提升消費者對於品牌的忠誠度。

行銷策略是爲了使品牌更有知名度，過去的「海昌」在市場上默默無名時，就找來一位與蔡依林相似度極高的女孩做廣告，這位女孩並不是一般素人明星或模特兒，而是張惠妹的妹

妹，出於大家的好奇心下，這個廣告很快便引起廣泛的討論。而隨著「海昌」在隱形眼鏡市場中的成長，現在的「海昌」一改過去模式，不惜重金請來蔡依林做品牌代言人，再一次引起大家的熱烈討論。

品牌大家都有，但要如何成氣候，就要看各家品牌行銷的功夫。寶島與「海昌」在產品、行銷、品牌管理上皆有出色的表現，已經累積了大量的顧客忠誠度，接下來的問題是營運模式的傳承與再創新。在傳承方面，「寶島眼鏡」是眼鏡專業人才培訓的創始者，每年編列千萬元以上的預算，作爲在職教育訓練；從新進人員學科知識的傳授、經驗的傳承，到各職級人員的技能檢定，均依照職級及功能的不同，定期授予不同的課程訓練，因爲深知人才是企業最寶貴的資產，因此對於人員培訓及專業技術絕不馬虎。此外，也透過產學合作及規範內的內部投資，最高以不超過40%爲準，讓員工願意留下與公司共同打拼事業。

臺灣的眼鏡市場經營大不如從前，因此爲了改變獲利模式，創造突破發展，「寶島」在多年前即開始複合式經營，HORIEN 5℃天然無氣泡蘇打水，便是此發展中最重要的一環，其他還有如葉黃素等視力保健商品，而這些都是跟本行業有密切關聯的。多層次、現代化經營型態，並且強化品牌、鎖定不同消費族群，讓顧客從忠誠度到指名度的品牌行銷，是寶島成功的關鍵因素。

Note

單元十四

在《明日的記憶》中，開創未來行銷商機

未來充滿著許多的未知數，但多項的研究數據告訴我們，對於未來有許多的商機。其中隨著人口結構的改變，現在有不少的銀髮族、粉領族是企業主要的目標族群，更有不少的小王子與小公主的市場都正打得火熱，讓這三大族群的商機正蓬勃發展。

未來商機何在

世間總有人出生、死亡，小孩子平安健康的出生是喜事，隨著時代的演進，過去多一雙手就等於多增加產值的觀念已經淡薄。現在，每家每戶的小孩平均數爲二個，更有不少的獨生子女。每一個都是父母的寶貝，身爲父母對於小孩子的教養、飲食、娛樂等，都會有更高的期望並捨得給予最好的。但歲月不饒人，遲早都得面對的老與死卻是不斷的逃避。整體社會的老年化，遠比我們想像中來得快，這可以是危機也可以是轉機。談高齡化、談經濟，不管是醫療照護、退休生活、再創人生高峰等相關議題與案例，不斷在我們生活中出現。

除了長輩與晚輩，平輩當中，沒有結婚且經濟自主的女性愈來愈多，現代人對於愛情與事業的選擇已不再像過去，結婚、生小孩不再是人生的首選。女性的工作能力愈來愈強、事業心愈來愈重，擁有事業的女性，可以有比較充裕的金錢與時間寵愛自己，因此會期待在物質生活上對自己好一點，以購買包包、首飾、鞋子或與朋友相約品嚐美食等，犒賞自己一番。

死亡是人類的宿命，雖然現今醫療技術的進步，可延長人類的壽命，但最終仍舊會走向天堂。《明日的記憶》（*Memories of Tomorrow*）這一部感人肺腑的電影，從另一個角度來看一個罹患早發性阿茲海默症的病人，面對一天天智力退化的人不是別人，而是自己最深愛的丈夫，心中的酸甜苦辣有誰能夠知道，最後手上握有的陶杯是最感動的溫暖。整齣戲在男主角精湛的演技下，可以間接了解到許多銀髮族的商機，而銀髮族是未來眾多商機中最主要的一項。

未來行銷商機 電影 《明日的記憶》

劇情內容

男主角佐伯雅行即將邁入半百的人生，身為廣告公司的主管、一家之主，他在職場上認真打拼，是員工眼中的嚴厲主管，同時也是可以託付重任的部屬。但沒想到上天卻和他開了玩笑，讓阿茲海默症提早來報到，使他開始對於身邊的同事與每天必經的街道感到陌生，訂好的開會時間不是忘記就是弄錯時間，阿茲海默症讓他深受頭痛、暈眩和健忘之苦。不管是發病前或是發病後，妻子無怨無悔的付出，將家裡打點完善好讓他無後顧之憂，默默的支持與陪伴在他身邊。從無法接受的事實到自己去尋找安養院，替未來的自己進行安排，每一天他的記憶力都在退化，他深深了解到自己最後會不認識自己、會失去生活的自理能力，會忘記身邊最愛的妻子。

電影內容與未來行銷商機（銀髮族商機）的融合

無庸置疑的是高齡者需要被照護，因此醫療的照護與保健是未來行銷商機中最重要的，從人工關節、胰島素、白內障到令人畏懼的阿茲海默症，都是其中一部分。影片中的男主角怎麼也沒料想到，早發性阿茲海默症會在自己的身上發生，當醫生宣布確診時，心情頓時跌入谷底，甚至沒有繼續活下去的勇氣。「得到阿茲海默症並非什麼事情都不能做，也許將來會開發出新藥來醫治。」醫生的建議拉了他一把，但是這對長年在職場上呼風喚雨的他來說，眞的無法接受。

阿茲海默症是一種腦部疾病，是由精神科兼神經病理學家Alois Alzheimer，在1906年提出針對患者腦部細微的變化報告。這一項疾病會造成腦部神經細胞功能的逐漸喪失，由於腦部神經細胞負責思考、記憶、運算及行動，隨著時間一分一秒的過去，病人的心智功能逐步喪失。從一開始對身邊的人、事物感到陌生，到了末期會連最基本的日常生活能力，如刷牙、穿衣、洗澡及大小便等都無法自理。而早發性阿茲海默症是阿茲海默症提早發生，通常在正處於打拼事業的人生高峰期，但一般人認爲阿茲海默症只會發生在高齡者的身上，因而沒多加注意，更不可能接受自己罹患了這樣的疾病，而錯過了黃金治療時期。

貼心提醒小物

只要是罹患阿茲海默症的病患，不管是否爲早發性的症狀，都將逐漸遺忘家人、基本生活方式，家人要花心思照顧是小事，但連最親近的家人都不認得時，才是讓人最難過的。男主角從開始接受治療後，爲了以防萬一，身上總會帶著許多的紙條，上面寫有公司該如何前往、幾點要開會、今天的工作內容，還有在每個人的名片上畫上一些便於認得畫像，但是仍敵不過腦部細胞變化的速度，他從以前開會提早15分鐘到遲到15分鐘，甚至忘了更改的開會時間和公司裡會議室的位置。

公司了解他的狀況後，惦念他多年來替公司效命的份上，讓他繼續在公司內部擔任一些職責較輕的工作。在離職的那天，眼淚倏然而下，因爲屬下們趕來送行，並且送上一張張簽

名照，叮嚀著不可以忘記他們。這中間賢慧的妻子也在朋友的協助下找到一份工作且逐漸上軌道，一切的安排都銜接的剛好。緊接而來的是女兒的婚禮，爲了不要讓女兒丟臉，但是自己又無法克制病情的蔓延，男主角早早就開始準備演講的講稿，但沒想到因爲過度緊張卻將講稿遺漏在洗手間。眼看著女兒將感謝的捧花交給自己，才驚覺那個曾在自己懷中襁褓的嬰兒，如今也要成爲人母，心中有太多的感動與不捨，但是講稿的不見讓他不知所措，幸好在妻子的鼓勵下，他勇敢地說出內心的想法與感動。

減緩病況的學習

小孫女出生長大了，但他的智力卻愈來愈退化，一開始他還能夠幫忙家裡打掃環境，煮些簡單的料理，偶爾陪伴女兒和孫女，但是病魔並沒有因此而善罷甘休，腦中的記憶愈來愈差。晚上還有妻子烹煮熱騰騰的飯菜，白天一個人在家時，貼心的妻子在冰箱、電鍋、微波爐上面寫滿一張張字條，但是空蕩蕩的屋子裡就只剩下電鍋、微波爐的聲音，灰暗的房子與外頭太陽普照，成了非常大的對比，恰如他心中憂鬱的情緒與外界隔了一層又一層的牆，看了格外讓人憂心。小孩子會哭、會鬧、會亂發脾氣，現在的他就跟小孩子沒有兩樣，妻子在外面辛苦工作了一整天，回家卻還要應付他莫名的情緒，這顆不定時的炸彈讓妻子也無法招架。爲了幫助他延緩記憶力退化，夫妻倆再度一起去學陶藝，因爲那是他們曾經擁有最美的回憶。陶藝對他們來說，是一把鑰匙、也是門鎖，學習陶藝讓他們相識、相知、相惜並相愛。當男主角到了最後連在身旁相伴多年的妻子都不認得時，但卻將陶藝緊握於手中、深藏於心中。

此部電影當中不只有男主角得到阿茲海默症，男主角的陶藝師傅也得到了阿茲海默症。社會上也有不少患者罹患阿茲海默症，過去像是美國雷根總統，他是美國人民心中偉大的總統之一。幾年前剛過世的英國總理柴契爾夫人，亦是如此。他們曾經爲國家寫下一頁又一頁的歷史，但是到了晚年卻飽受阿茲海默症的煎熬，這一個和心臟病、癌症、腦中風並駕的症狀，不僅給患者帶來痛苦，也給家人帶來許多不便。

根據實驗證明，多動腦有助於預防失智症，如果是患者則有助於減緩病情，因此有不少的患者爲了減緩發病的速度，會參與益智遊戲的玩樂或學習。影片中男主角就是透過陶藝的學習，在動腦與動手間來延緩自己的病情。此外，他也會到各地去走訪、探索。但是退化的速度實在太快，在多次的任性發脾氣過後，他明白再這樣下去妻子會被自己拖累，更有可能的是，他將忘記枕邊人的模樣，因此他鼓起勇氣到照護中心去了解那兒的生活環境與相處模式。當他看到照護中心的老人，個個精神洋溢、面帶笑容，知道是一個讓妻子放心、自己也可以過得安心的照護中心後，開始走一趟最後留在記憶中的旅程。

小　結

人口的改變將會促成不同的商機發展，銀髮族與粉領族的商機是一大機會，另外一個就是小王子與小公主的商機，隨著每個家庭的孩童數減少，父母對於小孩子的學習、生活所需、休閒等更是不能馬虎。因此，除了一些本身童裝起家的服飾品牌外，有不少的國際大品牌，如BURBERRY、GUCCI、DIOR……都推出了嬰兒、孩童專櫃，主要鎖定從0歲到上小學前這段期間的小朋友。

其他相關資料來源

104年第3週內政統計通報（103年底人口結構分析）

http://www.moi.gov.tw/stat/news_content.aspx?sn=9148

阿茲海默症

http://www.24drs.com/special_report/Alzheimers_disease/about_0.asp

未來行銷商機 案例1 銀髮族商機

高齡化係指人口老化的過程，在聯合國有明確的定義，當社會上65歲以上的老年人口占總人口的比率達到7%時，稱爲高齡化社會；當老年人口比率達到14%時，稱爲高齡社會。臺灣自1993年時已經跨入高齡化社會，時至2014年年底65歲以上老年人口所占比例已達12%，而這比例只會逐年攀升不會減少，在2018年的臺灣步入高齡社會。此外，聯合國對於老年人的照護、醫療、生活等有相關的規範，臺灣目前爲達標準，已從過去避而遠之到現在的主動關心，有許多的基金會團體與替代役、政府相關組織等積極投入此領域，讓高齡者在生活中得到照應，或甚至陪伴他們走完最後的人生階段。

現代的老年人其實一點都不老，他們存有自己的積蓄，在退休後可以到處探索世界，或是鑽研其他領域。古代人生七十古來稀，現在人生七十才開始，70歲是一個新的年齡分界線，年輕時想成爲溜冰好手、魔術師、攀岩高手等夢想，在走過七十以後，爲了完成夢想或興趣，不服老的老年人是社會的另一股新動力。老了不一定只能待在家當宅老，如今有愈來愈多的老年人破了多項紀錄，例如：2007年高齡87歲的吳阿長登上

玉山，是登玉山紀錄有史以來的最年長者。

學生時期有學生的社團活動，讓學生可以適性發展，而這些活動中又以烘焙社、籃球社、春暉社等最膾炙人口。而高齡者，也有高齡者的專屬社團，前幾年「不老騎士團」正當紅，這一群爺爺、奶奶用他們的熱情和毅力克服一切困難，騎著摩托車完成環島之旅。爺爺、奶奶過去將畢生的精力奉獻在工作或家庭，但隨著孩子們完成學業、成家立業後，剩下的就是老伴二人。孩子、孫子的拜訪是最開心的時刻，然而歡樂的時間總是特別的短暫，距離下一次見面的時間又隔了許久。因此平常的日子裡，到社區的老榕樹下與鄰居泡茶、下棋或是報名出遊行程，都是現代版老人生活。

過去對於高齡者的一般印象，不是臥病在床全身插管，就是群聚在公園整日遊手好閒，但隨著教育的普及，現在有許多人突破高齡者的刻板印象，規劃自己的退休生活。這一些懂得規劃退休生活的新一代高齡者，具備如經濟保障、消費力、身體健康狀況良好等特質。對服務業的需求，則有多項的照護需求、學習需求、休閒需求，甚至是工作需求，都是未來行銷商機中的主要商機。老年人口將會帶來消費行爲的改變，銀髮市場（Seniors Market）是一塊新的版圖。現在的老年人大多數來自二次戰後的嬰兒潮世代，具備養生、衛生、保健、教育等知識，對於自己也有更多的期許。

表14-1　新一代高齡者的特質

1.經濟條件佳，且具有較高的消費力。
2.健康狀況良好，精神與活動力較旺盛。
3.教育程度高，有強烈學習需求，秉持活到老、學到老的精神。
4.願意投入職場或志工，充實生活。
5.與下一代的觀念相差甚大。
6.背景不同，照護產業需求不斷增加。
7.對於財產觀念已改變，不再留遺產給兒女，而是投資自己。

「老身要健，老伴要親，老本要保，老家要顧，老趣要養，老友要聚，老書要讀，老天要謝。」高齡世代的服務業已經成爲趨勢，從SWOT分析（優勢Strengths、劣勢Weaknesses、機會Opportunities、威脅Threats）中，了解到這一塊無限可能的商機。

表14-2　銀髮族商機SWOT分析

優勢（Strengths）	劣勢（Weaknesses）
1.人口數衆多，市場廣大。 2.消費慾望與能力高。 3.老人福利政策。	1.社會對高齡者的歧視與代溝。 2.經營理念與規範已與過去不同。
機會（Opportunities）	**威脅（Threats）**
1.需要醫療、保健等多項照護。 2.多項資源已經老化，需要重新修繕或建立新的設備。 3.產業群龍無首，是開疆闢土的機會。	1.投資意願易受景氣影響。 2.對高齡世代的服務業，存有刻板印象。

表14-3　銀髮族商機SWOT交叉分析

	優勢（Strengths）	劣勢（Weaknesses）
機會（Opportunities）	A：進攻策略 老年人口數不斷的增加，所需要的醫療照護持續增加，加上多項資源已經老化，且產業中群龍無首，是新創的好機會，加上現代人老、心不老的老年人占大多數，因此是一個搶攻的大好時機。	B：多角化策略 經營的理念與規範，已與過去不同，需要重新修繕或建立新的軟、硬體設備，同時增進人員的訓練，破解社會對老年人的歧視與代溝。
威脅（Threats）	C：轉折策略 老年人口數衆多，且其消費慾望與能力高，市場廣大，但大多數的人對於高齡世代的服務業存有刻板印象，同時投資意願也受景氣的影響。	D：防禦策略 經營理念與規範已與過去不同，再加上受到景氣影響及對高齡世代的服務業存有刻板印象，讓投資意願降低。

高齡者商機是未來行銷商機中最重要的一環，任何人都無法抵擋歲月的流逝與時間抗爭，因此銀髮族的商機正在被發揚。經濟學中提及，有需求就會有供給，高齡世代的服務業中有十大需求：住宅需求、照護需求、醫療需求、休閒需求、工作需求、學習需求、科技需求、個人服務需求、宗教信仰需求、殯葬服務需求。而為了因應這些需求，商業氛圍開始繞著這些老年人口打轉，其中醫療類的需求範圍最廣，不管是保健、照護或美容，都是高齡者們最關心的。人工關節、視力／聽力的輔助、胰島素的注射，屬於身體內部結構的改善；為了讓自己看起來更年輕、更有活力，對於外部的頭髮、皮膚更是需要保養，因此染髮、化妝品、整形拉皮、健康食品等，都是生活中不可缺少的另類產品。

表14-4 新一代高齡者的十大需求

1.住宅需求
2.照護需求
3.醫療需求
4.休閒需求
5.工作需求
6.學習需求
7.科技需求
8.個人服務需求
9.宗教信仰需求
10.殯葬服務需求

醫療需求／個人服務需求

高齡者的照護，會因爲個人體質狀況而有所不同。有些人需要定時服用藥品，有的則必須控制每一天的飲食卡路里，另一些人則是每天進行復健。此外，頂級的照護是現在許多人的首選，除了可以隨時掌控自己的病情，同時也能夠在舒適的環境中過悠閒的高齡生活。除醫療照護需求外，也有個人服務照顧需求，個人的服務需求包含陪同看病、照顧、陪伴購物等。高齡者害怕孤單、寂寞，同時在生活上有許多事無法自理，因此外籍看護的名詞油然而生。但這並非長久之計，每一個國家都在逐漸邁向高齡化社會，照護科技的商機也間接綻放光芒，日本是最早面臨人口老化的國家，可是至今尚未開放外籍勞工的看護政策，轉而研發機器人看護，來替代人力不足的情況。

過去總會認爲保養與愛美是女性的專利，但隨著西方文化的影響，懂得保養與愛美的男性也不容小覷。「老」是大多數人不願承認的事實，因此會在外表上進行保養，從近年來臉部與頭髮保養的業績大幅成長可看出端倪，不管是到美容院進行染髮，或是自行在家染髮，都是爲了遮住頭上白蒼蒼的頭髮。除了一頭白髮困擾外，對於有些銀髮族而言，光頭才是最大的困擾，專門製作假髮的愛德蘭絲公司，發現公司的主要客戶群來自於70歲以上的銀髮族。而百貨公司銷售的化妝品，各大品牌主推的產品皆以「凍齡」爲主。凍齡類的保養品如眼霜、活膚霜、再生精華液等，都屬於附加價值最高的保養品，或到醫美診所施打玻尿酸或是進行微整形手術，就是爲了讓臉上的皺紋消失，換來較年輕的容顏。

學習需求

除了醫療類與個人服務的需求，到學校學習、到世界各地旅遊、從事志工活動、投資與財富管理的運用都是主流，或甚至是住宅的格局改變，這些都屬於銀髮族的商機。長青大學、社區大學有專爲高齡者所設計的課程，曾經有許多人後悔年輕時不懂得讀書的重要性，老了才懂得書本的書香味；也有不少自小愛看書的人，到了退休後重拾自己的興趣，如烹飪、唱歌、插花等，實現自己原本的夢想。此時學習不再是爲了考試或升遷，而是爲了生活、爲了自己，更能夠落實活到老、學到老的精神。隨著3C產品的發達，高齡者爲了與年輕一代接軌，學習3C產品的意願相較以往大幅提升。LINE、看影視、益智遊戲等APP在銀髮族的科技配備中應有盡有，不輸給時下的年輕人，除了眼前流行的應用程式，高齡者們對於電子書類更是愛不釋手。

休閒需求

旅遊探索各地不再是年輕人的夢想，高齡者對於世界的文化擁有更多的時間去體會，量身訂做的定點式、慢活式的行

程是這些高齡者的最愛。年輕時每一天都在爲了未來而奮鬥，到了退休後的生活卻突然失去重心，倘若參加旅遊，不僅可以認識新的朋友、走訪新的地方，更可用旅遊增添自己生命的精采。旅遊讓人感受到新的生命力。志工的生活則能夠讓人豐富心靈，將自己的經歷與他人分享，或協助偏遠地區的孩童課後輔導，也是擔任志工的一種選擇。又或者可協助大眾進行環境的美化，將對花草的知識運用到生活中，美化大家的生活。

住宅需求

因爲沉重的醫療負擔，一般人總認爲高齡者只會拖累經濟而沒有利益，但其實並非如此，借鏡日本可以看到，投資與財富管理是年長者的嗜好之一，在保險、基金、股票等方面，都可以看到高齡者的投資比例愈來愈高。高齡化住宅是一種新的格局、新的趨勢，傳統大家族的居住模式早在世代的變遷下流逝，三代同堂也不再是小家庭的主要家庭模式，獨居的高齡者是未來最多的生活模式。扣除掉早年的三合院，對於現代的三代同堂或是未來的獨居高齡者，都需要一個「全齡住宅」。這一類的住宅必須要有充足的光線、移動的安全與方便性、休閒舒適的空間，同時運用3C科技讓生活充滿便利性。

小　結

高齡化對社會的衝擊，已成爲各國政府所關注的重要議題。人口老化對勞動力、財政負擔、健康保險及長期照護的支出，都將影響整個國家的政策，運作模式也會跟著改變。正當銀髮族商機如火如荼地擴展，另一方面首當其衝的就是以青少年爲主的企業。

當全副武裝的高齡者在打高爾夫球、槌球，或是在瑜伽殿堂修練瑜伽的高齡者，遠多過在麥當勞、肯德基裡吃薯條、喝可樂的年輕人時，代表著地球也高齡化了。此時國家財政的負荷會不斷的加重，對抗「高齡」是需要全民共同努力的。

未來行銷商機 案例2 粉領族商機

21世紀的今天，擁有高學歷文憑、經濟基礎但未婚的女性比例逐漸攀升，強調獨立思考、生活自主。更有一群認爲「與其談戀愛，不如睡懶覺」的「魚干女」，對於魚干女而言，對外打扮得光鮮亮麗，對內卻是無拘無束，擁有更多專屬於自己的空間與時間。因爲沒有婚姻的約束，經濟又獨立自主，講求生活品質、與好友相約聚會、或是裝扮自己，都是生活中不可缺少的一部分，而魚干女的商機正是所謂粉領族的商機。

粉領族九宮格技法分析

前面單元七介紹九宮格技法是將主題列在中心，並向外進行八個面向的思考。在此利用九宮格技法來分析粉領族的商機，發現粉領族的主要商機有：身體健康、包包飾品、長髮、高跟鞋、美食、貼身衣物、化妝保養品和伴侶。

健康的身體遠比堆積如山的金錢更爲重要，長髮、高跟鞋、化妝保養品及包包飾品，這一些可以增添外表美麗的東西，容易讓女孩子愛不釋手，尤其看到別人一頭烏黑亮麗的秀髮時，也期待自己的頭髮可以如此柔順。女孩都會不禁好奇閨蜜所穿的大衣、鞋子、所提的包包、所戴的項鍊首飾是哪一個品牌，但是即便如此，在最後決定購買時，會選擇與原本的東西有點不一樣，即便是顏色也好，就是不希望所選擇的東西是一模一樣的。

除了外在美，內衣就屬於外在的東西中的內在美，因此會選購較有質感和天然材質的貼身衣物。美食對於粉領族而言，根本就是身材的罪魁禍首，難以抵擋美食的誘惑。下午茶時刻

一到，更是一整天最佳心情的寫照，因爲美食具有安撫壓力的功效，好好享受一頓美食，是再好不過的選擇。雖然說尋找伴侶不是每一位粉領族的目標，但是童話中王子與公主的美麗故事，總不免讓人有所期待，因此對於伴侶的陪伴則以感恩的心回饋。此外在沒有婚姻壓力的約束下，彼此互贈禮物可以讓對方感受到備受重視。

身體健康

中醫	慢跑	瑜伽
拳擊運動	身體健康	健康檢查
疫苗	游泳	打球

世界各地都在爲健康，推廣「一天一顆蘋果、醫生遠離我（An apple a day keeps the doctor away）」，飲食有助於我們身體的健康，但是健康的身體，必須靠運動來維持。醫療的進步與發達，定期到醫院進行健康檢查或是施打相關預防性疫苗，預防勝於治療的觀念逐漸在人們的心中深植，誰也不想成爲下一個「阿根廷別爲我哭泣」（Don't Cry For Me Argentina）的女主角艾薇塔（Evita），擁有至高無上的權力，卻賠掉了一生中最重要的健康。

包包飾品

耐用款	流行款	購物袋
手工藝品	包包飾品	水晶裝飾
Kitty主題	蕾絲裝飾	經典品牌

包包、絲巾、耳環、首飾、頭巾、戒指等，是女孩身邊必備的物品。有的人喜歡甜美可愛的、有的人喜歡華麗酷炫的、有的人喜歡的則是氣質經典款的。這些可以幫女人裝扮得更有女人味的飾品，是粉領族的必備物品。大多數的人會希望擁有一款國際經典名牌包包，好讓自己在適當的場合掌握全場。水晶類的裝飾點綴提高的是整體的氣質，而手工類藝品則將自己的品味突顯出來，表現出與眾不同的質感。1974年三麗鷗設計出了Hello Kitty，累積了大量的粉絲，對於Kitty的相關主題無法自拔，讓Hello Kitty也成爲粉領族的必買主題。

長　髮

美容院	氣質	飄逸
髮飾	長髮	護髮
洗髮精	背殺	糾結

長髮飄逸，恰如仙境之美，一頭亮麗的秀髮，必須要靠悉心的照顧，使用天然原料調製而成的洗髮精與潤髮乳，是首要的條件。定期到美容院整理頭髮，可以增加頭皮的健康、調整髮質。現今有不少美容院提供頭皮舒壓療程，讓人可以將煩惱暫時放下，享受當下備受呵護的感覺。此外，合適的髮型可以讓女性顯得更有精神與自信，時而改變造型，換換心情，也都是粉領族愛護自己的方式。

高跟鞋

模特兒	舒適	流行度
百貨公司	高跟鞋	款式
聲音	曲線	增高

高跟鞋是氣勢的代表，模特兒於伸展臺上的走秀與影歌星出席的頒獎典禮，一定少不了高跟鞋的存在。因爲穿上高跟鞋，而展現出的自信光彩，更顯女人味十足。總覺得鞋櫃裡面少了一雙高跟鞋，是女生常有的想法。爲了依照不同場合挑選不一樣的鞋款，女生總會不斷的在尋找高跟鞋，有時必須要穿上恨天高，有時則以平底鞋展現親和力。但穿上高跟鞋後，會將腿的比例修長，讓人看起來更有架勢。

美　食

中式料理	甜點	燒烤
夜市	美食	養生餐
冰品	紅酒	麻辣鍋

包包、鞋子、衣服可以不買，頭髮可以不做造型，但是美食就是無法省略，對於美食當前許多粉領族都抵擋不住誘惑。一般而言，甜點、冰品與紅酒這三大類是粉領族的最愛。工作了一整天，下午茶品嚐的甜點或冰品，是下午再續航的動力。街道巷弄內咖啡館林立，每一間店面都獨樹一格，有來自不同國度的口味可以滿足味蕾與好奇心，更是交換想法或是獨自享受片刻的好地方。而每一天晚上，品嚐紅酒，有助於壓力的釋放，更有助於新陳代謝，爲明天做準備。外出工作不免三餐不正常，不是大魚大肉，就是沒有半點蔬菜、水果，因此放假時來點養生餐，除了淨化身體，亦可以淨化心靈。

貼身衣物

情趣	罩杯	性感
品牌	貼身衣物	蕾絲
舒適	顏色	可愛

「內衣是女人的內在美」，可見貼身衣物的功用遠遠超越過去認爲的自我保護。挑選時首要條件以舒適爲主，舒適才能夠自然不做作。因爲是貼身衣物，更要謹慎挑選，通常有品牌的內衣是女性考量購買的指標，如此一來才有保障。而性感是許多女性希望擁有的特質，法國女人曾說：「一件漂亮的內衣，可以增加自己的自信與女人味！」大多數的女性寧可信其有，因此對於挑選內衣絕不馬虎。

化妝保養品

面膜	美白防曬	保濕
彩妝	化妝 保養品	去角質
身體乳	肉毒	抗皺

「臉」通常是大家對於自身的第一印象，因此臉部的保養與彩妝一直以來都是女性非常注重的部分。西方國家的女孩自3、4歲幼稚園開始，就會挑選適合自己的彩妝品。然而華人國家的女孩則是在高中或甚至是大學之後，才開始對化妝品進行研究。然而不管是誰，到了職場上都必須要學會化妝，因此大地色與粉色系的彩妝可說是首選，這兩種風格表現出職場上的莊重態度。若要有完美的妝感，就必須要有好的皮膚基底，加上東方的女孩喜歡亮白、Q彈的皮膚，因此保濕、美白與防曬是保養品的首選。此外，由於現代人的工作壓力大、生活作息不正常，讓臉上的皺紋容易提早來報到，而粉領族中有不少人都有初老的現象，因此抗皺類的產品也是明星產品之一。

伴 侶

花	徵信社	銀樓
情人節	伴侶	禮品
結婚	約會	婚友社

粉領族一般而言，指的是擁有經濟自主能力但未婚的女性，雖然未婚，但有不少粉領族是有另一半相伴的。有時會爲了慶祝在一起走過的日子，如情人節、聖誕節的節日；有時是因爲對方晉升職位而給予祝福，因此鮮花與禮物都是最重要的心意，代表著祝福與希望。而有些粉領族認爲自己也到了適婚年齡，因此開始替未來做準備，想要在婚宴上做最美麗的新娘，自然也就要有健康的身體、潤透亮白的皮膚、合適的裝扮。

單元十五

從《KANO》棒球魂，進入企業經營魂

棒球是對投手有利的球賽，投手打敗打擊者的機率約七成，被擊出安打或投出四壞球而讓打擊者上壘的機率約三成，因此能夠在先發陣容中占一席之地或擔任中繼投手、救援投手的人，通常都能以七成的機率封鎖打擊者。從投手調整自己投球姿勢的基本結構，便能看出他們的專業。首先利用槓桿原理調整身體的重心，以手肘爲支點，揮動手臂催動球速，以手腕爲支點加快球速。投手會依據投球機制投球，將自己的姿勢調整到最適合的投球狀態，讓身體動作自然流暢。有的時候投球機制追求速度，讓身體動作的幅度相當大；有的投球機制則是以控球爲優先，講求投球姿勢穩定。

猶如棒球，從基本結構的調整可看出球員的專業，在球場上則要面對對手的招數。企業了解市場的市占率，知曉對戰策略，該以大魚吃小魚或是小魚吃大魚的方式和創新的方法因應，但仍經常會面臨景氣循環、競爭環境與其他因素而造成經營低潮。因此，企業需要有專業並結合研發設計與生產技術，加上行銷戰術，才能發揮企業的作戰力。此外，更需要了解客戶需求，並且要有責任感、服務熱忱和堅強毅力，才能夠脫穎而出。透過電影《KANO》從臺灣棒球魂的精神，帶入企業的經營魂。

何謂始於營業，終於營業

企業的營業始於年度銷售預算，終於達成目標。在企業經營的過程中，規劃短程目標、中程目標、遠程目標的未來目標策略，是營業規劃中重要的一環。營業開跑的第一槍是從「多賣」有利可圖、「少賣」無利可圖的商品開始，緊接著要思考，該如何克服銷售的淡季以及讓旺季時的業績翻倍成長。從

「顧客滿意」到「股東如意」再到「員工得意」，企業的經營始於客戶需求，終於客戶滿意。如同棒球打擊者在棒球場上的「攻」、「守」、「跑」，爲了達成目標，必須要各司其職，也要彼此協調、相互配合，最終要獲得分數，才能勝過對方。

表15-1　年度成長策略地圖

成長策略			目　標
顧客構面	提升顧客價值	1.降低客訴比例 2.提升顧客滿意度 3.提高交期準確率 4.提升供應鏈效益 5.拓展世界級客戶	顧客滿意
財務構面	1.生產力策略	1.降低成本 2.提升員工價值 3.控管毛利率	股東如意
	2.增加營收成長	1.提高新客戶地區、產品營收 2.增加子公司獲利率	
內部流程構面	1.營運管理	1.採用團隊合作方式，開發新產品 2.加強供應商合作關係 3.量產合格率第一 4.強化物流管理，減少庫存 5.改善製程，提升良率 6.符合客戶需求研發時程	
	2.顧客管理	1.快速回應顧客需求 2.建立顧客履歷表 3.落實客戶分級管理 4.建構海外技術支援體系	
	3.創新	1.建立模具標準化 2.達成專業改善 3.強化品質系統	
	4.法規與社會	1.參與社會公益活動，提升企業形象 2.推動環保節能	
培養高效能團隊	1.人力資本	1.建立知識管理文件 2.積極培養專案領導人才	員工得意
	2.資訊資本	1.推行PDM系統整合 2.發揮ERP系統功能	
	3.組織資本	1.建立學習型組織 2.標竿學習	

策略地圖恰如尋寶地圖，最終要找到寶藏的埋藏處。對於企業而言，利潤便是寶藏，從擬定「年度產品銷售額預算總表」開始進行，最終得到客戶的肯定，並且獲得利潤，是屬於企業的「攻」。

表15-2　年度產品銷售額預算總表

（單位：新臺幣千元）

產品/月	1	2	3	4	5	6	7	8	9	10	11	12	合計
A	22,117	22,081	23,868	26,642	23,635	24,277	19,957	19,928	23,469	19,783	19,648	23,011	268,416
B	46,735	43,098	51,244	46,670	50,374	52,151	52,656	49,511	51,264	47,428	50,349	48,739	590,219
C	5,238	4,385	5,658	5,548	5,416	8,218	7,333	6,064	5,988	4,780	5,088	4,254	67,970
D	50,367	57,635	52,288	60,890	60,937	54,295	64,371	63,463	58,263	54,765	51,008	51,383	679,665
E	1,194	862	1,194	1,095	1,187	1,144	1,278	949	1,228	1,520	1,864	506	14,021
F	36,676	34,938	39,776	41,842	40,401	42,693	41,178	41,027	40,813	37,925	36,630	36,237	470,136
G	1,275	1,260	1,002	1,294	1,318	987	1,316	1,266	967	1,270	1,276	977	14,208
H	10,924	11,194	10,805	11,382	11,028	11,286	11,333	11,061	11,612	11,735	11,159	11,695	135,214
I	29,362	29,363	30,882	25,712	25,831	27,400	22,816	27,858	27,821	28,506	30,722	32,325	338,598
多角貿易	6,018	5,877	6,018	5,887	6,018	5,887	6,083	5,887	6,018	5,887	6,083	5,887	71,550
合計	209,906	210,693	222,735	226,962	226,145	228,338	228,321	227,014	227,443	213,599	213,827	215,014	2,649,997

「始於營業、終於營業」角色該如何扮演

營業要成爲火車頭、領頭羊，爲達成此一宗旨，營業需擬定以下策略來完成企業使命：

行銷策略之擬定與運用

㈠**確認客戶需求，切入客戶核心**

依據客戶新需求切入問題點，從價格、品質或服務面針對客戶需求做因應。持續擴大核心品類發展及增加新品類開發，創造品類獨特性及競爭性，提高進入門檻。

㈡**擬定行銷策略，發展客戶關係**

1. 品質策略

   客戶對各項品質認證的需求。對於有制度的公司，要求品質要符合法令規章，因此能夠提出試驗報告、材質證明、相關證書。

2. 價格策略

   業務人員針對不同的客戶需求，有不同的因應方式，如客戶以最低價爲考量時，則需要計算邊際貢獻、後續有無開發其他品項的機會，以市場最合理的價格與客戶協調溝通。

3. 綜合策略

   一般客戶以服務爲導向，提供市場合理之報價，搭配品質管制系統。力行「人無我有、人有我優、人優我廉、人廉我轉」的策略。

行銷作業制度的設計、執行、控制與改進

㈠行銷作業制度的建立設計

1. 新品類拓展計畫

   做到別人無法模仿的產品開發能力，才能在市場保有一定的領先幅度。

2. 強化現有產品

   現有的產品進行強化改良，以降低生產成本或提高產品良率爲目的，增加客戶的訂單量。

3. 現有客戶精耕

   前20%客戶，貢獻80%業績。除了維繫長久客戶關係、鞏固既有訂單，也需不斷強化品質、提升產品技術能力，以開發其他相關品項。

㈡行銷作業執行與改進

1. 目標確認

   年度計畫展開時，將整個部門的業績目標與相關部門共同討論後，據以設定同仁年度KPI指標。

2. 任務分配

   依據不同產品屬性，分配業務責任。針對客戶開發的新品項評估生產與銷售可行性，以達成整體行銷年度目標爲目的。

3. 執行檢討與改進

   每月初召開行銷月會，除了蒐集市場相關訊息，更進一步檢討上期執行成果與下期展開計畫。會議除了檢討執行成果外，更針對計畫執行再做一次總盤點，以期能如期達成目標。

品牌的建立與市場區隔的拓展

㈠各產品品項的深耕，塑造品牌形象

全面導入相關認證，有利於爭取國內外大廠認同，爭取訂單。

㈡市場區隔

行銷團隊強化各產品部門的專業學習，以技術服務爲主軸，在激烈的競爭環境中，突顯自己的特色，以避免惡性競爭。專注於需要技術與品質服務之客戶。

人員銷售管理

㈠激勵制度建立

建立一套有效激勵業務人員的方式與獎金制度，希望透過獎勵，讓有開發業務能力者，能全力發揮業務潛力。

㈡每日早會討論

1. 每日營業實績狀況掌控。
2. 了解業務人員每日工作狀況，並針對客戶反映，對所遇到的困難或瓶頸，加以討論與解決。
3. 各相關部門配合事項，及需完成時程的即時回饋。
4. 當日要工作事項及任務交付。
5. 達成能即時與有效率的推動服務客戶、開發客戶與解決客戶問題。

產品廣告與促銷活動

㈠官方網站豐富化

㈡產品型錄特色化

㈢公關贊助常態化

㈣客戶促銷活動贊助

㈤產品售價的調整

㈥建立銷售通路及服務網路

1. 優質客戶的介紹推廣
2. 模具廠合作開發
3. 貿易商與供應商

電子商務及顧客關係管理

㈠網路行銷

1. 利用網路平臺，來推展國內外市場買家。
2. 網路競標公開資訊。
3. 電子訂購系統（Electronic Ordering System, EOS）和 E-mail訊息流通。

㈡顧客關係管理（Customer Relationship Management, CRM）

透過SAP的ERP系統，建立客戶訂單相關資料系統，包括客戶基本資料、訂單、出貨單、客戶應收帳款管理。除了能將作業流程標準化，更方便後續資料匯總與分析，也是客戶關係管理的基礎平臺。

「年度損益預算表」爲企業的「守」，質化表格是策略的擬定與運用，而企業年度的評估，需透過量化表格與質化表格來管理。「沒有衡量就沒有管理！No Measurement, No Management！」企業資產負債表、現金流量表與損益表，三大報表上所顯示的統計數字會說話，企業的利潤來自於低成本下的高利潤。暢銷商品成本的控制，是影響年度損益表中的一個重點環節。

表15-3　年度損益預算表

（單位：新臺幣千元）

營業項目／月	1	2	3	4	5	6	7	8	9	10	11	12	合計	%
營業收入	209,905	210,702	222,734	226,963	226,146	228,339	228,320	227,014	227,445	213,599	213,827	215,013	2,650,007	100
營業成本	165,825	166,455	175,960	179,301	178,656	180,388	180,373	179,341	179,681	168,743	168,923	169,860	2,093,506	79
營業毛利	44,080	44,247	46,774	47,662	47,491	47,951	47,947	47,673	47,763	44,856	44,904	45,153	556,501	21
營業費用	14,559	14,600	16,297	15,596	15,705	18,020	15,036	15,291	16,797	14,802	44,904	45,153	246,760	9.3
銷售費用	5,332	5,107	5,162	5,739	5,209	5,678	5,298	5,642	5,416	5,307	14,860	17,372	86,122	3.2
管理費用	7,332	7,612	8,975	7,885	8,428	10,260	7,578	7,469	9,125	7,401	5,103	5,139	92,307	3.5
研發費用	1,894	1,881	2,160	1,971	2,068	2,083	2,161	2,180	2,256	2,094	7,648	10,111	38,507	1.5
營業利益	29,521	29,647	30,477	32,067	31,786	29,931	32,911	32,382	30,966	30,053	2,109	2,121	313,971	11.8

企業中的「跑」是運籌帷幄，彼得．杜拉克曾說：「行銷和創新是企業的兩個基本職能、營利來源，其他的所有職能都是成本！」企業獲得利潤，分享於股東與員工，而爲了達到此利潤，必須要不斷進行協調。因此，年度策略目標與相關部門分析表此時顯得特別重要，各部門彼此間相互切磋，研討出大家心目中共同的藍圖。

表15-4　年度策略目標與相關部門分析表

成長策略		總經理室	業務	行政	品保	技術	生管	製造	研發	採購	海外研發
顧客構面	1-1	○	⊕	○	※	⊕	⊕	⊕	⊕	⊕	⊕
	1-2	○	※	○	⊕	⊕	⊕	⊕	⊕	⊕	⊕
	1-3	○	※	⊕	⊕	⊕	⊕	⊕	⊕	⊕	⊕
	1-4	○	⊕	○	⊕	⊕	⊕	○	⊕	※	⊕
	1-5	○	※	○	⊕	⊕	⊕	○	⊕	⊕	⊕
財務構面	1-1	※	⊕	⊕	⊕	⊕	⊕	⊕	⊕	⊕	⊕
	1-2	⊕	⊕	⊕	⊕	⊕	⊕	※	⊕	⊕	⊕
	1-3	⊕	⊕	⊕	⊕	⊕	⊕	⊕	⊕	※	⊕
	2-1	⊕	※	⊕	⊕	⊕	⊕	⊕	⊕	⊕	⊕
	2-2	※	⊕	⊕	⊕	⊕	⊕	⊕	⊕	⊕	⊕
內部流程構面	1-1	○	⊕	○	⊕	⊕	⊕	⊕	※	⊕	※
	1-2	○	⊕	○	⊕	⊕	⊕	○	⊕	※	⊕
	1-3	○	⊕	○	⊕	⊕	⊕	⊕	※	⊕	※
	1-4	○	⊕	○	⊕	⊕	※	⊕	⊕	⊕	⊕
	1-5	○	⊕	○	⊕	⊕	⊕	※	⊕	⊕	⊕
	1-6	○	⊕	○	⊕	⊕	⊕	○	※	⊕	※
	2-1	○	※	○	⊕	⊕	⊕	⊕	⊕	⊕	⊕
	2-2	○	※	○	⊕	⊕	⊕	○	⊕	⊕	⊕
	2-3	○	※	○	⊕	⊕	⊕	○	⊕	⊕	⊕
	2-4	※	⊕	⊕	⊕	⊕	⊕	⊕	⊕	⊕	⊕
	3-1	○	○	○	⊕	※	○	○	⊕	○	⊕

成長策略		總經理室	業務	行政	品保	技術	生管	製造	研發	採購	海外研發
	3-2	※	⊕	○	⊕	⊕	⊕	⊕	⊕	⊕	⊕
	3-3	○	⊕	○	※	⊕	⊕	⊕	⊕	⊕	⊕
	4-1	○	○	※	○	○	○	○	○	○	○
	4-2	⊕	⊕	※	⊕	⊕	⊕	⊕	⊕	⊕	⊕
培養高效能團隊	1-1	※	⊕	⊕	⊕	⊕	⊕	⊕	⊕	⊕	⊕
	1-2	⊕	⊕	⊕	⊕	⊕	⊕	⊕	※	⊕	※
	2-1	○	⊕	⊕	⊕	⊕	⊕	○	※	⊕	⊕
	2-2	⊕	⊕	⊕	⊕	⊕	※	⊕	⊕	⊕	⊕
成長策略		總經理室	業務	行政	品保	技術	生管	製造	研發	採購	海外研發
	3-1	⊕	⊕	※	⊕	⊕	⊕	⊕	⊕	⊕	⊕
	3-2	※	⊕	⊕	⊕	⊕	⊕	⊕	⊕	⊕	⊕

圖示：※爲主導部門、⊕爲全面參與部門、○爲配合部門

小　結

孝經有曰：「身體髮膚，受之父母，不敢毀傷，孝之始也；立身行道，揚名於後世，以顯父母，孝之終也。夫孝始於事親，中於事君，終於立身。」孝順是中華文化中最美的傳承，盡孝道從出生開始，不讓身體受傷是最基本的，到長大後揚名顯親都屬之，有始有終。企業亦是如此，營業無疾而終是最壞的結果，善用行銷，達永續經營。

始於營業，終於營業　電影　《KANO》

劇情內容

1931年在日本的甲子園裡，出現了一支默默無聞來自臺灣的嘉農棒球隊，由臺灣原住民、漢人、在臺的日本人所組成，不被看好的他們，還被譏笑爲雞尾酒球隊。爲了前進甲子園，他們拼命練習、跑步、體能訓練、對球的專注力、心態的調整等，每一樣都在教練的帶領下一步一步到位。領先了臺灣的棒球隊來到日本甲子園，從上場的那一刻起，他們用盡全力堅持到最後，從骨子裡散發出永不放棄的精神。雖是輸球了，但是精采絕倫的表現跌破眾人眼鏡，默契與毅力在他們的身上發揮到極致，震撼了日本的球壇，帶給現場觀眾以及臺灣的鄉民們永生難忘的一場比賽，也奠定了臺灣在棒球上的歷史定位。

電影內容與始於營業，終於營業的融合

臺灣的棒球魂世界皆知，而電影《KANO》的故事要從1931年首支進入日本甲子園的臺灣嘉農棒球隊說起。這一支棒球隊成立於1929年，由臺灣原住民、漢人與在臺的日本人所組成，在教練近藤兵太郎的帶領下，所締造的歷史。這一支棒球隊，從不被人看好，在臺灣一場球賽都沒贏過，哪可能前進甲子園，甲子園可是日本棒球的聖殿，但是奇蹟發生了，他們如願打入甲子園，並且贏得「英雄戰場・天下嘉農」之稱。

電影從當年敗給嘉農棒球隊的錠者博美說起，他曾是日本札幌商業棒球隊的隊長，在那一年的比賽中他看到了嘉農棒球隊對於棒球的態度，感到不可思議並深深佩服。二戰期間因爲戰爭關係而來到臺灣，叮嚀著同伴到了嘉義記得告訴自己，說什麼也都要親自到嘉農棒球隊的練習場走一回，因爲14年前那一場輸得心甘情願的棒球比賽，一直在他的心裡惦記著。

嘉農棒球隊原本是一支人人唾棄的棒球隊，自從教練近藤兵太郎來到球隊以後，燃起了新的希望。近藤教練爲這一支棒

球隊定下前進甲子園的目標，以斯巴達軍隊的模式進行管理與訓練，說一沒有二，只有聽命跟拼命，沒有理由也不講道理。遇到畢業季的來臨就請離開，遇到下雨，比賽中止就終止，不到時間不准開飯。但是除了冷酷無情的訓練外，他也努力替球隊爭取更多糧食，替學生買齊所有棒球用具，在學生需要打氣時給予打氣。

不管別人怎麼想、怎麼說，從未得過分的嘉農棒球隊，總是樂觀的面對，說什麼也不肯放棄棒球比賽，因此就算多次被人嘲笑，他們仍舊繼續揮棒打完全場。這一支人稱雞尾酒棒球隊的嘉農棒球隊，在近藤教練的帶領下，大家共同為目標甲子園而努力。棒球的世界裡不分你我，三個族群各司其職，臺灣原住民的擅長是快跑、漢人的強項是打擊，再加上善於防守的日本人，完全符合棒球場上的攻、守、跑三大準則，成了天下無敵的超強組合。

遠程目標是日本甲子園，近程目標是先奪下臺灣島全島冠軍，拿到前進甲子園的入門票。經歷了一年多的魔鬼訓練，嘉農棒球隊在1931年的全島棒球賽拿下冠軍，且一路征戰到日本的甲子園。首次來到這裡的他們誓言要拿下冠軍，所有人都為了此戰努力不懈，尤其當投手吳明捷手指受傷後還在球場上努力的投球，身為教練的近藤感動不已，曾經害怕輸球的他，這一刻卻告訴吳明捷無論成功或失敗都由教練承擔，因為近藤深深感受到他們的棒球靈魂發揮到極致，已經不再是當初那些追著棒球玩的小孩。隊友們知道吳明捷忍痛參與比賽，是因為他心裡的夢想，為了幫助他，大家齊心喊出：「儘管投給他們打吧！負責守備的我們，一定全力替你把球擋下！」這一場球賽愈演愈烈，觀眾們屏息以待，期望老天爺眷顧來自臺灣的他

們，只是最終還是與勝利擦身而過。

「就算比數落後，只剩最後一顆球，都不放棄！」秉持著這樣的精神，嘉農棒球隊不畏懼失敗而不斷的挑戰自己，感動了在場的觀眾，在臺灣的民眾也深深感受到他們對棒球的熱愛，也因爲有了他們，臺灣共有五次前進甲子園的紀錄。這一段心路歷程讓人看了熱淚盈眶。嘉農棒球隊前進甲子園的目標恰如企業中規劃的遠程目標，斯巴達式的訓練方式是整個球隊的管理風格，近藤兵太郎教練是CEO（總經理），運用不同民族各自擅長的強項，將每個人安置在適當的位置，讓球隊從一盤散沙歷經蛻變成長爲眾志成城，牽動臺灣棒球場上的每一場比賽。善攻的漢人打擊強，在企業裡扮演的是營業與生產的角色；善守的在臺日本人，是企業內部的財政與人事，了解並縮減成本費用及減少產品的不良率；善跑的臺灣原住民，則是研發的代表者，主要負責產品差異化、改良與創新。不管是在球場還是企業，大家相互尊重、包容、溝通，爲了相同目標全力以赴。

企業營業	嘉農棒球隊的運用	主要人力資源分配	對應企業的負責項目
經營管理風格	斯巴達式的訓練方式	全體嘉農棒球隊	
近程目標	奪下臺灣島全島冠軍		
遠程目標	日本甲子園		
企業的「攻」	打擊力強	漢人民族	經營與生產
企業的「守」	防守鐵三角	在臺的日本人	降低成本、減少不良率
企業的「跑」	跑步快	臺灣原住民	產品差異化、改良與創新

國家圖書館出版品預行編目資料

看電影學行銷：從博物館驚魂夜到KANO，17部賣座經典，15個擊中觀眾心坎的銷售眉角／莊銘國，陳益世，蔡佾君著.--二版.--臺北市：書泉，2020.01
面；公分
ISBN 978-986-451-179-2（平裝）

1.行銷 2.通俗作品

496 108021231

3M76

看電影學行銷

從博物館驚魂夜到KANO，17部賣座經典，15個擊中觀眾心坎的銷售眉角

作　　者 — 莊銘國　陳益世　蔡佾君
發 行 人 — 楊榮川
總 經 理 — 楊士清
總 編 輯 — 楊秀麗
主　　編 — 侯家嵐
責任編輯 — 李貞錚
文字編輯 — 陳俐君
出 版 者 — 書泉出版社
地　　址：106台北市大安區和平東路二段339號4樓
電　　話：(02)2705-5066　傳　真：(02)2706-6100
網　　址：http://www.wunan.com.tw
電子郵件：shuchuan@shuchuan.com.tw
劃撥帳號：01303853
戶　　名：書泉出版社

總 經 銷：貿騰發賣股份有限公司
電　　話：(02)8227-5988　傳　真：(02)8227-5989
地　　址：23586新北市中和區中正路880號14樓
網　　址：www.namode.com

法律顧問　林勝安律師事務所　林勝安律師

出版日期　2016年5月初版一刷
　　　　　2020年1月二版一刷
定　　價　新臺幣380元